U0257878

差别化耕地
生态补偿机制研究

RESEARCH ON THE MECHANISM
OF DIFFERENTIATED ECOLOGICAL COMPENSATION
FOR CULTIVATED LAND

马文博 ◎ 著

本书出版得到以下项目的资助：国家社会科学基金青年项目（15CJY013）；教育部人文社会科学研究规划基金项目（24YJA790042）；河南省高等学校哲学社会科学创新人才支持计划（2025-CXRC-22）；河南省高等学校哲学社会科学创新团队支持计划（2024-CXTD-07）；河南省高校人文社会科学重点研究基地——物流研究中心项目（32220057）。

摘　要

耕地生态系统集合了大量的人类干预而成为一种特殊且重要的自然—人工复合生态系统，在其进行能量及物质交换的过程中，耕地资源的经济价值、生态价值和社会价值随之产生，后两种价值由于具备消费的非排他性和非竞争性，带有强烈的公共物品特性，属于外部性价值。耕地资源外部性价值的存在催生了“搭便车”现象，如果仅仅依靠政策、法规要求一部分主体牺牲自己的利益来换取全国耕地生态系统数量和质量的平衡，长远来看效果难免会打折扣，通过经济手段进行刺激和激励恰好能够弥补该措施的不足，推行耕地生态补偿势在必行。同时，通过政策梳理不难发现，耕地生态补偿机制是生态文明建设的重要一环，是践行习近平总书记提出的“两山”理念的重要着力点，也是促进乡村振兴的重要手段之一。进一步，耕地生态补偿机制构建的基础是具有外部性的耕地资源生态价值，而生态价值由于不同区域、不同时间耕地资源数量、质量、区位、结构和外部因素等的差异而具有空间异质性，因此不同区域、不同时间的耕地生态补偿机制理应有所不同，也就是说应该构建差别化、动态化、有弹性的耕地生态补偿机制。

本书在系统梳理国内外相关研究的基础上，首先，研究创新耕地生态补偿机制的必要性：通过对我国耕地生态补偿机制运行现状及效率的分析，指出破解“一刀切”的补偿标准和补偿模式是当前亟待解决的问题。其次，研究创新耕地生态补偿机制的依据：通过对耕地资源生态价值空间异质性的内涵界定、特征剖析、成因探讨及综合评价，进一步划分均质区，构建起差别化补偿的现实基础。再次，开展了差别化耕地生态补偿机制创新研究：基于均质区划分结果，分别采用意愿调查法和选择实验法分析耕地资源正负生态价值，并将其交集作为补偿上下限，以此作为各均质区差别化补偿标准的基础，同时开展支付意愿影响因素分析，进一步分析补偿标准的差别化、动态化；结合补偿机制农户需求意愿调查和国内外生态补偿实践经验借鉴，设计出三类耕地生态补偿标准模式，结合各均质区特点为其选择适合自身具体情况的差别化补偿模式。最后，开展了差别化耕地生态补偿机制推进方略研究：针对不同的补偿模式设计特色鲜明的运行方式，并从法律、制度、技术、组织和文化等角度入手系统设计配套保障措施。本书主要得出以下结论。

第一，提出差别化耕地生态补偿机制是未来制度改进和创新的方向。由于18亿亩耕地红线等政策的实施，我国耕地数量下降的态势趋缓，但占优补次、农业面源污染、掠夺性经营等现象导致耕地质量不断下滑；现有的种粮农民直接补贴、农资综合直接补贴和农作物良种补贴等政策，经过多年的运行，取得了一定成效，但整体政策实施效率有待提升，其中忽视了制度设计的差别化、区域化和动态化是重要原因之一。

第二，提出耕地资源生态价值空间异质性由数量异质性、质量异质性、时间异质性、区位异质性、结构异质性和组合异质性综合构成。耕地资源生态价值空间异质性归根结底是由其产生载体耕地资源空间异质性引起的，而耕地资源的空间异质性可归纳为“第一自然”和“第二自然”空间异质性。其中“第一自然”的空间异质性是产生耕地资源生态价值异质性的直接原因，而人类对耕地资源“第一自然”改造程度的差异，是耕地资源“第二自然”空间异质性的形成基础。

第三，依据科学性、全面性、代表性和可操作性原则，从自然、经济、社会三个维度全面构建了由11个指标组成的耕地资源生态价值空间异质性评价指标体系。通过变异系数法等多种方法的综合运用，以及通过客观评价将研究区域——河南省18个城市——划分为5个均质区，各均质区特色鲜明，体现了耕地资源生态价值空间异质性的客观存在，为差别化生态补偿机制的构建提供了现实依据。

第四，以651份城镇类调查问卷和465份农村类调查问卷数据为基础，运用意愿调查法与选择实验法，测算各均质区耕地生态补偿标准。意愿调查法结果表明无论是正效益还是负效益，市民支付意愿均大于农民支付意愿，各均质区耕地资源生态负效益补偿标准均略高于耕地资源生态正效益补偿标准；采用选择实验法，将耕地资源生态价值属性分为耕地面积、耕地质量、耕地保护成本、耕地景观与生态环境属性；综合考虑两种方法的优势和不足，将两者测算结果相交区间作为最终补偿标准上下限，确定研究区域各均质区具有弹性的耕地生态补偿标准。

第五，以河南省 18 个城市的问卷调查数据为基础，利用探索性空间数据分析（ESDA）考察耕地生态补偿支付意愿的空间分布态势，并且运用地理加权回归模型（GWR）深入剖析影响耕地生态补偿支付意愿空间异质性的驱动机制。结果显示：从空间维度看，城镇耕地生态补偿支付意愿的空间分布格局存在一定“中心—外围”的规律性分布态势，而农村则呈现出一种不规则的“马赛克”式分布格局；城镇居民耕地生态补偿支付意愿形成了以郑州和洛阳为主的热点区域以及河南省东北部城市的冷点区域，而农村居民耕地生态补偿支付意愿形成了以郑州为主的热点区域以及河南省东北部城市和东南部城市的冷点区域，并且部分城市的城镇居民与农村居民耕地生态补偿支付意愿在冷热点分布上有较大差别；各驱动因子对耕地生态补偿支付意愿的影响存在显著的地区差异。

第六，以河南南阳 549 份问卷调查数据为基础，研究了农户对耕地生态补偿的具体需求情况，通过建立 Logistic 模型，对需求意愿影响因素进行了定量分析，并基于此提出耕地生态补偿机制的设计，应从补偿标准、补偿模式、运行方式等方面体现“差别化”和“阶梯性”。其中“差别化”主要是指各个地区的自然、经济条件等各有差异，应制定符合区域实际的差别化补偿政策，以确保补偿效率的不断提高；“阶梯性”则是在“差别化”的基础上，对粮食生产核心区与非核心区以及经济发达地区与经济欠发达地区所采取的阶梯式耕地生态补偿机制。

第七，分别构建了政府主导型、市场主导型以及混合型（政府与市场相结合）三类耕地生态补偿模式。其中，政府主导型耕地生态补偿模式以财政转移支付网络的建设为主要特点，市场主导型耕地生态补偿模式以“耕地绿票”交易平台的搭建为核心特征，混合型耕地生态补偿模式以“耕地生态银行+耕地绿色发展”为重要特质。本书为不同类型耕地生态补偿模式设计了与之相适应的运行方式。另外，相关配套保障措施包括国家法律的认可、制度环境的优化、技术支撑的强化、组织体系的构建和文化氛围的营造五大方面。

关键词：耕地资源外部性价值；空间异质性；差别化生态补偿；意愿调查法；选择实验法

目 录

第1章 导论

1.1 研究背景

1.1.1 耕地生态系统关乎“人类的生命线”

耕地生态系统作为陆地生态系统的一个重要类型，集合了大量的人类干预而成为一种特殊的自然—人工复合生态系统，它形成了以耕地及其上的各种农作物为核心的生物圈，进行着生态系统的能量及物质交换。在这个过程中耕地生态系统除了源源不断地为人类的生存、发展提供各种必需品之外，还承担着净化空气、调节微气候、涵养水源、土壤形成与保护、废物处理、维持生物多样性等重要功能（谢高地等，2003），同时确保着国家的粮食安全和社会稳定，由此耕地资源具有了经济价值、生态价值和社会价值。“民以食为天，食以粮为先，粮稳天下安”，“五谷丰登，国泰民安”等是中华民族几千年农业智慧的总结，也是对悠久中国历史背后惨痛的教训的深刻反省，充分说明了“粮食是座桥，一头连着农田，一头连着民生”，保护耕地，维持耕地生态系统的良好运转，就是保住了“人类的生命线”。

然而，耕地生态系统可观的生态效益和社会效益具备消费的非排他性和非竞争性，带有强烈的公共物品特性，“搭便车”现象长期存在，即农民在经营耕地以获取经济效益的过程中，无偿为相关地区、国家甚至更大范围的人们提供了生态效益和社会效益，也就是耕地资源的外部性价值。“搭便车”现象一方面使得耕地生态系统的维护者农民不能从经济上获得正外部性价值，积极性受到严重挫伤，从而产生滥用化肥和农药、过度使用耕地、掠夺式经营、弃耕抛荒等不利于耕地生态系统有效运行的消极行为。另一方面，粮食主产区地方政府也做出了较大牺牲，为确保国家粮食安全和生态安全坚守耕地红线，放弃了大量发展二、三产业的机会，造成经济发展相对落后、地方财政收入减少等。仅仅依靠政策、法规要求一部分主体牺牲自己的利益来换取全国耕地生态系统数量和质量的平衡，长远来看效果难免会打折扣，通过经济手段进行刺激和激励恰好能够弥补该措施的不足，推行耕地生态补偿势在必行，由此才能更加行之有效地保住"人类的生命线"。

1.1.2 内外部形势的变化呼唤耕地保护制度创新

基于耕地生态系统不可替代的重要作用，"世界上最严格的耕地保护制度"在我国应运而生，并且成效斐然，成功地实现了"以占世界7%的耕地养活了占世界22%的人口"。基于人多地少的基本国情，习近平总书记在多种场合多次做出了关于保护耕地的重要指示，例如"耕地是我国最为宝贵的资源"，"像保护大熊猫一样保护耕地"[①] 等（习近平，2015）；特别是2020年新冠疫情发生以来，遏制病毒传播的限制性措施增加了粮食的运输时间和成本，使得一些国家的粮食变得更加昂贵，加之环境污染带来的严重挑战，也将进一步放大全球粮食安全问题，"中国人要把饭碗端在自己手里，而且要装自己的粮食"[②] 则是应对危机的重要途径，可见保护耕地是一件常抓不懈的工作（习近平，2022）。然而在不同时期我们面临的内外部形势不断变化，这就要求保护耕地的方法和手段也要不断创新。从内部来说，首先，耕地面积不容乐观。根据《中国统计年鉴2018》，2017年全国耕地面积为 13488.12×10^4 hm^2，直逼"18亿亩耕地红线"，耕地面积，减少的态势并未得到根本性扭转，2017年我国人均耕地面积为0.097 hm^2（1.46亩），远低于世界平均水平0.25 hm^2（3.75亩）。其次，耕地质量堪忧。根据第二次全国土地调查更新成果，2014年我国耕地质

---

① 《习近平李克强就做好耕地保护和农村土地流转工作作出重要指示批示》，中国政府网，2015年5月26日，https://www.gov.cn/xinwen/2015-05/26/content_2869149.htm。

② 《"中国人要把饭碗端在自己手里，而且要装自己的粮食"》，人民日报百度百家号，2022年6月1日，https://baijiahao.baidu.com/s?id=1734386680519417625&wfr=spider&for=pc。

量平均等别是9.96等，其中，中、低等耕地所占比重为70.60%，分别比2009年公布成果高出0.16个等级和3.25个百分点，说明我国耕地质量普遍较低且有所下降（曹瑞芬，2016）。从外部来说，首先，经济的迅猛发展、城镇化的快速推进，不断给耕地保护工作带来挑战。2010年，中国国内生产总值超过日本，坐上了世界第二经济大国的宝座。中国的城镇化率，由1978年的17.92%增长到1998年的33.35%，之后又增长到2018年59.58%，前20年和后20年的年均增长量分别为0.77个百分点和1.31个百分点，由此不难看出改革开放后的40年，虽然城镇化率在持续攀升，但后20年的年均增长速度显著高于前20年。城镇人口的大量增加，势必需要更多的城镇用地，资源约束进一步加剧，优质耕地进一步被挤压。其次，时代的变迁，观念的更新，交通的发展，使得一部分农民不再固守土地。根据《2009年农民工监测调查报告》和《2018年农民工监测调查报告》，2009年和2018年农民工总量分别为22978万人和28836万人，年均增长650.89万人；从年龄结构看，2018年，40岁及以下农民工所占比重为52.1%，说明半数以上的青壮年农民都选择了务工。这种现象从本质上来说是由利益驱动的，农业作为弱势产业，比较效益长期偏低，能获得更高收益的第二和第三产业自然就更具吸引力，这样就导致耕地保护工作开展的困难，粗放经营、掠夺式经营普遍存在，更有甚者，出现了耕地抛荒或转为他用。

由上述分析不难看出，破解目前耕地保护困局的关键所在即“利益”，如果农民留在土地上也能获得相对可观的收益，那么他们又何必背井离乡呢？如果精耕细作、保护地力的耕作方式能够得到奖励，那么他们又何乐而不为呢？耕地生态补偿恰好具有利益调节功能和激励功能，而其补偿依据也正是目前被忽视的耕地资源外部性价值，这部分价值由于具有正外部性而被社会无偿享用却不用付费，因此也进一步加剧了耕地经营的低效益，耕地生态补偿机制正是扭转这种局面的“金钥匙”。

1.1.3 耕地生态补偿机制是生态文明建设的重要一环

党的十八大报告通过设置独立章节深入阐释了生态文明建设的重要意义、基本原则和重点工作，将生态文明建设提高到一个前所未有的高度（马文博、陈昱，2019）。党的十八届三中全会进一步详细论述了“建设生态文明，必须建立系统完整的生态文明制度体系”，而生态补偿制度就包括在内。以上论断体现了国家层面对生态环境的极度重视，也体现了为实现“山清水秀、江山如画”奋斗目标的制度安排。党的十九大报告在继承以上论断的基础上，提出了更加具体的要求和战略部署，明确指出要树立和践行习近平总书记提出的“两山”理念，途径之一是“加大生态系统保护力度”，强调要“严格保护耕地”，“建立市场化、多元化生态补偿机制”。2018 年中央一号文件提出了实施乡村振兴战略，其中一项重要目标任务为“到二〇二〇年，农村生态环境明显好转，农业生态服务能力进一步提高”，“到二〇三五年，农村生态环境根本好转，美丽宜居乡村基本实现”；进一步论述了“建立市场化多元化生态补偿机制”的着力点，包括“健全地区间、流域上下游之间横向生态保护补偿机制”“探索建立生态产品购买、森林碳汇等市场化补偿制度”等；同时，提出“推进体制机制创新，强化乡村振兴制度性供给”，其中之一是“完善农业支持保护制度”，具体包括对农民直接补贴制度、粮食主产区利益补偿机制等。从以上政策梳理不难看出，国家对于生态文明建设的决心之坚定，目标之明确，思路之清晰，步伐之铿锵有力，尤其是“乡村振兴战略”的提出和实施，更加明确了农村生态文明建设的方向。耕地生态系统关乎老百姓的米袋子、菜篮子，关乎国家安全，其重要性不言而喻，耕地生态系统的良性运转是打造青山绿水的重要组成部分，耕地生态补偿机制是生态文明建设的重要一环。

1.1.4 差别化耕地生态补偿机制有利于精准发力

耕地资源外部性价值不仅由自身禀赋所决定，还受到一系列外部因素的综合影响，正如德国哲学家莱布尼茨所言“世界上没有完全相同的两片树叶”，耕地资源外部性价值也表现出较强的空间异质性。耕地生态补偿机制构建的基础就是具有外部性的耕地资源生态价值，而生态价值由于不同区域、不同时间耕地资源数量、质量、区位、结构和外部因素等的差异而具有数量异质性、质量异质性、时间异质性、区位异质性、结构异质性和组合异质性，因此不同区域、不同时间的耕地生态补偿机制理应有所不同，也就是说应该构建差别化、动态化、有弹性的耕地生态补偿机制。从另一个角度考虑，耕地生态补偿机制的首要目的是通过相关主体间的利益调节实现高效保护耕地、促进耕地生态系统良性循环，那么在利益调节的过程中，不同区域补偿标准的科学性和补偿模式的适用性是确保耕地生态补偿工作顺畅推进的前提条件。如果全国所有地区设置统一的补偿标准，势必会造成一些地区的农户因补偿金额太少而不采取或少采取有利于耕地生态系统运行的行为，或者一些地方政府因补偿不足而激励不足，难以实现制度设计的预期效果；另外如果补偿金额太多，又会使财政负担增加，甚至使地区间的不平衡进一步扩大，违背了补偿制度设计的初衷。同时，不同地区的耕地资源禀赋、农业生产水平、经济发展水平、社会发展水平和人们的认知水平等都有所不同，补偿模式的设计必须充分考虑这些综合因素的差异，根据不同地区的耕地资源生态价值空间异质性特点因地制宜地设计差别化的耕地生态补偿机制，使各个不同均质区的耕地生态补偿机制具备本土特点，更容易落地、生根、开花，真正达到制度设计的目标（崔艳智、高阳、赵桂慎，2017）。

1.2 研究目的和意义

1.2.1 研究目的

第一，采用数理模型对耕地生态补偿机制运行现状及运行效率进行评价，分析存在的主要问题及不足，寻求补偿机制改进的突破口。第二，从数量异质性、质量异质性、时间异质性、区位异质性、结构异质性和组合异质性等方面对耕地资源生态价值空间异质性进行界定和分析，明确其普遍性及常态性，为异质性评价奠定基础。第三，从自然、经济、社会等方面构建由 11 个指标构成的评价指标体系，对研究区域耕地资源生态价值空间异质性进行定量化和评价，进一步划分均质区，使差别化耕地生态补偿标准有据可依。第四，分别运用选择实验法和意愿调查法测算研究区域的耕地资源外部性价值，进一步确定差别化补偿标准，为整体设计差别化耕地生态补偿机制解决关键问题。第五，通过农户耕地生态补偿需求意愿分析和国内外补偿实践分析，为差别化耕地生态补偿机制的全面构建提供借鉴。第六，全方位设计差别化耕地生态补偿模式和运行方式，整体布局差别化耕地生态补偿机制的配套保障措施。

1.2.2 研究意义

1.2.2.1 理论意义

首先，通过对差别化耕地生态补偿机制的构建原因、构建依据以及构建办法等的研究，将进一步丰富和完善生态文明建设理论、耕地保护理论、资源经济理论和农业经济理论，为相关学科的发展起到一定的推动作用。其次，补偿标准的确定是耕地生态补偿机制的核心问题，合理的补偿标准是补偿机制能否成功落地的关键，对耕地资源生态价值空间异质性及差别化补偿标准的研究，丰富和发展了耕地外部性价值相关理论，为建立有效的耕地生态补偿机制提供了科学依据。

1.2.2.2 实践意义

首先，本书基于对我国耕地生态补偿机制现状的剖析，探讨制度设计暴露出的问题，指出制度创新的必要性和方向，现实意义明显。其次，对于差别化耕地生态补偿机制整体框架的设计，更加全面地展示了耕地资源的外部性价值，使得补偿更具效率和指向性，能够整合当前的各项惠农支农补贴，使之更具长效性、规范性和制度性，为完善生态文明制度体系提供借鉴，为早日实现生态文明建设的目标添砖加瓦。最后，耕地生态补偿在保证耕地资源保护者利益不受损的情况下，增进了全民社会福利，实现了相关利益群体的福利均衡，对我国耕地资源保护和弱势群体生活水平提高有着积极作用，有利于社会和谐稳步发展。

1.3 国内外研究动态

学术界对于生态补偿的研究最早可追溯至20世纪50年代，随着人类文明程度的不断提高和生态环境问题的日益突出，人们越来越关注与自身休戚相关的生态环境，生态补偿问题也日益成为国内外学者研究的热点之一。多年来，很多国家和地区在生态领域均纷纷开展了生态补偿的尝试，所采取的措施主要包括征收生态补偿费用、实行财政补贴（袁凯华等，2019）、实施政府购买（Jenkins，2004）等，取得了一定成绩，但整体上还存在很多问题，例如补偿主体的单一性、资金来源渠道的狭窄性、机制设计的不可操作性（Garciaa-Amado et al.，2012；Wunscher，Engel，2012；李国平、张文彬，2014）以及补偿标准的非科学性等。实践中的这一系列问题都亟须得到理论上的突破和指导。本书的文献综述分为国外和国内两部分，其中国外部分从耕地资源外部性价值及其内部化、耕地资源生态价值的空间异质性及耕地生态补偿三方面开展；国内部分则以1998~2019年CSSCI数据库收录的741篇生态补偿研究文献为样本，借助信息可视化软件CiteSpace V的文献共被引分析、关键词聚类、突现词检测等功能，绘制生态补偿研究知识图谱，展示国内生态补偿研究的发展历程、合作关系、知识基础、主题脉络及前沿热点。通过国内外文献综述以期把握相关研究脉络，寻求解决问题的途径，精准定位差别化耕地生态补偿机制构建的突破点。

1.3.1 国外部分

1.3.1.1 耕地资源外部性价值及其内部化

“外部性”一词首次出现在《经济学原理》一书中，该书于1890年出版，作者是“剑桥学派”创始人马歇尔（Marshall，1920）。之后，马歇尔的追随者庇古（张蔚文、李学文，2011）进一步发展了外部性理论，揭示了当边际私人成本不等于边际社会成本时，外部性便随之而来，并进一步指出何为正外部性，何为负外部性；外部性价值的共同特点是很难通过市场机制予以实现，当存在正外部性时私人对社会做出贡献，补贴私人是一种可行的矫正办法，而当存在负外部性时私人对社会造成损害，向私人征税可有效约束私人行为（史普博，1999）。该论述也成为现实生态补偿实践的理论指导，而政府通过财政转移支付对生态产品提供者进行奖励或补偿，以及政府通过税收或罚款增加环境污染者的成本，是目前实践中较为常见的政府主导型生态补偿模式（VonHedemann & Osborne，2016；Wells et al.，2018）。1960年，科斯定理的基本含义在《社会成本问题》一书中得到阐释，随后该理论也被运用在外部性的内部化方面，与庇古所倡导的政府主导不同，科斯定理倡导通过市场解决外部性问题，但前提是产权的明晰界定以及较低的交易费用，这给生态补偿带来了全新的思路（Clot，Grolleau，Méral，2017；Banerjee et al.，2017）。

20世纪70年代，关于外部性的研究扩展到了耕地领域。学者们通过对耕地生态环境的研究发现，耕地生态系统的涵养水源、提高空气质量、维持生物群落、提供田园风光、保存农业文化遗产、满足国家粮食需求、提供就业岗位和收入保障促进社会稳定等功能都属于外部性效益，该观点在学术界得到了高度认可（Adelaja & Keith，1999；Kline et al.，1996；Rosenberger，Walsh，1997）。在此基础上，学者们进一步研究了耕地外部性价值，指出市场价值以及非市场价值共同构成了耕地资源总价值，市场价值即耕地的产出物通过市场交易转化为经济收入，非市场价值就是外部性价值，也就是上文提到的各种耕地外部性效益，它们能够给除耕地经营者外的其他社会群体免费享用，并可进一步细分为生态效益和社会效益（Bergstrom，2001）。

关于耕地外部性价值内部化方面的探讨，Tweeten（1998）指出可通过资金补偿耕地正外部性，借以增加农民收入，达到减缓农地大量转用的目的；Werner Hediger 和 Bernard Lehmann 通过研究也给出了类似的观点，即在资源配置过程中，耕地具有向建设用地转化的冲动，为抑制该冲动，应该增加耕地经营者的可得利益，有效的途径为依据耕地正外部性所增加的边际社会效益安排经济补偿，从而达到一种相对平衡，从整体上实现社会福利的增加（李世平、马文博、陈昱，2012）；Lizin、Passel 和 Schreurs（2015）指出耕地保护效果不够理想的重要原因是长久以来的经济核算方式和由耕地生态效益正外部性所带来的市场失灵，如果制度设计可以将耕地保护区外众多无偿受益者本应支付的成本转化为提供者的收益，则可以在一定程度上扭转当前的局面。Jiang 和 Swallow（2017）进一步指出为刺激耕地生态产品的持续供给，应采取更加多元化的土地管理措施。综上所述，利用经济激励手段促进耕地正外部性价值内部化已经被国外学术界广泛认同，不同的研究也提出了不同的资金额度认定标准，这些为差别化耕地生态补偿机制的构建提供了扎实的理论基础，指明了努力方向。

1.3.1.2 耕地资源生态价值的空间异质性

空间异质性即事物及其属性所呈现出的空间上的变化和不同（Li & Reynolds，1995），对于空间异质性的研究 20 世纪 90 年代开始在生态学领域兴起，例如 Wu 等人（2000）通过研究认为生态系统的空间异质性具体指生态系统所具有的缀块性以及生态环境所呈现出的梯度变化。随着空间异质性概念的提出和研究的逐步深入，土地学界也开始关注空间异质性，研究领域包括土地生态、土地景观、土地利用、土地市场、房地产市场等。例如 Cambardella 等（1994），Farley 和 Fitter（1999）将研究聚焦于农田土壤的空间异质性，通过对其养分、理化性质、综合质量等的深入研究，探寻其在空间上的变化特征和影响因素；Andre 和 Jack（2002）为了设计出能够充分满足城市各功能区生态安全需求的景观规划，对城市的整体空间结构及其异质性开展了研究，深入探讨了各功能区生态安全的主要影响因素；Lesage 和 Pace（2004）通过建立空间自相关以及空间误差模型对住宅价格在空间上的相互影响开展了研究；Paredes（2011）的研究对象是城市房地产价格，但他采用的研究方法是配置估计法，结果显示住宅价格指数也表现出较为明显的空间异质性；Saefoddin 和 Yekti（2012）选择印度尼西亚的万丹为研究区域，通过对土地价格 1 个因变量和土地开发状况、土地评估等级等 10 个自变量数据的收集，构建起 GWR 模型开展空间计量分析，揭示自变量对因变量的影响。综上所述，在空间异质性的研究方面定量研究和案例研究较多，定量研究中大部分涉及两类数据，一类是定量数据，处理方法多选择空间统计学方法，例如相关指数和变异指数等，另一类是定性数据，处理方法一般选择空间分析方法，例如分维指数、聚集度和均匀度等，在此，可进一步采用图数结合的方式，将各指标数据空间上的变化综合呈现在各类地图中，使异质性特征更为直观（Riitters，O'Neill、Hunsaker，1995；Wu et al.，2000）。

1.3.1.3　耕地生态补偿

欧美国家在 20 世纪 30 年代就开始尝试耕地生态补偿，那时各国并没有统一的叫法和做法，但都是针对农业和农田生态环境的补偿，由于所依托理论基础的差异，各项政策也呈现出不同的特点。第一类政策依托庇古理论，以政府主导为显著特点；第二类政策依托科斯理论，以市场主导为显著特点；第三类政策同时依托庇古理论和科斯理论，以政府与市场相结合为特点。三类政策的最大不同体现为以不同的参与主体为主导，但也有一个最大的共同点，即以资金或利益向耕地生态产品提供者的转移为目的，所依托主体的不同决定着补偿方式、资金来源等的不同。

耕地生态补偿方面的研究侧重于两个方面。第一，外部性价值的测算。

补偿标准是补偿机制的核心所在，而耕地生态价值又是补偿标准确定的理论依据，所谓“抓主要矛盾”，相关研究也聚焦于此。Drake（1992）选择瑞典为研究区域，通过假想市场的构建，询问农田景观提供者和享受者的忍受环境破坏的最低受偿意愿（WTA）和改善生态环境的最高支付意愿（WTP），通过计算得到农田景观价值大概为975克朗/hm^2；Costanza等（1997）以全球生态系统为研究对象，通过各种方法的采用，全面测算了其价值总量，结果表明全球生态系统价值总量是全球GNP的1.8倍；Mahan、Polasky、Adams（2000）以湿地资源生态价值为研究对象，使用特征价值法进行了有益探索，并得出湿地面积大小和距离湿地的远近对湿地周围住宅价值具有正向影响的结论；Duke和Thomas（2004）对农田外部性价值的评估运用了关联分析，评估结果分别以1000美元和0美元为上下限，同时揭示了社会成员对农田非市场效益的偏好情况；Hackl、Halla和Pruckner（2007）运用了意愿调查法，研究区域是澳大利亚，研究对象是农地旅游价值，研究结果显示消费者所表达的支付意愿相较于现行农业环境补贴来说相当强烈；Lee、Ahern和Yeh（2015）通过对都市周边景观生态系统服务价值的测算，揭示了我国台湾西部沿海平原农业景观变迁对生态系统服务带来的影响；Sinare Gordon和Kautsky（2016）以布基纳法索为研究区域，测算了当地乡村景观生态系统服务价值。

第二，生态补偿效率评价。效率测度是对已实施补偿制度安排的反思，可帮助我们从中发现问题，为制度安排的进一步优化寻求“指路明灯”（Pagiola & Platais，2007）。Heimlich、Claassen（1998）通过研究指出，由于农产品价格的不稳定性以及信息的不对称性，农户认为与政府签订时间较长的农田保护合同具有较大风险，尤其是遇到农产品价格较高时，农户很可能产生掠夺式经营以获取更高经济收益的短期行为，从而与社会利益相违背，这是拉低生态补偿效率的一个不可忽视的因素；Engel、Pagiola和Wunder（2008）以美国马里兰州为研究区域，运用Farrell效率分析方法揭示了该区域农用地面积变化的影响因素，结果显示完善补偿机制的一些措施，例如补偿方式的适当调整、补偿标准的合理提升等，都对补偿机制目的的达成有正向影响，包括农用地面积的扩大以及质量的提升等；还有一些学者（Locatelli，Rojas，Salinas，2008；Baylis et al.，2008）提出了以下观点：虽然农田生态补偿的实施会在一定程度上减少外部效益享受者的经济利益，但从社会整体的角度来看，既得利益者所支付的金额远远不及耕地外部效益本身给社会带来的福利，同时补偿使原本无偿提供耕地外部效益的低收入者的钱袋子稍稍鼓起来了一些，因此农田生态补偿实际上是一种帕累托改进。Mensah 等（2017）通过研究发现自然禀赋、产权状态、社会背景、制度环境等因素的空间异质性决定着各个耕地生态补偿区域补偿机制的不同，完全统一的补偿机制不利于补偿效率的提升和补偿目的的达成，个别补偿区域存在过度补偿或者补偿不足的可能性。但差别化补偿机制究竟应该如何设计，学术界尚在探讨之中。

1.3.2 国内部分

1.3.2.1 研究方法与资料来源

（1）研究方法

通过文献计量工具绘制知识图谱的方式展示某领域的研究概况，可为理论辨识和范式转换提供新思路。常用图谱绘制软件有 SCI2、BibExcel 等，各软件均有其不同优势和侧重点，如 HistCite 按时间顺序以网络形式呈现研究数据集；BibExcel 可在 Gephi 等外部软件协助下，提供多种文献可视化功能；VOSviewer 更加擅长主题聚类。CiteSpace 软件基于库恩的科学发展模式理论和知识单元离散与重组理论等，采用 java 语言编程，兼具“图”和“谱”的双重特性，它通过分析信息和知识单位的相似性及测度，绘制不同类型的科学知识图谱，可直观展现学科发展路径、前沿及热点(陈昱等，2019)。与其他软件相比，CiteSpace 采用知识导航的方式显示知识单元或知识群之间的网络、结构、互动、交叉、演化或衍生等诸多复杂关系，分析研究脉络并探索学科最新动态。

（2）资料来源

文献质量决定了知识图谱分析的准确度，CNKI 数据库文献资料齐全，但层次不一，且导出的数据信息不全，无法进行知识基础分析（魏雅慧、刘雪立、刘睿远，2018）。中文社会科学引文索引（CSSCI）所收录的文献覆盖国内最重要和最具影响力的研究成果，包含作者、关键词、参考文献等所有信息。本书以 CSSCI 数据库为基础，构建“篇名=生态补偿”的检索式，发文年代、文献类型和学科类别等不限，共得到 741 篇文献，数据最后采集时间为 2019 年 8 月 10 日。本书将检索到的数据以 TXT 格式导出，命名格式为“download_xxxx”，并分别建立 input 和 output 存储路径，将数据进一步转换为可供分析的 wos 格式。

1.3.2.2 “生态补偿”文献统计分析

（1）文献发表量

文献是作者思想的载体，发文量可反映某领域研究进展及深度，判断研究所处阶段（陈昱、田伟腾、马文博，2020；Kim，Chen，2015）。由年度发文量趋势图可知，生态补偿研究大体呈“S”形趋势，即萌芽、成长、成熟三个阶段（见图 1-1）。其中，1998~2004 年为萌芽期。20 世纪 90 年代初期，长江中下游各省市轮番遭受洪水扫荡，且呈愈演愈烈之势，原因在于青海、云南、四川等具有保持土壤、涵养水源等特殊功能的原始森林遭受大面积砍伐，区域生态环境遭受严重破坏，构建流域生态补偿机制被认为是解决这一问题的关键（沈孝辉，1996）。1998 年修正的《森林法》规定，应建立生态效益补偿基金，为生态防护林的培育、保护提供保障；2000 年，《森林法实施条例》明确指出，生态防护林供给主体有权获得生态补偿。至此，国内生态补偿研究正式起步，对长江流域沿线森林、湿地等补偿对象、补偿途径等（毛显强、钟瑜、张胜，2002；朱红根、黄贤金，2018；丁振民、姚顺波，2019；陈伟、余兴厚、熊兴，2018）的理论探讨是该时期学界关注的热点，其间年度发文量均在 5 篇以下，其中 CSSCI 来源期刊收入的第一篇关于生态补偿研究的是北京大学叶文虎教授等的《城市生态补偿能力衡量和应用》一文，文章首次采用绿当量来衡量补偿某种污染物所需要的绿量，并以城市办事处为单元，测算了济南市城市绿地对温室气体和污染性气体的补偿能力（叶文虎、魏斌、仝川，1998）。2005~2010 年为成长期。该时期发文量呈加速增长态势，2010 年达到顶峰，发文量达 71 篇。科学发展观的提出使可持续发展理念更加深入人心，2005 年，《中共中央关于制定国民经济和社会发展第十一个五年规划的建议》提出，按照“谁开发谁保护、谁受益谁补偿”的原则，加快建立生态补偿机制；2007 年，国家环境保护总局印发《关于开展生态补偿试点工作的指导意见》，提出逐步建立自然保护区、重要生态功能区、矿产资源开发和流域水环境保护等四个领域的生态环境补偿机制，这一时期的研究已触及补偿范围、补偿标准、补偿法律保障等核心问题，如甄霖等（2006）采用问卷调查方式对海南省自然保护区进行了研究并指出，基于公平、透明等原则，由受益者即旅游部门、排污企业等根据让渡产权所产生的环境效益或机会成本，采用财政补贴、税收优惠等方式给予保护区农户经济补偿。徐琳瑜等（2006）以厦门莲花水库为例，采用生态服务功能价值法测算出生态补偿额度为 12858.27 万元。2011 年至今为成熟期①。除 2018 年与 2019 年文献数量略有下降外，整体振幅不大，年度发文量均在 60 篇左右。2014 年修订的《环境保护法》提出，要建立、健全生态保护补偿制度，指导受益区和生态保护区通过协商或市场规则进行补偿；2018 年中央一号文件指出，要建立市场化多元化生态补偿机制，加大对生态功能区的转移支付力度，相关研究主要集中在补偿标准的测算（李潇，2018；杜林远、高红贵，2018）、补偿制度建设（朱炜等，2017）、补偿效果及影响因素（姜珂、游达明，2019；徐旭、钟昌标、李冲，2018）等方面。

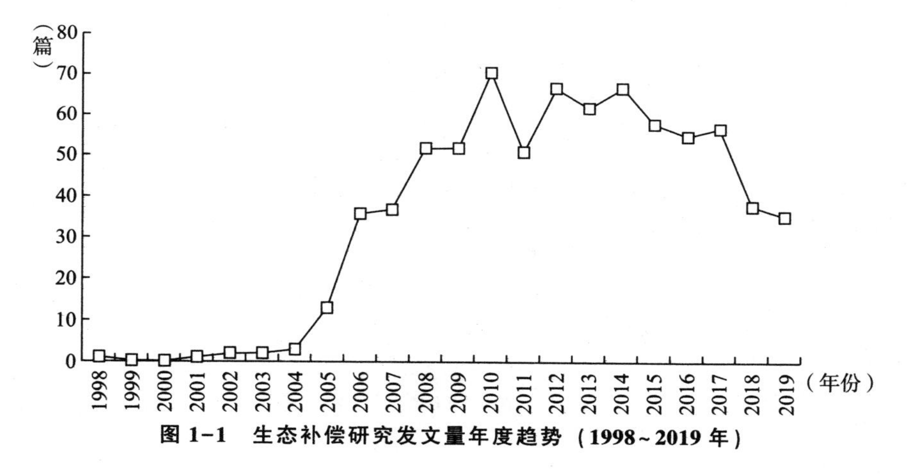

图 1-1　生态补偿研究发文量年度趋势（1998~2019 年）

（2）学科和期刊发文量统计

从文献学科分布看，相关研究主要集中于经济学领域，占比高达 53.58%，其次是法学、管理学和政治学，占比分别为 10.12%、8.64% 和 1.89%，新闻传播学，图书馆、情报与文献学和体育学 20 年来仅有 1 篇文献。由图 1-2 可知，相关文献主要集中在资源、环境、生态领域，其中排名前两位的是《中国人口 · 资源与环境》和《环境保护》，文献发表量分

① 统计时间截止到 2019 年 8 月 10 日。

别为71篇和63篇，是生态补偿研究的大本营；《资源科学》、《自然资源学报》、《干旱区资源与环境》和《长江流域资源与环境》紧随其后，发论文也在20篇以上。研究的经济学偏向充分说明了生态补偿制度实施的原因在于人类经济行为对生态系统产生了或正或负的外部性影响，生态价值的公共物品属性和产权不明晰等导致市场失灵，生态价值供给方和享用方内部或群体之间存在博弈、寻租和“搭便车”行为，补偿机制的制定与国家、地区的经济发展水平密切相关，应考虑资金从哪里来、到哪里去等问题。同时，管理学和法学通过探讨生态补偿过程中人、财、物的合理配置及构建有效的法律保障体系，有利于实现优化资源配置，提高资金使用效率。

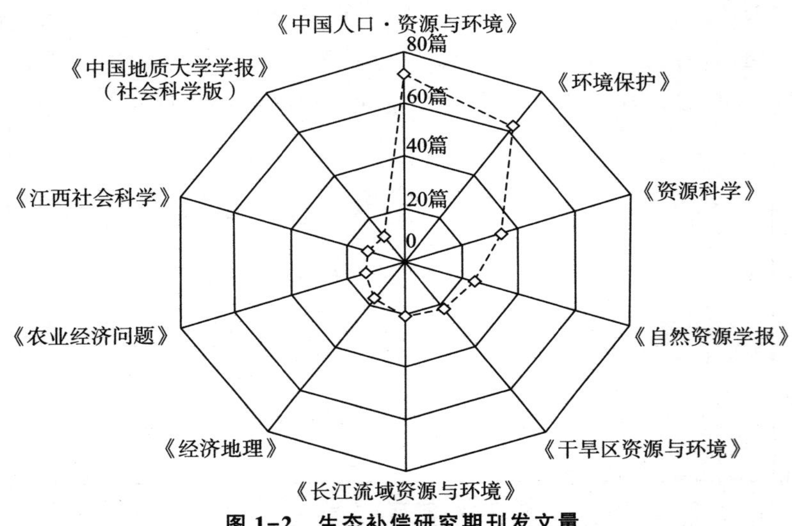

图1-2　生态补偿研究期刊发文量

（3）核心作者统计

核心作者是指发文量超过4篇（朱炜等，2017），在生态补偿研究中起重要推动作用的学者。由表1-1可知，西安交通大学经济与金融学院李国平以20篇占据榜首，其中《退耕还林生态补偿标准、农户行为选择及损益》一文被引56次，该文（李国平、石涵予，2015）引入实物期权理论模拟测算南北不同牧区成本收益等额补偿的转换边界，指出补偿标准不应一刀切，补偿标准应根据各区域实际及机会成本变化来合理制定。排名第二的是中国农业大学人文与发展学院靳乐山，其代表作《牧民对草原生态补偿政策评价及其影响因素研究——以内蒙古四子王旗为例》（李玉新、魏同洋、靳乐山，2014）以实地调查问卷和深度访谈数据为基础，分析牧民生态补偿政策满意度及其影响因素，提出应调整补偿标准，完善社会保障制度，促进牧民再就业。蔡银莺的高被引文献《基于选择实验法的耕地生态补偿额度测算》，将耕地划分为不同属性水平及其对应价值，间接测算出武汉市民对于耕地资源生态价值的支付标准。发文量紧随其后的葛颜祥、张安录、丁四保，分别为 10 篇、9 篇和 8 篇。

表 1-1　作者发文量及其参与的最高频次被引文献

单位：篇

序号	作者	文献量	参与的最高频次被引文献
1	李国平	20	《退耕还林生态补偿标准、农户行为选择及损益》
2	靳乐山	13	《牧民对草原生态补偿政策评价及其影响因素研究——以内蒙古四子王旗为例》
3	蔡银莺	12	《基于选择实验法的耕地生态补偿额度测算》
4	葛颜祥	10	《水源地生态补偿机制的构建与运作研究》
5	张安录	9	《基于农户受偿意愿的农田生态补偿额度测算——以武汉市的调查为实证》
6	丁四保	8	《主体功能区划及其生态补偿机制的地理学依据》
7	徐大伟	7	《基于跨区域水质水量指标的流域生态补偿量测算方法研究》
8	李潇	7	《生态补偿的理论标准与测算方法探讨》
9	胡振通	6	《草原生态补偿：生态绩效、收入影响和政策满意度》

进一步分析作者合作关系，以可视化方式呈现不同作者之间的联系紧密程度，并结合研究区域、研究院校等因素，分析其合作网络情况。结果显示（见图 1-3），网络密度为 0.0147，具有明显的“大分散、小集中”特点，即国内生态补偿存在一批高水平研究学者，他们从各自学科出发，组建了优势突出的研究团队，核心作者贡献较大，如李国平、李潇和张文彬，靳乐山与孔德帅，丁四保与王荣成，蔡银莺、马爱慧、张安录与杨欣等都联合发表过论文，但集中程度相对不高，学术合作关系不够紧密。另外，以师缘和业缘为基础，不少高校已形成相对固定的研究团队，如西安交通大学李国平研究团队、中国人民大学靳乐山研究团队、华中农业大学张安录研究团队、东北师范大学丁四保研究团队和山东农业大学葛颜祥研究团队等。

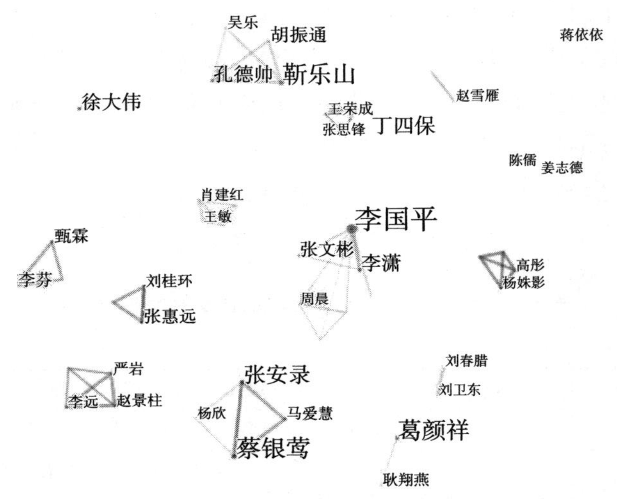

图 1-3　生态补偿研究作者合作关系知识图谱

1.3.2.3　生态补偿文献计量分析

(1) 知识群组识别

研究区域可概念化为研究前沿到知识基础的映射。知识基础是指原始数据信息中的被引文献，对应的引文形成研究前沿。对生态补偿知识基础演变规律的分析是识别研究前沿的基础，可进一步揭示研究前沿之间的关系。操作方式为：Years Per Slice 设置为 1，Term Type 同时勾选 Title、Abstract、Author Keywords 和 Keywords Plus，Node Types 勾选 Reference，TopN 设置为 50，其余时段切割值由线性插值赋值，运行软件，共得到 1484 个节点和 3508 条连线。采用 LLR（对数似然率算法）对群组进行命名，得到不同群组所包含的共被引文献数量、平均引用年份和轮廓值（见表 1-2）、被引文献超过 10 次的文献信息及所属群组（见表 1-3）。

由表 1-2 可知，群组#1、#6、#10、#11 平均引用年份均集中在 2000~2004 年，表明“生态系统方法”、“自然保护区”、“生态经济学”和“主体功能区”的群组为早期生态补偿研究的切入点；群组#0、#15、#14 和#17 平均应用年份较晚（2010 年及以后），表明“生态系统服务”、“意愿调查法”、“环境经济核算”和“财政转移支付”为生态补偿领域较新的研究分支。表 1-3 反映了高被引文献相关信息，代表了生态补偿领域的研究基础，其中#0、#1、#2 和#5 的文献被引频次较高，表明“生态系统服务”、“生态系统方法”、“主要影响因素”和“生态补偿机制”具有较好的研究基础。其中，毛显强、钟瑜、张胜（2002）发表的《生态补偿的理论探讨》一文为生态补偿理论研究的经典文献，该文分析了补偿支付者、接受者、补偿强度和补偿渠道等问题，被引频次为43次；《国内外生态补偿现状及其完善措施》（秦艳红、康慕谊，2007）一文则回顾了发达国家和发展中国家生态补偿的经验教训，提出应以“造血”为目标，综合考虑受偿区域的生态和社会条件，设定差异化补偿标准，为#1“生态系统方法”研究分支的出现奠定了基础；洪尚群、马丕京、郭慧光（2001），王金南、万军、张惠远（2006），杜群（2005）等从法理和制度角度对生态补偿的探讨，为另一研究分支#0“生态系统服务”的出现奠定了基础；除此之外，在补偿标准测算方法（李晓光等，2009）、补偿机制构建（沈满洪、陆菁，2004；魏楚、沈满洪，2011）和补偿效益（赵翠薇、王世杰，2010）等方面也分别出现了相应的研究分支。

表1-2　聚类群组所含文献数量及平均引用年份

单位：篇

群组编号	研究方向	共被引文献数量	平均引用年份	轮廓值
#0	生态系统服务	130	2010	0.804
#1	生态系统方法	69	2002	0.940
#2	主要影响因素	63	2005	0.908
#3	补偿空间	50	2009	0.995
#4	计量模型	48	2007	0.981
#5	生态补偿机制	46	2005	0.989
#6	自然保护区	37	2004	0.999
#7	社会资本	34	2007	0.986
#8	东江源	31	2005	0.995
#9	西电东送	30	2009	0.992
#10	生态经济学	26	2003	0.984
#11	主体功能区	25	2004	0.997
#12	农业废弃物资源化	24	2009	0.998
#13	生态补偿实践	21	2006	0.994
#14	环境经济核算	12	2014	0.997

续表

群组编号	研究方向	共被引文献数量	平均引用年份	轮廓值
#15	意愿调查法	8	2010	0.997
#16	实证研究	8	2007	0.998
#17	财政转移支付	6	2014	0.998

表 1-3 排名前十文献被引信息统计

单位：次

发表年份	作者	标题	来源	被引频次	所属群组
2002	毛显强、钟瑜、张胜	《生态补偿的理论探讨》	《中国人口·资源与环境》	43	#1
2001	洪尚群、马丕京、郭慧光	《生态补偿制度的探索》	《环境科学与技术》	17	#0
2013	李国平、李潇、萧代基	《生态补偿的理论标准与测算方法探讨》	《经济学家》	15	#2
2009	李晓光等	《生态补偿标准确定的主要方法及其应用》	《生态学报》	14	#2
2006	王金南、万军、张惠远	《关于我国生态补偿机制与政策的几点认识》	《环境保护》	11	#0
2004	沈满洪、陆菁	《论生态保护补偿机制》	《浙江学刊》	11	#5
2005	杜群	《生态补偿的法律关系及其发展现状和问题》	《现代法学》	11	#0
2011	魏楚、沈满洪	《基于污染权角度的流域生态补偿模型及应用》	《中国人口·资源与环境》	10	#2
2010	赵翠薇、王世杰	《生态补偿效益、标准——国际经验及对我国的启示》	《地理研究》	10	#0
2007	秦艳红、康慕谊	《国内外生态补偿现状及其完善措施》	《自然资源学报》	10	#1
2010	李文华、刘某承	《关于中国生态补偿机制建设的几点思考》	《资源科学》	10	#5

（2）研究主题及演化路径识别

利用 CiteSpace 软件对生态补偿研究进行关键词共现分析，以鉴别研究的主要方向和热点。时间切片设置为 2 年，节点类型选择关键词，阈值选择 top30，为简化网络凸显重要信息，勾选 Pathfinder 和 Pruning the Merged

Network 对网络进行修剪与合并，得到图 1-4 以及表 1-4。

由表 1-4 及图 1-4 可知，“生态补偿”、“生态补偿机制”、“补偿标准”和“流域生态补偿”是生态补偿研究的绝对高频关键词。其中“生态补偿”作为文献搜索的基点出现频次最高，达 402 次，“生态补偿机制”、“补偿标准”和“流域生态补偿”分别以 103 次、37 次和 37 次紧随其后；进一步分析词频超过 5 个的关键词，其内容基本涵盖了生态补偿研究的主要方面。结合修剪合并后的网络图，可将生态补偿研究的发展路径大致分为“生态补偿机制”、“民族地区生态补偿”、“流域生态补偿”和“主体功能区生态补偿”4 条线索。

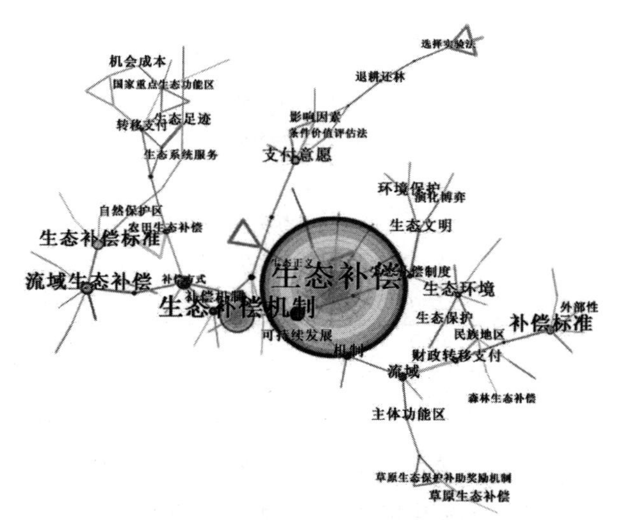

图 1-4 生态补偿高频关键词共现情况

表 1-4 生态补偿领域研究高频关键词分布情况

单位：次

关键词	词频	年份	关键词	词频	年份
生态补偿	402	2001	生态保护	11	2005
生态补偿机制	103	2005	生态足迹	10	2010
补偿标准	37	2006	民族地区	10	2006
流域生态补偿	37	2006	机会成本	10	2010
生态补偿标准	33	2006	可持续发展	10	2005
生态环境	23	2005	退耕还林	9	2005
支付意愿	23	2007	草原生态补偿	9	2014

续表

关键词	词频	年份	关键词	词频	年份
环境保护	17	2005	自然保护区	9	2006
流域	16	2008	生态补偿制度	9	2004
补偿机制	14	2002	影响因素	9	2010
生态文明	14	2009	外部性	9	2009
机制	14	2008	转移支付	8	2012
财政转移支付	13	2005	生态系统服务	8	2009
主体功能区	13	2007	演化博弈	8	2012
生态环境保护	7	2006	博弈	5	2009
农田生态补偿	7	2012	生态价值	5	2006
生态系统服务	7	2009	重点生态功能区	5	2013
森林生态补偿	6	2007	补偿主体	5	2006
草原生态保护补助奖励机制	6	2015	生态服务功能	5	2002
补偿方式	6	2008	受偿意愿	5	2010
条件价值评估法	6	2012	选择实验法	5	2012
国家重点生态功能区	6	2014	农业生态补偿	5	2014
生态正义	5	2008	立法	5	2009

“生态补偿机制”的研究内容主要包括补偿主体、补偿意愿和影响因素等。生态补偿机制是协调经济建设与环境保护两者关系的有效手段，有利于“既要金山银山，又要绿水青山”友好局面的形成。另外，对补偿的支付意愿、受偿意愿及影响因素的分析可为补偿机制的建立和实施提供决策依据。在早期研究中，学者们主要从国家和政府这一宏观视角探讨生态补偿机制的构建问题（葛颜祥、梁丽娟、接玉梅，2006；赵景柱等，2006；王作全等，2006），随着研究的深入，学者们逐渐认识到，农户作为生态价值的供给方，政府、企业和其他组织作为生态价值的享用方，其受偿意愿和支付意愿对补偿机制构建至关重要。如葛颜祥等（2009）运用意愿调查法对山东省居民生态补偿意愿进行分析，发现年龄、性别等对补偿机制的构建影响显著，补偿机制的实施应循序渐进，因地制宜；杜林远和高红贵（2018）定量化分析了我国省域生态补偿标准及影响因素，提出补偿机制的构建应充分考虑地区差异，以防止补偿“过高”、“过低”或“踩空”。

“民族地区生态补偿”的研究内容主要包括生态文明、生态保护和补偿机制等。民族地区通常是江河发源地，经济基础薄弱，生产活动以农业和畜牧业为主，这些地区生态环境的优劣直接影响中下游地区。同时，民族地区以其独有的地形地貌、复杂的气候特征和悠久的传统习俗，孕育了丰富的生物资源和多元的文化资源，是我国乃至世界范围内的生物基因库和文化富集区，对于医药、人文、生物等的研究具有重要价值。资源导向型经济的实施对民族地区的生态环境保护和生态文明建设产生了积极影响，守住了生态环境的底线，但有限的环境容量同样制约了区域经济发展和社会进步，也阻碍了全面小康目标的实现。生态补偿制度的建立和实施，可有效协调绿水青山与金山银山之间、资源保护与区域开发之间的权利义务关系，让全体人民共享经济发展成果。如杨美玲和朱志玲（2017）利用 Logistic 回归模型分析了盐池县农户生态补偿影响因素，提出生态补偿机制的构建应以精准扶贫战略为契机，增强贫困户的内生发展动力，重点发展草畜等优势特色产业。刘琦（2018）分析了少数民族地区生态补偿发展实践，认为已有补偿措施存在投入少、效率低、重经济轻生态等问题，并从政策制定、监督评估等方面提出了优化建议。

“流域生态补偿”的研究内容主要包括地方政府、演化博弈和补偿标准等。流域生态系统具有单向性和不可逆转性特征，上下游地区在全域生态维护和重建的贡献上具有显著差异，由于流域内区域间利益分享机制失范，若不能给予上游地区应有的经济补偿，将严重挫伤保护主体的积极性，最终危及下游地区水生态安全。基于受益主体和受损主体相互博弈而构建的流域生态补偿机制，应采用政府和市场相结合的方式，由下游地区对上游地区、受益区对受损区提供一定的经济补偿，可有效协调流域内区域间的损益关系，解决水资源保护利用中的不公平问题。如李昌峰等（2014）以太湖流域为例，通过建立无约束和引入约束机制的演化博弈模型，指出地方政府自主选择的环境保护策略无法实现帕累托最优，上级监督部门约束因子是最优均衡实现的必要条件。胡振华等（2016）对漓江流域的研究发现，跨界流域生态补偿的最佳策略为上游保护，下游补偿，但仅靠地方政府自身难以达到最优均衡策略，必须由上级政府建立严格的奖惩机制才能实现。

“主体功能区生态补偿”的研究内容主要包括公共物品、外部性和博弈等。主体功能区属于空间规划理论范畴，其目的是落实科学发展观和区域协调发展新思路，规范空间发展秩序，实施差别化区域发展策略，是新时期我国区域管理的重要创新。不同主体功能区主导功能不同，发展模式和发展定位也有差异，生态补偿制度的建立可有效调动不同功能区生态保护和污染防治的积极性，维护生态系统的完整性和可持续供应能力，实现不同类型功能区的健康发展。孟召宜等（2008）从理论上分析了主体功能区补偿的基本思路、基本原则、主要模式等，提出应树立整体意识和大局意识，科学谋划，重视规章制度的建立和完善，动员各方面力量，增强补偿的有效性。王德凡（2017）认为应构建市场化的生态服务交易机制，同时从法律体系完善、保障机制建立、税收政策支持等方面加大对生态补偿的支持力度，以保障主体功能区生态补偿的良性运转。

1.3.2.4 研究前沿辨识

研究前沿辨识可为学者提供生态补偿领域最新研究动态，预测未来的研究方向。主题词类型选择 Keyword，Burstness 菜单点击 View，生成生态补偿研究突现词信息表（见表 1-5）。

表 1-5 生态补偿研究突现词

突现词	强度	起始年份	结束年份	1998～2019 年
生态补偿机制	16.1505	2005	2010	
生态保护	3.1984	2006	2009	
环境保护	5.0579	2009	2012	
草原生态补偿	3.3965	2014	2016	
生态补偿标准	3.4433	2014	2016	
草原生态保护补助奖励机制	3.2024	2015	2016	

热点词“生态补偿机制”出现于 2005 年，于 2010 年结束，是强度最高也是持续时间最长的突现词。生态补偿机制以生态系统服务价值等为基础，综合运用经济、法律和行政手段，协调保护主体和受益主体直接的利益关系，实现经济建设与环境保护和谐发展。完整的生态保护补偿机制框架主要由补偿主体、补偿对象、补偿标准、补偿方式及补偿保障体系等组成。王军锋和侯超波（2013）从补偿资金来源的视角，将生态补偿模式分为政府间协商交易模式、政府间共同出资模式和政府间财政转移支付模式等，各种模式的适应条件有所不同。蔡军和李晓燕（2016）认为，生态补

偿机制的实质是协调各方的利益关系，使生态价值供给方得到合理的回报，在补偿的不同阶段，实施的方式有所不同，如补偿初期应以输血式的资金补偿为主，补偿中期应以造血式的发展权补偿为主，补偿后期则应以具有自我发展能力的特色产业扶持及培育为主。

热点词“草原生态保护补助奖励机制”出现于 2015 年，结束于 2016 年，是出现时间最晚也是持续时间最短的突现词。牧区草原是我国主要江河的发源地和水源涵养区，生态地位举足轻重，受全球气候变暖、降水分布不均及不合理放牧等因素影响，部分牧区生态服务功能不断下降，影响了国家生态安全。中央政府自 2011 年起，在全国 8 个主要牧区建立了草原生态保护补助奖励机制，以实现草原生态环境保护和牧民增收的双赢目标。王海春等（2017）研究发现，草原生态保护补助奖励机制对于农户减畜行为整体呈正向影响，但对不同农户影响有所差异，建议根据异质农户特性实施差别化奖惩机制并强化监督。张浩（2015）认为草原生态保护补助奖励机制虽然导致部分农户收入有所降低，但对于转变牧区发展方式具有一定的促进作用，且有利于缩小牧区贫富差距，应重视配套政策的实施，以改变牧民政策预期，提升政策实施效果。整体而言，突现词出现频率增加，新突现词持续时间不断缩短，说明随着研究的深入开展，新的研究分支不断出现，研究逐渐趋于多元化和精细化。

1.3.3 研究述评与展望

综上所述，生态补偿作为遏制生态环境恶化，协调经济发展与生态保护之间关系的重要途径，受到了越来越多国家的重视。通过财政转移支付的方式给予耕地保护主体一定数额的资金补偿，可在一定程度上提高农户收入水平，增强其耕地保护积极性，同时可有效减少抛荒、撂荒以及耕地滥用现象，在西方发达国家得到了广泛应用和良好评价。国内对于生态补偿的研究虽起步较晚，但在众多学者的努力下，采用选择实验法、演化博弈模型等对流域生态补偿、生态补偿机制、补偿支付意愿等进行了大量研究，但就耕地生态补偿这一主题来说，仍存在尚需进一步研究的问题。

1.3.3.1 耕地资源生态价值负外部性测算

将保护或破坏耕地资源生态价值外部性的行为内化为行为人的收益或

成本是补偿标准测算的依据，但由于外部性价值错综复杂，对其量化多集中于正外部性价值的内涵挖掘和测算，而对于负外部性价值的关注则相对较少。未来应充分考虑农药、化肥、地膜等现代农产品滥用对生物多样性维持、水源涵养与保持、土壤自身代谢功能等生态价值的影响，综合考虑生态价值的正负外部性，并结合测算结果，确定具有弹性的补偿标准，以保障生态补偿机制的有效开展。

1.3.3.2 耕地资源生态价值空间异质性的影响因素研究

已有研究较少考虑生态价值空间异质性对补偿标准的影响，而统一的补偿标准势必影响到有限补偿资金的运作效率。应充分考虑生态价值的空间异质性特征，运用 GWR 模型等研究方法，定量分析生态价值空间异质性的影响因素，厘清各因素在不同空间位置的影响特征，进而制定符合区域实际的补偿政策，提升政策运行效率。

1.3.3.3 差别化耕地资源生态价值补偿策略制定

当前学界对于耕地生态补偿的理论基础、补偿标准的测算方法、补偿资金的来源、补偿对象的确定以及补偿机制的建立等进行了卓有成效的研究，但较少考虑空间异质性对补偿标准的影响，而统一的补偿标准势必影响到有限补偿资金的运作效率。未来应以耕地资源生态价值空间异质性为基础，充分考虑区域经济发展、资源禀赋等因素对耕地生态价值的影响，综合采用选择实验法、意愿调查法等方法测算均质区内不同耕地资源生态价值，制定差别化补偿策略，提高补偿的科学性和可操作性。

1.4 研究思路和方法

1.4.1 研究思路

本书在系统梳理国内外相关研究的基础上，首先，研究创新耕地生态补偿机制的必要性：通过对我国耕地生态补偿机制运行现状及效率的分析，指出破解“一刀切”的补偿标准和补偿模式是当前亟待解决的问题。其次，研究创新耕地生态补偿机制的依据：通过对耕地资源生态价值空间异质性的内涵界定、特征剖析、成因探讨及综合评价，进一步划分均质区，构建起差别化补偿的现实基础。再次，开展差别化耕地生态补偿机制创新研究：基于均质区划分结果，分别采用意愿调查法和选择实验法分析耕地资源正负生态价值，并将其交集作为补偿上下限，以此作为各均质区差别化补偿标准的基础，同时开展支付意愿影响因素分析，进一步分析补偿标准的差别化、动态化；结合补偿机制农户需求意愿调查和国内外生态补偿实践经验借鉴，设计出三类耕地生态补偿标准模式，结合各均质区特点为其选择适合自身具体情况的差别化补偿模式。最后，开展差别化耕地生态补偿机制推进方略研究：针对不同的补偿模式设计特色鲜明的运行方式，并从法律、制度、技术、组织和文化等角度入手系统设计配套保障措施。

1.4.2 研究方法

1.4.2.1 文献研究法

通过对已有国内外相关文献的搜集和梳理，发掘理论前沿，掌握学术界关于生态补偿以及耕地生态补偿的研究现状，揭示其中存在的主要问题，明确研究的切入点和迫切性。

1.4.2.2 调查研究法

通过对典型区域的选点调研、统计和分析，了解微观主体对耕地生态补偿机制的期许，测算耕地生态价值，为差别化耕地生态补偿标准的制定、补偿模式的设计及补偿机制运行方式的确立提供指导。

1.4.2.3 变异系数法

由于耕地资源各属性是相互独立且不断变化的，而任何一种属性的变化均会导致耕地资源生态价值空间异质性的变化，在进行空间异质性评价时，为防止多属性综合可能导致的空间异质性被弱化问题，研究中拟采用变异系数法来测度生态价值空间异质性评价指标的权重。

1.4.2.4 选择实验法（CE）

选择实验法是一种陈述偏好的研究方法，主要通过受访者在不同备选项之间进行选择和权衡，从而估计消费者个人为某多属性商品及其每个属性支付的意愿。货币价值是属性集中一定含有的一个属性，其含义是假如改变当前状态所需支付的费用。各个不同的属性状态排列组合形成选择集，在访谈过程中，受访对象通过对各个不同选择集的选择传达出自己对不同属性水平的度量和认可，借以揭示受访对象对研究主题所涉环境或商品的好恶情况，进一步通过建模对该环境或商品各个不同属性与特征的价值开展分析，从而得到诸多方案的非市场价值。本书通过选择实验法的运用来测算耕地资源生态价值量的大小。

1.5 研究可能的特色和创新之处

1.5.1 学术思想的特色和创新

（1）差别化耕地生态补偿机制的研究定位富有新意。矛盾的特殊性哲学原理要求我们“对症下药”“量体裁衣”，构建和实施耕地生态补偿机制是一项庞大而系统的工程，只有做到因地制宜、因时制宜，才能实现预期效果，而以往研究却较少考虑到这一点。

（2）对耕地资源生态价值空间异质性的科学界定、成因追溯、实证评价，以及基于均质区划分的差别化和动态化耕地生态补偿标准测算、补偿模式设计，是本书在学术思想方面有建设性的内容创新。

1.5.2 学术观点的特色和创新

（1）由于区域耕地资源数量、质量、结构、区位等方面的非均衡性，耕地资源生态价值空间异质性普遍存在，且可以说是一种常态。

（2）差别化耕地生态补偿标准的确定应以耕地资源正负外部性价值为依据，即以耕地生态价值正负外部性为基础，结合意愿调查法和选择实验法等研究方法，确定具有弹性的补偿区间，增强补偿机制的科学性和可操作性。

1.5.3 研究方法的特色和创新

（1）在耕地资源生态价值空间异质性评价中，各指标权重的确定是关键环节之一，对变异系数法的运用，能够有效避免多属性综合可能导致的空间异质性弱化问题，可操作性强，且特色鲜明。

（2）运用选择实验法和意愿调查法测算耕地资源正生态效益和负生态

效益，尤其是通过对意愿调查法和选择实验法的综合运用，测算相对客观的补偿标准，较为新颖。

（3）利用探索性空间数据分析（ESDA）考察研究区域耕地生态补偿支付意愿的空间分布态势，并且运用地理加权回归模型（GWR）深入剖析影响耕地生态补偿支付意愿空间异质性的驱动机制，具有新意。

第 2 章　概念界定与理论基础

本章将对耕地生态补偿研究相关的概念进行界定，对相关理论基础进行梳理，为下文研究提供理论支撑。

2.1　概念梳理与界定

2.1.1　耕地资源外部性价值

耕地资源作为一种稀缺的自然资源，是由自然、经济、社会构成的复合生态系统（李效顺、蒋冬梅、卞正富，2014），相对应的其具有经济产出功能、生态功能和社会功能。耕地资源经济产出功能是指耕地作为重要的农业生产资料，所具有的生产粮食、蔬果以及其他生活原材料的功能，该部分价值可通过市场交易来实现。耕地资源经济价值的大小取决于农作物的生产成本和农产品的市场价值。耕地资源生态功能是指耕地在产出农作物过程中所附带的气体调节、气候调节、涵养水源、保持水土、生物多样性维持、土壤形成与保护等功能（谢高地等，2003），这一过程主要由耕地生态系统内部的各种物理、化学和生物功能综合实现，虽不具备实物形态，但具有客观性。因此可将生态价值概括为耕地生态系统各种生态功能给人类提供的效用或效益的总和，该部分价值无法直接内化为供给主体的私人收益，具有明显的外部性特征。耕地资源的社会功能是指耕地在维护国家粮食安全、农民就业以及养老等方面的功能，这与我国人多地少以及医疗、养老保障体系有待健全相关，该功能所体现的价值就是耕地资源的社会价值，这一价值同样无法通过市场交易来实现，具有显著的外部性特征。综上可知，耕地资源外部性价值由生态价值和社会价值组成，本书仅测算耕地资源的生态价值，并构建生态补偿机制。

2.1.2 生态补偿

“生态补偿”又称“生态环境服务付费政策”，由于研究视角及学科的不同，学术界对于该名词的定义存在争议，但总体来说分为广义和狭义两种。广义的生态补偿不仅包括对生态系统和自然资源的保护或破坏所进行的相应奖励或赔偿，还强调要对生态服务保护方或供给方为保护生态环境所付出机会成本进行经济补偿，而狭义的生态补偿概念主要是指前者。早期的相关研究主要围绕狭义的生态补偿展开，如有学者通过对不同生态群落进行测算，认识到生态系统服务价值的存在，进而提出生态补偿是对生态功能和生态服务质量所造成损害的一种补助，其目的是提高发展过程中受损地区的环境质量或者用于创建新的具有相似生态功能和环境质量的区域（Cuperus et al.，1999）。即主张以付费为手段，通过调整生态服务供给和消费中不同利益相关者的生态保护成本和经济利益分配关系，达到维护并改善生态服务功能的目标。国内对于该含义的理解与国际上基本相同，只是随着研究的深入，生态补偿的研究领域不断被拓展、理论支撑越来越丰富。如国内较早开展生态补偿研究的毛显强教授认为生态价值具有显著的非排他性和非竞争性特征，正是因为这一公共物品属性的存在，生态补偿通过将损害或保护生态服务价值的行为内化为行为主体的成本或收益，从而达到严控或激励行为主体，减少其外部不经济行为或增加外部经济行为的目的。即重点强调通过经济手段刺激行为主体的生态保护积极性和主动性，进而实现其行为的正外部经济性，完善生态系统服务功能以及保护生态可持续发展（毛显强、钟瑜、张胜，2002）。

综观国内外相关研究成果，多数研究认为，生态补偿即对生态服务功能或生态价值的补偿，主要是指给予人类行为对生态和环境所产生的正外部性一定的经济补偿，即通过给予生态服务保护方或供给方一定经济补偿的方式，来调节生态保护过程中相关主体的利益关系，从而将正外部性价值内部化，以达到提高保护方或供给方积极性，促进生态服务价值可持续供给的目的。

2.1.3 生态补偿机制

生态补偿机制是通过调整生态环境保护和经济建设相关各方之间的利益关系，从而保障补偿得以顺利实现而设计的一种制度安排。这一过程通常包含补偿主客体的确定、补偿标准的测算、补偿方式的设立等方面。

2.1.3.1 生态补偿主体

生态补偿的主体可分为两个层次，一是通过开发利用生态环境取得利益的受益者，该行为主体因其行为对生态环境产生负面影响而理应成为补偿资金支付方；二是为迎合或满足社会或者其他人的需求而牺牲个人利益，代替他人履行生态保护责任的利益受损者，其理应成为补偿的获得方。若以市场交易主体对其进行命名，则前者可称为生态服务的买方，后者可称为生态服务的卖方。

生态服务的买方通常包括政府和企业。政府为确保生态服务的持续稳定供给，维护社会公众的整体利益，通常采用财政转移支付、税收减免或特殊的产业支持政策等强化对生态环境保护的支持力度，具有强制性、间接性等特点，政府补偿虽然交易成本低，但制度运行成本较高。企业提供的生态补偿，主要是指自己在价值创造过程中对社会或者其他人正常生产生活产生不利影响所付出的代价，如对生态环境破坏性行为的修补修复费用，在资源开发过程中对公众利益产生负面影响的补偿性行为等。这一过程的实现通常以明晰的产权为基础，具有直接性、激励性等特征，但由于产权界定困难、损坏破坏程度难以计量等原因，操作中往往存在一定的困难。

生态服务的卖方或供给方通常分为政府、企业以及个人三个层次。其为了社会整体或其他地区政府、企业、个人的利益而放弃了自身本该享有的发展机会，应将其视为生态服务价值的提供者给予一定的经济补偿。例如，为了保持良好的生态环境而要求企业放弃某些特定的生产行为；因经济发展而过度使用当地的自然资源，对生态环境造成了一定程度的破坏，给当地居民正常的生产生活带来了不利影响，这些理应由破坏方承担的责任，现实中却多由供给方承担损失或不利后果，因此，需要给予承担者即卖方相应的补偿。

2.1.3.2 生态补偿客体

生态补偿客体是指研究对象所具有的正外部性价值。就耕地生态补偿来说，补偿客体为耕地所具有的涵养水源、保持水土、气候调节、生物多样性维持等的正外部性价值。补偿客体的界定，有利于对其加强协调与管理，促进信息有效流通，确保补偿机制的顺利运行（邓晓红等，2019）。

2.1.3.3 生态补偿标准

生态补偿标准即进行补偿的额度，因其直接影响到补偿的实施效果，所以也被称为生态补偿机制的核心。补偿标准的确定需要有充分的依据，若补偿标准过低，无法弥补供给方的机会成本或个人损失，则极易导致生态环境继续恶化，生态补偿机制低效或无效；若补偿标准过高，虽可激励生态服务供给方的积极性，但可能因为财政资金负担过重而难以保证补偿可持续性，同样导致生态补偿难以持续进行（包贵萍等，2019）。综观国内外研究实践，目前确定补偿标准主要有以下几种思路。

其一，以生态服务价值量即生态效益额度的高低为依据来测算补偿标准。如 Costanza 等（1997）、陈仲新和张新时（2000）、谢高地等（2003）通过测定相关区域生态服务价值，来确定补偿标准。该方法能以具体的数字量化补偿标准，具有较强的说服力，但由于缺乏统一的指标体系及公认的研究方法，测算出的生态服务价值也各有差异，因而具有一定的操作难度。二是按生态系统破坏的恢复成本来测算补偿标准。如煤炭、矿产等采矿企业、建筑公司等，其将环境治理和生态恢复的成本作为确定补偿标准的参考，此标准执行的前提是需要将生态系统得以恢复的费用进行量化。三是按生态受益者的获利情况，即通过生态系统服务价值的市场交易行为确定补偿标准，此方法可在市场机制比较成熟的地区，通过市场交易的方式，将生态系统运转过程中的外部性进行内部化调整。四是通过测算生态系统保护方的机会成本来确定补偿标准，这一思路得到了国内外诸多学者的认可。从理论上讲，生态补偿标准应当介于生态服务提供者机会成本与其所提供的新增生态服务价值之间，使得方案可以落地的同时激发购买者的支付意愿；但其缺点在于测算标准是否准确以及可在多大程度上得到受偿对象的认可难以确定。总体来说，生态补偿标准尚缺乏一个统一的得到学术界认可的测算方法。

2.1.3.4 生态补偿方式

首先，根据补偿手段的不同，生态补偿方式可分为资金、技术、实物、政策、产业等。资金补偿相对来说更加简单易行且容易得到生态价值供给方的认可，不足之处在于这种“输血”式的补偿方式可能导致补偿资金盲目使用而失去应有的效果。实物补偿是指给予生态价值供给方一定数量的生产资料以改善其生产生活状况。技术补偿主要体现在技术培训上，使补偿对象的技术能力以及经营管理水平有所提升。政策补偿是指通过对特定群体实施优惠政策，如税收优惠、低息贷款等，调动其参与生态保护的积极性和主动性。产业补偿是指生态服务购买方根据供给方的资源禀赋、区位优势等，帮助他们发展替代产业，以增强其自身的造血功能，缩小发展差距。其次，依据补偿要素的公共属性不同，生态补偿方式可分为政府补偿和市场补偿。政府补偿主要通过加大财政转移力度、征收“生态税”以及政府“赎买”的方式进行。以政府财政为支撑和保障，运用有效的经济调控手段，为生态补偿机制保驾护航。市场补偿主要通过市场交易的方式将生态服务外部性价值内部化，主要包括生态补偿费，排污权、水权市场交易，林权制度改革等。相比政府补偿，该方法更具有一定的可操作性，在市场经济条件下可以得到有效执行。

2.1.3.5 生态价值评估

生态价值是指生态系统在维持其结构和功能的完整性以及作为人类生存所必需的组成部分方面所具有的价值。根据生态价值所表现出来的外在形式，可以将生态价值评估分为有形的物质性的产品价值（如渔产品、林产品等）和无形的功能性的服务价值（如防风固沙、水源涵养、调节气候等）。

生态系统服务功能价值的估算是生态系统服务功能研究的重点，也是生态学和生态经济学研究的热点，国内外众多学者对其进行了探索性研究。但由于生态价值评估涉及国土、环保、水利、农业、林业、气象等方方面面，部门多、工作量大、耗时长，学术界对生态价值评估还处于探索和讨论阶段。根据生态经济学、环境经济学和资源经济学的研究成果，生态系统服务功能的价值量评价方法可以分为三类：一是市场价值法；二是替代市场价值法，其中包括替代成本法、机会成本法、恢复费用法等；三是假想市场价值法，主要代表是意愿调查法。市场价值法是在存在有效市场的前提下，以市场价格来评估其经济价值。该方法在评估生态服务价值方面相对科学合理，但需注意的是，当存在不完全竞争市场或市场失灵时，市场价格可能会发生扭曲，因此并不一定能准确地反映生态服务的经济价值，同时诸如季节变化等因素对价格所造成的影响也应该在价值确定中予以考虑。替代成本法是指通过测算人为提供等额生态服务价值所需付出的成本来确定自然生态系统服务价值，使用替代成本法的难点在于，当采用不同工艺、不同技术所测算的成本相差甚大时，如何从中选择一个合理的成本较为困难；另外，各替代工程是否在经济上完全等价还需进一步推敲，也就是说替代工程和生态系统服务各自的溢出效应是不一样的。假想市场价值法是指在连替代市场都难以找到的情况下，人为创造假想市场来衡量生态系统服务功能及其变动的价值。在实际研究中，学者常通过调查问卷的方式，来获得消费者的支付意愿和净支付意愿，综合所有消费者的支付意愿和净支付意愿来估计生态系统服务的价值（Alexandrod，2005）。

2.2 相关理论基础

2.2.1 公共物品理论

与私人物品不同，公共物品是指社会公众均可无偿享受、使用或者消费的物品。对于公共物品的研究始于知名经济学家萨缪尔森（Samuelson），他认为公共物品的这一属性决定了每个人对于该产品的消费均不会导致其他人对该产品消费的减少。在此基础上，经马斯格雷夫（Musgrave）等人的进一步完善，逐步形成了公共物品的两大特性，即消费的非竞争性与非排他性，由此可能产生“公地悲剧”和“搭便车”问题。

耕地资源生态价值作为典型的公共物品，不仅具有非竞争性和非排他性，同时还具有空间外溢性特征，可在供给方和享用方区域之间进行扩散，使得区域周边居民无偿享受其带来的生态效益。首先，当耕地资源数量减少或者质量有所降低时，其所提供的生态服务价值也会随之减少或降低；其次，若耕地资源生态服务价值数量一定，而区域内人口数量不断增加导致消费量激增时，通常也会导致生态服务价值无法满足需求，严重的话可能导致耕地资源生态价值枯竭；再次，耕地资源生态价值具有空间外溢性特征，使得无偿享受生态价值的各方直接存在“搭便车”心理。为保证耕地生态效益的足量稳定可持续提供，必须以“保护者受偿，受益者补偿；受损者受偿，破坏者赔偿”的原则为指导，给予受偿方一定的补偿，最终解决由耕地资源的公共物品属性所引发的耕地数量减少、质量下降问题。

2.2.2 外部性理论

对于外部性的探讨始于古典经济学时期，知名经济学家马歇尔在《经济学原理》一书中，对“外部经济”进行了阐述，他认为，资源具有外部经济和外部不经济双重属性。人们利用资源可满足生存和发展的需求，但同时又会产生废物从而对人类生活产生不利影响。马歇尔的嫡传弟子庇古，在马歇尔相关理论的基础上，从福利经济学角度完善并扩展了“外部不经济”的概念和内容。庇古认为，外部性是指行为主体进行经济活动所带来的社会边际收益与成本与私人边际收益及成本之间存在的相背离现象，外部性问题的存在会导致市场失灵，因此需要通过征税和补贴的方式进行调整，以此实现外部效益的内部化。这种政策建议后来被称为“庇古税”。20世纪60年代，产业经济学家罗纳德·哈里·科斯（Ronald H. Coase）认为，外部性问题可以通过市场交易机制解决，而庇古税并不是解决环境污染外部性的唯一手段。科斯在其《社会成本问题》一书中提出，在假设不存在交易费用的前提下，仅需明确、完整地将相应产权界定给一方或另一方，并允许该产权在市场进行交易，就能够有效解决外部性问题；即使交易成本大于零，清晰的产权界定，仍然有助于提高经济效率。

耕地生态补偿机制以多种手段相结合的方式对耕地保护主体一定数量的经济补偿，从而将外部性价值内部化为供给方的私人收益，以达到约束耕地破坏行为，促进耕地资源保护与合理利用，实现相关利益主体利益平衡的目的（马文博，2015）。耕地资源可以产出农作物，为农民带来经济收益，即“显性价值”，同时又为国家生态安全和社会稳定做出突出贡献，即“隐性价值”。若不能将这部分具有正外部性特征的“隐性价值”转变为供给方的私人收益，将无法从根本上调动供给方的积极性，使得耕地保护政策效果大打折扣。耕地生态补偿机制正是以外部性理论为指导，将具有公共物品属性的生态价值内化为供给方的私人收益，从而解决耕地保护效率不足的问题。

2.2.3 生态系统服务价值理论

生态系统（Ecosystem）的概念由英国生态学家坦斯利（Tansley）于 1935 年首次提出，是指在一定空间内生物成分和非生物成分通过物质循环和能量流动相互作用、相互依存而构成的一个动态、复杂的生态学功能单位。经过几十年的发展，以生态系统理论为基础的生态学研究逐步形成了一个完整的科学体系，并且从注重生态系统结构研究逐渐向关注生态系统功能及其价值的研究方向发展。

对于生态系统服务价值理论的系统探讨，始于 20 世纪中后期。马什（Marsh）出版的《人与自然》（*Man and Nature*）（1965）就记述了地中海地区人类活动对生态系统服务功能的破坏，并注意到了腐食动物作为分解者，对生态功能具有明显的修复作用。生物多样性的丧失将会直接影响到生态功能的实现，进而对人类的生产生活产生不利影响，由此正式确立了生态系统服务功能的概念。与此相关的研究，特别是以国际科学联合会环境问题科学委员会 1991 年召开的一次会议为标志，学界逐步开始采用各种定性和定量方式来评价生物多样性及生态服务功能价值。代表性学者如 Costanza 等（1997）将全球生态服务价值功能划分为 17 种类型，并对其价值进行了系统评估，为后续研究提供了借鉴和参考。生态系统服务囊括了自然生态系统为人类社会生存发展所提供的各种服务，按照国际上通行的功能分类法可将耕地生态系统功能分为：生态供给功能、生态调节功能、文化教育功能和生态支持功能等（倪庆琳等，2020）。耕地生态系统是人类生产生活活动作用于耕地而形成的独特的复合型生态系统，基于生态系统服务价值理论，可将耕地生态系统功能划分为不同的类型，从而可以更加明晰耕地生态价值的总体构成，为下文设计调查问卷及采用两种方法测算耕地资源生态价值提供理论依据。

2.2.4 资源稀缺性理论

资源是指能够满足人们各种需要的一切要素和条件的统称。资源稀缺性是指资源是有限的，不能无限制供给和获取。资源稀缺性是资源的本质属性之一。伊斯特尔（K. W. Easter）和瓦尔蒂（J. J. Waelti）将资源稀缺性理论概括为："如果某种资源存在竞争利用状况，那么就可以说该资源是稀缺的。”（李灵慧，2020）资源稀缺性将“理性经济人”作为基本假设前提，即行为人是利己的，欲望是无穷的，但同时，社会受到有限资源的制约，需求无限和资源有限的矛盾使得资源稀缺成为社会现实。资源的稀缺性表现为绝对数量的稀缺性和相对数量的稀缺性。首先，绝对数量的稀缺性是指地球上资源总量是有限的，不会无限制增加。其次，相对数量的稀缺性是指相对于人类具有多样性和无限性特点的需求而言，地球资源供给总量不足。

在此，可进一步用经济学供需曲线对资源稀缺性进行解读（见图 2-1），横轴代表资源数量，纵轴代表资源价格。一方面，因为资源数量的有限性，横轴不可能趋向正无穷；而只要人们有需求，资源就具有一定的价格，随着资源紧缺度的提高，人们为了获取相应资源争先恐后进行竞价，资源价格被无限放大，理论上可以达到无穷，这就形成了资源绝对数量的稀缺性。另一方面，通过供需曲线的左右移动可以直观展现供给小于需求条件下的资源相对数量的稀缺性原理。首先，当全部资源都拿来进行供给，资源供给曲线 S 与需求曲线 D 相交于点 E_0，E_0 为均衡点，此时的资源供给量为 Q_0，供需共同影响价格，使得资源价格为 P_0。其次，在现实生活中，为了维持可持续发展需要，资源得不到完全供应。在市场需求保持不变，资源供给减少的条件下，资源供给曲线由 S 左移至 S'，与需求曲线 D 相交于点 E_1，资源价格上涨至 P_1，资源供给数量为 Q_1。由于 $Q_1<Q_0$，即资源数量减少，造成资源稀缺。另外，该均衡点无法维持长期稳定，当供给量减少、资源价格被抬高时，经济学中的“理性经济人”就会选择资源替代品来满足自身需求。在该条件下，资源需求曲线由 D 左移至 D'，与资源供给曲线 S'相交于点 E_2，此时的资源价格为 P_2，资源供给数量为 Q_2。进一步分析可知，由于供需都存在弹性，其价格无法一直像图中所描述的 $P_2>P_0$，而是随着弹性的大小变动，资源价格围绕 P_0 上下波动，但无论资源价格怎么变动，由于供需曲线的整体左移，都会导致 $Q_2<Q_0$，即资源数量小于人们对资源的需求量，造成资源稀缺。通过上述分析可知，资源稀缺是社会存在的必然现象。尽管资源是稀缺的，但是通过供需曲线可获悉，市场可以通过调控资源价格或寻找相关替代品来满足人们的需求，这就需要做好资源配置。

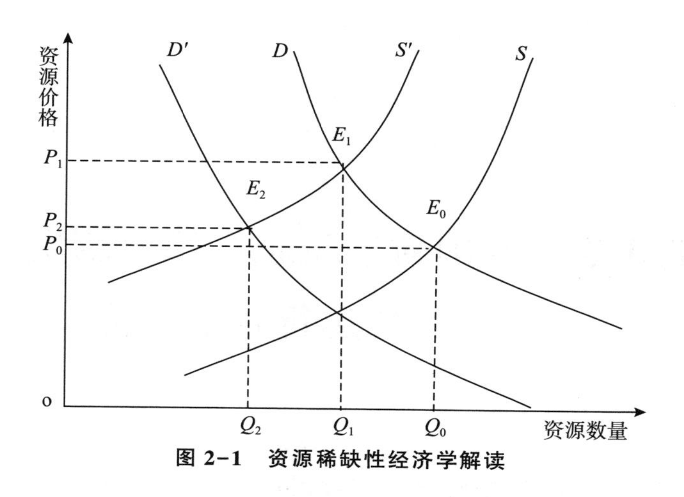

图 2-1　资源稀缺性经济学解读

“万物土中生”，耕地是宝贵的自然资源和资产，可满足人类生产、生活等各方面的需求，具有承载万物、滋养生命、积蓄养分和提供景观等多重有益功能。耕地资源稀缺性主要表现在两个方面：首先，从绝对数量来说，耕地资源是自然的产物，具备可持续发展能力，但总量是有限的且不可再生；其次，相对耕地资源不断增加的需求量来说，其位置是无法移动的，且质量、区位等存在差异性，耕地利用方向的变更相对困难，特别是由耕地转为建设用地，这种转变几乎是不可逆的，因而具有稀缺性特征。同时耕地资源与其他自然资源和社会资源相比具有本质区别，几乎不存在相关替代品。因此，在资源利用、管理与服务中，必须考虑到耕地资源的稀缺性原理，对有限的耕地资源进行集约高效配置。

2.3　本章小结

本章首先对耕地资源外部性价值、生态补偿及生态补偿机制的概念进行了界定，进而探讨了与耕地生态补偿相关的理论，如公共物品理论、外部性理论、生态系统服务价值理论、资源稀缺性理论等，为本书的研究提供了理论指导。

第3章　我国耕地生态补偿机制现状及运行效率评价

本章以统计数据为基础，在分析我国耕地资源整体状况以及利用中存在的主要问题的基础上，将种粮农民直接补贴、农作物良种补贴和农资综合直接补贴视为当前耕地生态补偿的主要形式，采用数据包络分析方法，对现行耕地生态补偿机制的运行效率进行评价，明晰补偿运行效率及存在的问题，为差别化补偿机制的构建提供依据。

3.1　我国耕地资源总体状况

我国国土幅员辽阔，国土面积在世界排名中位居前列，但可耕种土地相对较少，且不少耕地位于地形崎岖、土壤贫瘠的山区，适宜耕种的中东部盆地、平原地区占比较小。耕地总体质量不高单产相对较低，且由于人口基数大人均耕地面积更少。统计数据显示，截至2017年末，我国人均耕地面积仅为0.098hm^2，远低于世界人均耕地水平。加之受耕作技术以及资金支持等方面的影响，山地高原地区耕地利用难度大，大量闲置荒地无法得到有效开垦，可开发利用土地相对减少从而形成了可开垦土地资源稀缺，耕地利用效率低的局面（姜晗、杨皓然、吴群，2020；吴冬林等，2020）。加之农业收入相对较低，越来越多的青年劳动力选择外出务工，耕地撂荒抛荒现象时有发生。与此同时，加速推进的城镇化客观上要求农用地转为非农建设用地，加剧了耕地资源供需之间的矛盾。

由图3-1可知，1998年我国耕地总面积为$12964.21 \times 10^4 hm^2$（即12964.21万公顷，下同），受工业化、城镇化等的快速推进的影响，大量农用地被占用，2008 年耕地面积减少至 12171.61×10^4hm^2，其中 1999～2004 年共减少耕地 676.12×10^4hm^2，年均减少 135.22×10^4hm^2。2007 年后我国开展了第二次全国土地利用调查，受测量技术方法、调查标准改进以及农业农村相关税费改革等因素的影响，2009 年我国耕地面积为 13538.46×10^4hm^2，比 2008 年增加了 1366.85×10^4hm^2，而其中大部分是需要退耕还林、还草和休耕的耕地，还有部分由于土壤表层的破坏、地下水超采等已经严重影响耕种的耕地。此后，在最严格耕地保护制度的约束下，耕地面积快速减少的趋势有所缓解，2009～2017 年，共减少耕地 50.34×10^4hm^2，但整体来说，我国耕地保护形势依然十分严峻（汤怀志、桑玲玲、郧文聚，2020）。

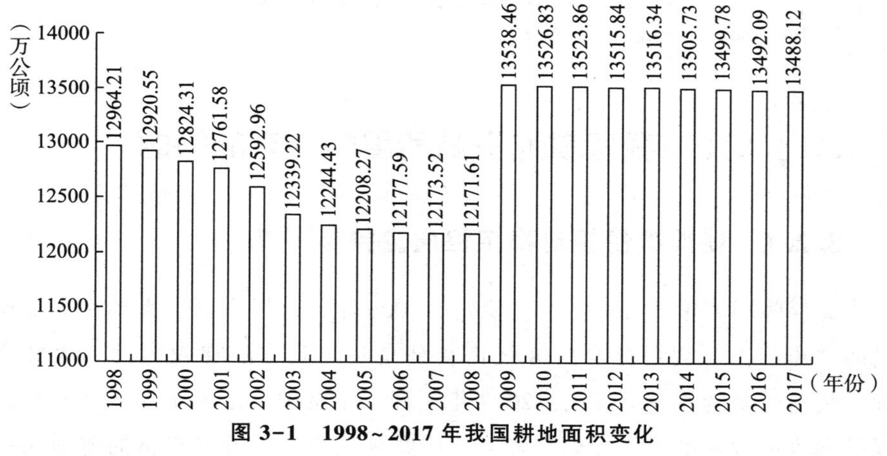

图 3-1　1998～2017 年我国耕地面积变化

资料来源：自然资源部。

根据自然资源部全国土地利用调查数据，截至 2017 年，我国共有农用地 64486.36×10^4hm^2，其中耕地面积约占农用地规模的 21%，园地占比约 2%，牧草地占比约 34%，林地规模最大，占农用地面积约 39%（见图 3-2）。2017 年，全国因建设占用、灾毁、生态退耕、农业结构调整等减少耕地面积 32.04×10^4hm^2，降幅为 7.13%；通过土地整治、农业结构调整等增加耕地面积 25.95×10^4hm^2，年内净减少耕地面积 6.09×10^4hm^2，全国建设用地总面积为 3958.65×10^4hm^2，新增建设用地面积 53.44×10^4hm^2。得益于土地整治等工程项目，相较于 2016 年全国耕地面积增加的 26.81×10^4hm^2，2017 年新增 25.95×10^4hm^2，降幅为 3.21%。

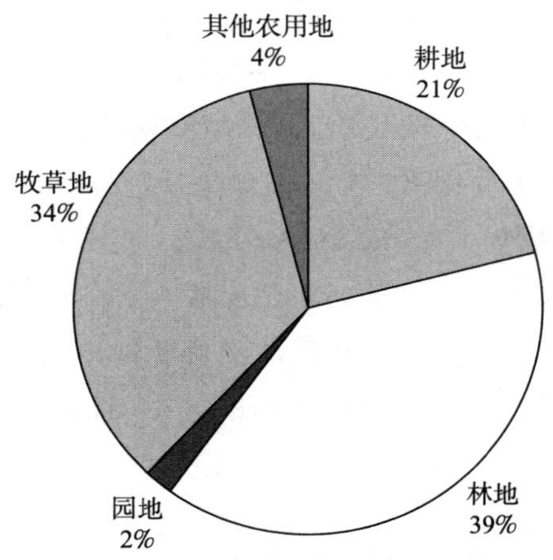

图 3-2　2017 年我国农用地利用状况

资料来源：《中国统计年鉴 2018》。

3.2　我国耕地资源利用中存在的问题

3.2.1　耕地数量相对稳定但质量整体下降

为保障国家粮食安全和社会稳定，2006 年，十届全国人大四次会议通过的“十一五”规划提出，18 亿亩耕地是一个具有法律效力的约束性指标，是不可逾越的一道红线；2017 年 1 月《中共中央国务院关于加强耕地保护和改进占补平衡的意见》发布，该意见强调要坚持最严格的耕地保护制度和最严格的节约用地制度，落实“藏粮于地、藏粮于技”战略。一系列政策措施的出台有力地保证了耕地数量保持在稳定的状态，2009 年以来，我国耕地面积虽有下降，但幅度相对较低，耕地数量总体稳定。尽管如此，耕地质量却整体呈现下降趋势。首先，建设用地需求量的快速增长推动城市向周边扩张，原有的耕地转化为了非农用地，受城市规划管理机制不完善的影响，建设单位在工程建设中很容易忽略保护耕地生态环境，使得耕地质量也随之下降；其次，由于农民文化素质相对较低，他们为提高粮食产量增加收益，不考虑耕地资源的酸碱度，采取不科学的耕作方法，如过度使用化肥等，虽短时间内提高了单产但长期来说对耕地质量造成负面影响；最后，人均农村居民点用地面积远超过国家规定的标准上线，并且出现圈地、占地现象，多占少用、占而不用，造成大量可用耕地被抛荒，耕地资源无法得到有效开发利用，耕地生态功能下降（张玉龙，2019）。第二次全国土地调查耕地质量等别成果显示①，全国耕地质量平均等别为 9.96 等，优等地和高等地占比较小，质量总体偏低。

3.2.2 经济建设推动非农建设用地数量不断增加

土地资源的有限性加剧了农用地和非农用地之间的博弈，2016 年和 2017 年我国新增建设用地分别为 $51.97\times10^4hm^2$ 和 $53.44\times10^4hm^2$，在经济快速增长的刺激下，大量农用地不可避免地被侵占。一方面，在经济发展中耕地资源所具有的生态价值很容易被忽略，向非农用地的转变使得耕地的生态价值转移到公共领域，受耕地生态补偿机制不完善等的影响，生态价值无法在建设用地成本中得到直接显现，这降低了耕地资源的占用成本，加速了耕地的流失。另一方面，农用地和建设用地之间巨大的价格剪刀差也使得利益主体有动力推动用地方式的转变，这一过程虽可使农民脱离繁重的农业劳动，但由此造成土壤有机质丧失、生态功能下降以及水源涵养能力降低却是不可逆转的。

3.2.3 缺乏耕地休耕制度致使耕地地力减弱

我国是一个传统的农业大国，历史上以精耕细作的小农经济为主，对土地高度依赖且耕地休耕机制不完善造成耕地地力减弱。根据生态环境部相关数据，2000 年我国耕地土壤有机质含量平均为 1.8%，旱地仅 1%左右，与欧美国家相差 1%～3%。近年来，我国在中低质量农田改造、土地整治和农业结构调整方面取得巨大成效，但由于耕地长期无休耕高负荷生产，土地有机质含量降低，土壤肥力随之下降。根据自然资源部数据，2016 年，我国优等地仅占全部耕地面积的 2.90%，而中、低等地却占到 70.51%，可见我国耕地土壤肥力总体一般。在发达国家农业生产活动中，原有地力对粮食产量的贡献率为 70%～80%，而化肥贡献率仅占 20%～30%，与之相比，我国耕地地力贫瘠，50%左右的粮食产量靠化肥农药等

① 全国耕地评定为 15 个等别，1 等耕地质量最好，15 等耕地质量最差。1～4 等、5～8 等、9～12 等、13～15 等耕地分别划为优等地、高等地、中等地、低等地。

支撑，原有地力不能够支持粮食产量持续高产，耕地得不到休息且化肥的大量使用致使土壤养分失衡、有机质下降，掠夺性的耕地使用方式导致土地退化严重（葛丽婷，2018）。

3.2.4 耕地污染问题突出

高强度的人类活动和高负荷的土地利用模式使我国耕地污染问题突出，受污水灌溉、大气污染物沉降、固体废弃物以及不合理的农业活动等因素影响，我国耕地土壤环境不容乐观。根据生态环境部中国生态环境状况公报，1989 年我国约 $600\times10^4hm^2$ 农田被工业“三废”污染，占当年耕地总面积约 6.3%。2000 年，在对约 $30\times10^4hm^2$ 基本农田保护区土壤有害重金属的抽样监测发现，有 $3.6\times10^4hm^2$ 土壤重金属超标，超标率达 12%。另据赵其国（2007）院士相关研究结果，2007 年我国重金属和农药污染耕地达到 $666.67\times10^4hm^2$，污水灌溉污染耕地 $216.66\times10^4hm^2$，固体废弃物堆存占地和毁田 $13.33\times10^4hm^2$，合计约占全国耕地总面积的 1/5。2011 年，环境保护部组织对全国 364 个村庄开展了农村监测试点工作，结果表明农村土壤样品污染物超标率为 21.5%。2014 年，环境保护部和国土资源部首次发布了全国土壤污染状况调查公报，结果显示全国土壤点位污染物超标率为 19.4%，其中轻微、轻度、中度和重度污染点位比重分别为 13.7%、2.8%、1.8%和 1.1%，主要污染物为镉、镍、铜、砷、汞、铅、滴滴涕和多环芳烃；从空间分布看，南方土壤污染情况弱于北方，长江三角洲、珠江三角洲、东北老工业区等部分区域土壤污染问题较为突出，西南、中南地区土壤重金属超标范围较大（环境保护部、国土资源部，2014）。

3.3 我国耕地生态补偿机制运行现状

农业是人类衣食之源、生存之本，是国民经济建设和发展的基础产业，对维护社会稳定、经济发展、社会进步与生态平衡等发挥着不可替代的作用。然而作为自然再生产和社会再生产相互交织的产业，农业具有天生的弱质性，在生产过程中容易受到自然风险和市场风险的双重制约。自 2004 年以来，我国开始逐步采取一定的农业支持或保护政策以促进本国农业发展，其中，种粮农民直接补贴、农作物良种补贴与农资综合直接补贴构成“三项补贴”的主体，是国家强农惠农富农政策的重要组成部分。种粮农民直接补贴与农资综合直接补贴由于可以抵消部分农业生产成本，一定程度上增加了农民收入，所以属于收入性农业补贴；而良种补贴可以促进良种改革，因此属于生产性补贴。三项补贴在 2004~2015 年单独发挥作用，自 2016 年起国家将“三项补贴”合并为“农业支持保护补贴”，政策目标统一调整为支持耕地地力保护和粮食适度规模经营，旨在解决农业“三项补贴”项目资金“碎片化”问题。该政策将 80%的农资综合直接补贴存量资金，加上种粮农民直接补贴资金、农作物良种补贴资金，统筹整合为耕地地力保护补贴资金，支持耕地地力保护；将 20%的农资综合直接补贴资金和农业“三项补贴”增量资金，统筹用于支持粮食适度规模经营。通过农业三项补贴政策的实施，我国粮食总产量自 2003 年的 8614 亿斤，连续 12 年稳步增长，增加到 2015 年的 1.24 万亿斤，此后，我国粮食综合生产能力连续多年稳定在 1.2 万亿斤水平，为我国粮食安全夯实了基础。

3.3.1 种粮农民直接补贴

我国自 2000 年提出种粮农民直接补贴的设想，直到 2004 年在全国进行推广。种粮农民直接补贴由粮食价格保护政策过渡而来，国家财政作为补偿的主体，按一定的补贴原则和补贴方式，给予种粮农民直接补贴。该原则根据谁种地补给谁，紧扣对种植粮食的耕地进行补贴，而对抛荒地和非农业征（占）用的耕地不予补贴。在粮食主产区一般按种粮农户的实际种植面积补贴，其他粮食产区由省级人民政府根据当地实际情况确定补贴方式。得到补贴的农民以直接收取现金或者运用“一卡通”的方式，通过储蓄卡领取补贴金。通过该政策的实施，2004 年我国粮食总产量达到了 9389 亿斤，比 2003 年增产 775 亿斤；2005 年粮食总产量达到 9680 亿斤，在 2004 年的基础上又增加 291 亿斤。种粮农民直接补贴政策的推广，实现了粮食补贴方式由间接补贴向直接补贴的转变，有效解决了 21 世纪初种粮效益低、主产区农民增收困难的问题；调动了农民的种粮积极性，以直接补贴的方式抓住了农民增收的重点；维持和提高了主产区的粮食生产能力，逐步稳住了全国粮食的大局。到 2012 年，在盘活存量的基础上，政策重点转向“多产粮、多调粮、产好粮”，鼓励种粮数量与质量的双丰收。随着该政策的实行，从 2004 年开始，国家全面放开粮食收购和销售市场，实行购销多渠道经营，为种粮农民提供销售渠道，进一步激发种粮积极性。同时加快国有粮食购销企业改革步伐，转变企业经营机制，完善粮食现货和期货市场，严禁地区封锁，搞好产销区协作，优化储备布局，加快粮食市场化进程和宏观调控。

3.3.2 农作物良种补贴

农户在种植过程中，由于良种成本较高，且在没有得到推广之前产出风险较大，因此，在没有得到相应政策支持的条件下，我国以小规模经营者为主体的农户不愿主动进行良种种植。同时，加入 WTO 以来，我国农业发展面临激烈的国际竞争，提高农业生产产量和质量成为时代发展要求。在此背景下，2002 年农作物良种补贴政策应运而生。国家通过建立良种推广示范区的方式，对农民选用农作物良种并配套使用良法技术进行资金补贴。其目的主要有两个，一是在生产种植方面，支持农民积极使用优良作物种子，提高良种覆盖率，增加农产品产量，提高产品品质；二是在农作物经营方面，进一步推进农业区域化布局、规模化种植、标准化管理、产业化经营。2002 年国家开始在东北三省和内蒙古试点千万亩大豆良种推广；2004 年农作物良种补贴作物扩大到水稻、小麦、玉米和高油大豆，补贴资金达到 28.50 亿元；2009 年良种补贴资金将近 200 亿元，实现全国水稻、小麦、玉米三大主粮品种补贴全覆盖；2012~2013 年良种补贴资金继续增加，2014 年和 2015 年略有减少。该政策的实施，直接降低了农户购置优良品种的成本，提高了农户良种种植的积极性，进一步提高了农作物产量；同时采取差价供种方式，加快良种推广速度，改变了部分农户自留种的习惯，实现了优良品种区域化布局和集中连片种植。

3.3.3 农资综合直接补贴

2006 年，我国在积极实施前两项粮食补贴政策的基础上，统筹考虑柴油、化肥等农业生产资料价格变动对农民种粮的增支影响，按因素法进行补贴分配，适当向主产区倾斜并兼顾非主产区，对每公顷耕地平均补贴标准和补贴强度系数（每千克粮食补贴额）过低地区进行修正，缩小地区间补贴差距。其目的是尽量消除农资价格上涨对农民种粮造成的不利影响，降低农户种粮成本；同时确保成品油价形成机制综合配套改革顺利进行；保证农民种粮收益，促进国家粮食生产安全，体现了党和政府对广大种粮农民的关怀。该政策的补贴对象、补贴方式以及农户兑付方式都与种粮农民直接补贴方案相一致，利用已经建立的种粮直补渠道，保证了粮食补贴的连续性。在资金安排上，农资综合直补的补偿力度略高于另外两项补偿政策，2006 年国家以柴油配套调价为契机，拨付农资综合直接补贴资金 120 亿元；2008 年由于农资价格持续上涨，以及为了支持农民做好“08 雪灾”后的春耕生产和雨雪冰冻灾区灾后重建工作，补偿资金由原来的 482 亿元追加至 716 亿元，是 2007 年的 2.59 倍；2009 年中央一号文件明确指出，坚持“价补统筹、动态调整、只增不减”的原则，保持存量不变，新增补贴向主产区倾斜，补贴资金主要根据化肥、柴油价格的变化而变化，到 2015 年补贴资金为 1071 亿元。该政策在执行过程中，综合考虑各地实际情况，依据前两项补贴的实施基础，补偿范围进一步扩大，补偿力度得到提高，补偿流程更加规范，建立了完整的激励和惩罚机制，使得补贴政策更加深入人心。

3.4 现行耕地生态补偿机制效率评价

综上分析，可将种粮农民直接补贴、农作物良种补贴和农资综合直接补贴作为耕地生态补偿的一种形式，对其运行效率进行评价。

3.4.1 研究方法

数据包络分析（Data Envelopment Analysis，DEA）方法，是对多指标投入和多指标产出的相同类型部门，进行相对有效性综合评价的一种新方法，也是研究多投入多产出生产函数的有力工具。DEA 方法不用假定输入指标和输出指标之间的函数关系，无须任何权重假设，而以决策单元输入输出的实际数据求得最优权重，排除了很多主观因素，计算简单且评价结果丰富，具有很强的客观性。

DEA 方法至今已发展出一百多种模型，应用最广泛的是由 Charnes、Cooper 和 Rhode（1978）提出的 CCR 模型和 Banker、Charnes 和 Cooper 提出的 BCC 模型（邵雅静等，2020），BCC 模型将 CCR 模型中的技术效率（TE）分解为纯技术效率（PTE）和规模效率（SE），且 TE=PTE×SE。由于耕地生态补偿效率评价具有多变性，结合研究实际，在此我们选择规模报酬可变的 BCC 模型，假设有 j（$j=1, 2, \cdots, n$）个决策单元（DMU），对任一 DMU 有 m 项投入 $X_j=(X_{1j}, X_{2j}, \cdots, X_{mj})$，$s$ 项产出 $Y_j=(Y_{1j}, Y_{2j}, \cdots, Y_{sj})$，建立投入导向下对偶形式的 BCC 模型如下：

$$\min\theta-\varepsilon(\hat{e}^T S^- + e^T S^+) \quad \text{（式 3-1）}$$

$$\text{s. t.} \begin{cases} \sum_{j=1}^{n} X_j\lambda_j + S^- = \theta X_0 \\ \sum_{j=1}^{n} Y_j\lambda_j - S^+ = Y_0 \\ \sum_{j=1}^{n} \lambda_j = 1 \\ \lambda_j \geqslant 0, S^-, S^+ \geqslant 0 \end{cases} \quad \text{（式 3-2）}$$

式中：X_0、Y_0 分别表示决策单元（DMU）投入、产出；θ 为决策单元的技术效率（TE）；ε 为常量，表示非阿基米德无穷小；n 表示决策单元数量；λ 表示权重变量。数据包络分析模型实质上是一个线性规划问题，S^+ 表示产出松弛变量；S^- 表示投入松弛变量；若 $\theta=1$，$S^+=S^-=0$，则决策单元 DEA 有效；若 $\theta<1$，则决策单元非 DEA 有效。

3.4.2 指标构建

（1）DMU 选取

假定我国在多个时期实施农业补贴政策，则 DEA 模型中需要 n 个决策单元。本书以我国实施三项补贴政策的 12 年（2004～2015 年）为决策单元，分析这 12 年来农业补贴产生的耕地生态补偿效率。

（2）投入指标

选取能反映耕地生态补偿资金投入力度的指标，将农业三项补贴即种粮农民直接补贴、农作物良种补贴、农资综合直接补贴作为投入指标。

（3）产出指标

耕地生态补偿就是要协调耕地利用和生态环境保护之间的关系，在相关研究的基础上，考虑到生态补偿在民生改善、生态环境保护和社会进步等方面的作用，本书选取体现这三方面作用的 3 类 7 个指标作为产出指标。在民生改善方面，聚焦“三农”工作这一国家重大发展战略，生态补偿对增加农民收入和提高粮食产量发挥着重要作用，在此选取农村居民人均可支配收入和粮食产量反映生态补偿对农民收入与生活水平的影响。在生态环境保护方面，生态补偿要发挥在耕地地力保护、大气调节以及涵养水源等方面的作用，在此选取农药施用量和化肥施用量、地级及以上城市环境空气质量达标比重反映生态补偿对耕地保护、环境调节和生态安全的影响。在社会进步方面，生态补偿能促进农民增收并进一步提升人均国内生产总值，提高区域经济发展水平，在此选用城市化率和人均国内生产总值反映生态补偿对城乡人口比重变化和社会发展水平的影响。投入和产出指标体系如表 3-1 所示。

表 3-1 耕地生态补偿运行效率评价指标体系

决策单元	投入指标	单位	产出指标	单位
耕地生态补偿运行效率	种粮农民直接补贴	亿元	农村居民人均可支配收入	元
			粮食产量	万吨
	农作物良种补贴	亿元	农药施用量	万吨
			化肥施用量	万吨
			地级及以上城市环境空气达标比重	%
	农资综合直接补贴	亿元	人均国内生产总值	元
			城市化率	%

3.4.3 资料来源

研究所用数据来自《中国统计年鉴》、生态环境部 2004~2015 年“中国生态环境状况公报”、财政部官方网站数据。需要指出的是，由于 2013 年空气质量测量标准改革，2014 年有 161 个地级及以上城市采用新标准，有的数据发生较大变化，各指标数据如表 3-2 所示。本书在开展数据分析之前首先采用极差标准化法对数据进行标准化处理。

表 3-2 2004~2015 年农业补贴及投入、产出指标情况

单位：亿元、元、万吨、%

年份	种粮农民直接补贴	农作物良种补贴	农资综合直接补贴	农村居民人均可支配收入	粮食产量	农药施用量	化肥施用量	地级及以上城市环境空气达标比重	人均国内生产总值	城市化率
2004	116	28.50	0.00	3026.60	46946.90	138.60	4636.60	38.60	12487	41.76

续表

年份	种粮农民直接补贴	农作物良种补贴	农资综合直接补贴	农村居民人均可支配收入	粮食产量	农药施用量	化肥施用量	地级及以上城市环境空气达标比重	人均国内生产总值	城市化率
2005	132	38.69	0.00	3370.20	48402.20	145.99	4766.20	60.30	14368	42.99
2006	142	41.50	120.00	3731.00	49804.20	153.71	4927.70	62.40	16738	43.90
2007	151	66.60	276.00	4327.00	50160.30	162.28	5107.80	60.50	20505	44.94
2008	151	124.00	716.00	4998.80	52870.90	167.23	5239.00	71.60	24121	45.68
2009	151	198.50	795.00	5435.10	53082.10	170.90	5404.40	79.60	26222	46.59
2010	151	204.00	716.00	6272.40	54647.70	175.82	5561.70	81.70	30876	47.50
2011	151	220.00	860.00	7393.90	57120.80	178.70	5704.20	89.00	36403	51.27
2012	151	224.00	1078.00	8389.30	58958.00	180.61	5838.80	91.40	40007	52.57
2013	151	226.00	1071.00	9429.60	60193.80	180.77	5911.90	68.30	43852	53.70
2014	151	214.45	1077.15	10488.90	60702.60	180.33	5995.90	9.90	47203	54.77
2015	140.5	203.50	1071.00	11421.70	62143.90	178.30	6022.60	21.60	50251	56.10

3.4.4 评价结果

利用 DEAP 2.1 软件，基于 DEA-BCC 模型评价 2004~2015 年我国农业补贴产生的耕地生态补偿效率，模型计算结果如表 3-3 所示。

表 3-3　2004~2015 年我国耕地生态补偿效率评价结果

年份	TE	PTE	SE	规模报酬变化情况
2004	1.000	1.000	1.000	不变
2005	1.000	1.000	1.000	不变
2006	1.000	1.000	1.000	不变
2007	0.958	1.000	0.958	递减
2008	0.951	0.982	0.968	递减
2009	0.952	0.953	0.999	递增
2010	0.984	1.000	0.984	递减
2011	1.000	1.000	1.000	不变
2012	1.000	1.000	1.000	不变
2013	0.995	1.000	0.995	递减
2014	0.944	1.000	0.944	递减
2015	1.000	1.000	1.000	不变

运用 DEA-BCC 模型评价 2004~2015 年我国耕地生态补偿对单个产出指标的作用效率情况，评价结果如表 3-4 到表 3-10 所示。

表 3-4　2004~2015 年我国耕地生态补偿对农村居民人均可支配收入效率评价结果

年份	TE	PTE	SE	规模报酬变化情况
2004	1.000	1.000	1.000	不变
2005	0.979	1.000	0.979	递减
2006	0.931	1.000	0.931	递减
2007	0.817	0.829	0.986	递减
2008	0.630	0.806	0.782	递减
2009	0.560	0.815	0.688	递减
2010	0.687	0.831	0.827	递减
2011	0.727	0.853	0.853	不变
2012	0.714	0.872	0.819	递减
2013	0.806	0.892	0.904	递增
2014	0.893	0.912	0.979	递增
2015	1.000	1.000	1.000	不变

表 3-5　2004~2015 年我国耕地生态补偿对粮食产量效率评价结果

年份	TE	PTE	SE	规模报酬变化情况
2004	1.000	1.000	1.000	不变
2005	0.906	1.000	0.906	递减
2006	0.864	1.000	0.864	递减
2007	0.809	0.861	0.939	递增
2008	0.828	0.831	0.996	递增
2009	0.816	0.834	0.979	递增
2010	0.845	0.850	0.994	递增
2011	0.874	0.877	0.997	递增
2012	0.888	0.896	0.990	递增
2013	0.907	0.910	0.997	递增
2014	0.914	0.915	0.999	递增
2015	1.000	1.000	1.000	不变

表 3-6　2004~2015 年我国耕地生态补偿对农药施用量效率评价结果

年份	TE	PTE	SE	规模报酬变化情况
2004	1.000	1.000	1.000	不变
2005	0.926	1.000	0.926	递减
2006	0.904	1.000	0.904	递减
2007	0.890	1.000	0.890	递减
2008	0.900	0.958	0.939	递减
2009	0.908	0.936	0.971	递增
2010	0.938	1.000	0.938	递减
2011	0.947	1.000	0.947	递减
2012	0.946	0.997	0.949	递减
2013	0.947	1.000	0.947	递减
2014	0.945	1.000	0.945	递减
2015	1.000	1.000	1.000	不变

表 3-7　2004~2015 年我国耕地生态补偿对化肥施用量效率评价结果

年份	TE	PTE	SE	规模报酬变化情况
2004	1.000	1.000	1.000	不变
2005	0.903	1.000	0.903	递减
2006	0.866	1.000	0.866	递减
2007	0.836	1.000	0.836	递减
2008	0.839	0.841	0.998	递增
2009	0.853	0.858	0.994	递增
2010	0.882	0.937	0.941	递增
2011	0.897	0.926	0.968	递增
2012	0.906	0.909	0.997	递增
2013	0.918	0.919	0.999	递增
2014	0.930	0.973	0.956	递减
2015	1.000	1.000	1.000	不变

表 3-8　2004~2015 年我国耕地生态补偿对地级及以上城市环境空气质量达标比重效率评价结果

年份	TE	PTE	SE	规模报酬变化情况
2004	0.869	1.000	0.869	递减

续表

年份	TE	PTE	SE	规模报酬变化情况
2005	1.000	1.000	1.000	不变
2006	0.965	1.000	0.965	递减
2007	0.843	0.872	0.967	递增
2008	0.907	0.919	0.987	递增
2009	0.916	0.950	0.964	递增
2010	0.954	0.964	0.989	递增
2011	1.000	1.000	1.000	不变
2012	1.000	1.000	1.000	不变
2013	0.748	0.899	0.832	递减
2014	0.110	0.768	0.143	递减
2015	0.256	0.826	0.310	递减

表3-9 2004~2015年我国耕地生态补偿对人均国内生产总值效率评价结果

年份	TE	PTE	SE	规模报酬变化情况
2004	1.000	1.000	1.000	不变
2005	1.000	1.000	1.000	不变
2006	1.000	1.000	1.000	不变
2007	0.913	0.913	1.000	递增
2008	0.702	0.818	0.858	递增
2009	0.619	0.827	0.748	递减
2010	0.776	0.847	0.916	递增
2011	0.818	0.871	0.939	递增
2012	0.775	0.886	0.874	递减
2013	0.853	0.903	0.945	递增
2014	0.915	0.917	0.997	递增
2015	1.000	1.000	1.000	不变

表3-10 2004~2015年我国耕地生态补偿对城市化率效率评价结果

年份	TE	PTE	SE	规模报酬变化情况
2004	1.000	1.000	1.000	不变
2005	0.905	1.000	0.905	递减
2006	0.855	1.000	0.855	递减
2007	0.812	0.893	0.910	递增
2008	0.799	0.813	0.983	递增

续表

年份	TE	PTE	SE	规模报酬变化情况
2009	0.797	0.823	0.969	递增
2010	0.818	0.833	0.982	递增
2011	0.872	0.876	0.996	递增
2012	0.877	0.891	0.985	递增
2013	0.897	0.903	0.993	递增
2014	0.914	0.915	0.999	递增
2015	1.000	1.000	1.000	不变

3.5 耕地生态补偿效率评价结果

3.5.1 总评价结果分析

（1）综合效率评价。根据总体分析模型测算结果（见表3-3），我国实施农业补贴产生的耕地生态补偿效率不高。从综合效率来看，只有2004~2006年、2011年、2012年、2015年处于生产前沿面，即仅在这几个年份耕地生态补偿有效，究其原因：第一，这六个年份农业三项补贴水平与其他年份相比相对较低；第二，效率的有效性与补贴金额增速放缓有一定关系。与之相反，其他年份较高的补偿资金和资金投入增速下耕地生态补偿综合效率值均未达到DEA有效，表明生态补偿资金使用并未达到预期效果，整体绩效有待进一步提升。从具体效率值来看，2004~2015年TE平均值为0.982，最低值在2014年，为0.944。

（2）纯技术效率评价。PTE值处于DEA有效的年份多于TE和SE值有效的年份。一方面，PTE在2004~2009年先保持稳定又有一定递减趋势，并在2009年达到最低点0.953，而后几年又保持平稳状态，表明在耕地生态补偿政策实施初期，种粮农民直接补贴、农作物良种补贴、农资综合直接补贴这些政策的推出在维护粮食安全、改善民生等方面发挥了积极作用，但随着我国工业化以及现代化快速推进，生态补偿政策对农业可持续发展的影响有一定减弱，农业补贴对农民吸引力相对下降。从具体效率值来看，PTE平均值为0.995，最低值在2009年，为0.953。

（3）规模效率评价。首先，SE 在 2004～2006 年、2011～2012 年和 2015 年是有效的，表明这些年份耕地生态补偿资金可以较好地与农户需求相匹配，其余年份 SE 值均小于 1，处于非 DEA 有效状态，生态补偿资金投入规模大，规模报酬产生递减效应，造成规模效率损失。其次，结合 TE 值分析可知，在相同研究时段内，SE 和 TE 值表现出相似的变化趋势，规模报酬效率是影响生态补偿资金静态绩效的主要因素。在各年份 PTE 值普遍较高的情况下，积极调整规模报酬效率，根据各地区独特的自然及社会经济因素，实施科学合理的差异化补贴政策，更好地将生态补偿资金投入与需求相匹配，能够有效地提高生态补偿资金静态绩效。最后，从具体效率值来看，SE 平均值为 0.987，最低值为 2014 年的 0.944。

3.5.2 产出指标效率评价

对比表 3-4 至表 3-10 发现，在研究时段内，生态补偿对农村居民人均可支配收入、粮食产量、农药施用量、化肥施用量和城市化率作用效率只有在 2004 年和 2015 年达到有效，其余年份均为非 DEA 有效；地级及以上城市环境空气质量达标比重 DEA 有效年份为 3 个，分别为 2005 年、2011 年和 2012 年；人均国内生产总值 DEA 有效年份最多，为 2004～2006 年以及 2015 年。

（1）民生改善方面。综合分析表 3-4、表 3-5 可知，耕地生态补偿对于提高农村居民人均可支配收入和粮食产量绩效较低。横向来看，补偿资金绩效具有一致性，两者只在 2004 年和 2015 年达到 DEA 有效，表明生态补偿资金在实际应用中存在绩效损失，对促进农户增收作用有限，原因可能在于生态补贴资金大多投入于大型农场和其他农业产业链中，中小农户获益较少，使得农民增收困难。纵向来看，从 2004 年到 2009 年，TE、PTE 和 SE 均呈波动起伏态势，农村居民人均可支配收入各效率值在 2009 年（TE = 0.560，SE = 0.688）、2008 年（PTE = 0.806）降到最低。表明农业补贴政策实施初期，对于增加农民收入以及提高粮食产量具有积极作用，随着政策继续推行，这种推进作用有减弱趋势，产生这种现象的原因可能与补贴资金投入减少有关。但整体来看，随着生态补偿投入稳步增加，三项补贴对农村居民人均可支配收入和粮食产量作用效率有一定提升。

（2）生态环境保护方面。根据表 3-6、表 3-7 和表 3-8 可以看出，耕地生态补偿对于环境保护总体效率不高。一方面，从对农药及化肥施用量评价来看，评价结果只在 2004 年和 2015 年达到 DEA 有效，其余年份皆为非 DEA 有效。补偿资金投入就是要实现减少农药化肥用量，对于农民可能减产的部分进行补偿，以此来发挥耕地的生态价值，但通过评价结果发现作用效率并不明显。另一方面，生态补偿对地级及以上城市环境空气质量达标比重作用效率在 2012 年之前保持较高水平，并在 2005 年、2011 年和 2012 年实现 DEA 有效。TE、PTE 和 SE 同时在 2014 年跌到最低值，三值分别为 0. 110、0. 768 和 0. 143，虽然受我国实施新的空气质量检测标准的影响，但生态补偿资金对农民吸引力减弱，农户弃耕务工造成耕地减少，耕地生态调节能力降低是主要原因之一。

（3）社会进步方面。根据表 3-9，对比耕地生态补偿对农村居民人均可支配收入和粮食产量的作用结果发现，研究期内，TE 和 SE 在 2009 年、PTE 在 2008 年达到最低，效率值分别为 0. 619、0. 748 和 0. 818，之后效率值整体逐步上升，并在 2015 年达到 DEA 最优状态。从表 3-10 可以看出，除 2004 年和 2015 年外，生态补偿对城市化率的影响均处于非 DEA 有效且规模报酬递增，补偿绩效仍具有很大的提升空间。

3.6 本章小结

本章在分析我国耕地资源利用总体状况的基础上，采用数据包络分析法，将种粮农民直接补贴等作为投入变量，测算我国耕地生态补偿制度运行效率，结果显示补偿效率整体不高，这一结果也说明构建差别化补偿机制的重要性。一方面，现有的种粮农民直接补贴、农资综合直接补贴和农作物良种补贴等，经过多年的运行，已相对成熟和稳定，有其存在的现实意义，是差别化生态保护补偿模式和运行机制构建的制度基础与重要依据，而差别化生态补偿模式则是现行生态补偿制度改进和创新的方向。差别化生态补偿涉及补偿标准差别化、补偿模式差别化、补偿机制差别化、资金来源差别化等诸多方面内容，与现行的补偿资金确定方式、补偿机制运行方式是相互对应的，不同的是管理手段的差异。

第4章　耕地资源生态价值空间异质性理论阐释

本章在对空间异质性、耕地资源生态价值特性及耕地资源生态价值空间异质性内涵进行界定的基础上，分别从“第一自然”的空间异质性和“第二自然”的空间异质性两个方面分析耕地资源生态价值空间异质性的形成原因，为下文生态价值空间异质性评价及均质区划分提供依据。

4.1　耕地资源生态价值空间异质性的内涵

4.1.1　空间异质性

对于空间异质性（Spatial Heterogeneity）的探讨，最早见于Anselin（1988）对其进行的理论阐释中，他认为任意空间区位上的现象和特征都有自身独有的特点，这些特点在实证模型中可表现为变量、参数以及误差等均随着区位的变化而变化。这一观点引起了不少学者的兴趣，并以此理论框架为基础，结合学科特点开展了广泛深入的研究。生态学系统的空间异质性是新兴景观生态学研究的核心，特别是20世纪80年代以后，生态景观学的快速发展带来了研究范式的不断转换，生态学家强烈意识到，植被类型、种群密度、生物量等自然生态系统具有空间上的不同格局和缀块状特征，且这种格局和特征随时间变化而发生不可预测的变化，即异质性和非均衡性（Wu，Loucks，1995；Wu，1996；Sparrow，1999）。Li和Reynolds（1995）将空间异质性定义为系统或系统属性在空间上的复杂性（Complexity）和变异性（Variability），主要包括结构异质性和功能异质性两大部分。其中复杂性主要涉及定性或类型描述，变异性则主要采用定量方式描述，而定量分析有助于更加科学地认识系统特征，这一观点得到了众多学者的认可（Anslin，2000）。空间计量经济学作为计量经济学的一个重要分支，提出空间经济学的依赖性和异质性两大重要特征，可有效解决在横截面数据和面板数据的回归模型中空间相互作用（空间自相关）和空间结构（空间不均匀性）分析问题（Lesage，1999）。此后，空间异质性研究被广泛应用于景观（刘绿怡等，2019）、经济（邓飞、柯文进，2020）、管理（王少剑、高爽、陈静，2020）等领域。

4.1.2 耕地资源生态价值特性

耕地是耕地资源生态价值的载体，耕地资源的数量、质量和区位对耕地资源生态价值的大小、生态价值的输入与输出等具有决定性的作用。耕地资源具有资源和资产双重属性，对于耕地资源生态价值的分析也可从资源和资产两方面来进行。耕地资源生态价值的自然特性主要包括以下几种。第一，价值性。耕地资源生态价值是指耕地所具有的气体调节、大气净化、水源涵养等功能，能够满足人类生产生活的需要，具有“使用价值”。第二，稀缺性。耕地资源数量是一定的，特别是随着经济发展、城市建设等耕地资源被大量占用，耕地资源的稀缺性更加突出，故而耕地资源生态价值也具有稀缺性特征。第三，动态性。耕地资源生态价值的大小随着耕地资源数量、质量的变化而变化。第四，不可替代性。在现有生产技术条件下，耕地资源生态价值所具有的功能是其他资源所不能替代的。第五，非均衡性。耕地资源的位置是固定的，而不同区域耕地资源的数量和质量是不同的，由耕地资源产生的生态价值也存在区域非均衡性特征，这是耕地资源生态价值差别化补偿的理论依据。从经济属性来看，耕地资源生态价值具有使用价值和交换价值，应该像具有产权特性的其他产品一样，通过市场进行流通和交换。同时，耕地资源生态价值具有外部性特征，无法明确界定其清晰的产权关系，只能根据不同类型、数量和质量的耕地产生不同的生态价值，通过假想市场方式进行交易，使得耕地保护主体的权益得以实现。当耕地资源数量不断减少或质量不断降低时，耕地资源生态价值的经济性就更加凸显，进而产生价值增值；当耕地保护投入的诸如劳动、资本等要素不断增加时，耕地资源生态价值的增值同样得以实现。

4.1.3 耕地资源生态价值空间异质性

如上所述，耕地资源生态价值具有资源和资产双重属性，稀缺性、价值性、动态性和不可替代性、非均衡性等资源特性，决定了耕地资源生态价值的稀缺程度、价值大小、功能强弱和增值潜力具有显著的差异。从系统观点看，耕地资源生态价值空间异质性是耕地资源生态价值自然经济社会系统或系统属性在空间上的复杂性和变异性，即耕地资源生态价值特性在空间上的异质性。经济学家兰德尔将资源定义为人类发现的具有使用价值和价值的物质，具有动态变化性特征，可从量、质、时间和空间等多重属性来衡量。量的属性即资源的数量特征，主要是指量的多少；质的属性即资源的质量特征，主要是指价值的大小；时间属性由资源的动态性决定，即价值的质和量都随着时间的变化而变化；空间属性是指不同位置产生的价值大小各有不同。耕地由水田、旱田和水浇地组成，这决定了耕地资源生态价值除了具有数量、质量、时间和空间属性外，还应该具备结构属性和区位属性。结构属性是指不同区域内各类型耕地资源的比重各不相同，由此产生的耕地资源生态价值的强弱也各有特点；区位属性是指耕地资源位置固定性决定了其产生的生态价值也具有不可位移性，但随着经济发展和土地利用方式的不断变化，耕地资源生态价值的大小也是不断变化的。由上可知，耕地资源生态价值空间异质性的内涵应包括以下内容。

4.1.3.1 数量异质性

耕地资源总量是有限的，在同一区域内部，耕地资源的数量同样是固定的，但各类型耕地资源的数量又各有差异，具有异质性特征。在不同区域，不仅区域间耕地资源数量是不同的，且区域内部不同类型耕地资源的数量也不同。各区域经济发展速度不同，对于耕地资源转用的冲动也各有不同。以河南省为例，截至 2018 年底（见表 4-1），耕地面积最大的城市为南阳市，总面积为 $1055.84\times10^3hm^2$，其次为驻马店市，耕地总面积为 $952.16\times10^3hm^2$，耕地面积最小的为济源市，总面积为 $46.05\times10^3hm^2$。耕地中水田面积最大的是信阳市，总面积 $629.39\times10^3hm^2$，鹤壁、漯河、许昌、商丘、济源等市面积为 0；水浇地面积最大的是周口市，面积为 $812.01\times10^3hm^2$，最小的是信阳市，面积为 $12.61\times10^3hm^2$；旱地面积最大的是南阳市，面积为 $720.46\times10^3hm^2$，面积最小的是漯河市，面积为 $0.57\times10^3hm^2$。耕地资源的有限性、稀缺性以及结构的差异性，决定了区域内耕地资源生态价值存在显著的异质性特征。

表 4-1　2018 年底河南省 18 市耕地资源分布情况

单位：10^3hm^2

城市	耕地面积	水田	水浇地	旱地
郑州市	314.14	1.07	190.95	122.12
开封市	418.04	6.18	393.80	18.06
洛阳市	434.44	1.74	81.80	350.90
平顶山市	322.47	1.10	218.39	102.98
安阳市	408.74	0.04	332.02	76.69
鹤壁市	119.67	0.00	109.86	9.81
新乡市	475.66	39.25	417.48	18.92
焦作市	196.69	2.89	179.77	14.03
濮阳市	281.22	24.99	253.88	2.34
许昌市	337.89	0.00	250.23	87.65
漯河市	190.24	0.00	189.67	0.57
三门峡市	179.72	0.07	32.36	147.3
南阳市	1055.84	26.72	308.66	720.46
商丘市	716.30	0.00	576.46	139.83
信阳市	850.16	629.39	12.61	208.17
周口市	858.86	0.28	812.01	46.57
驻马店市	952.16	21.33	208.73	722.10
济源市	46.05	0.00	16.72	29.34

4.1.3.2　质量异质性

耕地资源的肥力、地形地貌等因素的差异决定了耕地资源生态价值存在异质性。根据耕地资源属性的不同，可将耕地资源质量分为自然质量和经济质量。耕地资源的自然质量主要反映耕地的自然生产能力，耕地经济质量主要反映耕地资源的经济产出效益，本书关注点在于耕地资源生态价值的经济效益。耕地资源自然质量由气温、降雨量、地形地貌、土壤肥力等因素决定，然而，不同区域的气候、生物多样性等各有不同，由此造成了不同区域耕地资源质量差异明显。作为重要的生产要素，人类在耕地中投入了大量的劳动、资本和技术，但是由于技术进度、投入水平、管理方式等存在显著差异，耕地资源产出能力差异也极为显著。因此，耕地资源肥力、地形地貌、劳动、资金、技术的差异决定了不同区域耕地资源生态价值存在显著的空间异质性。

4.1.3.3 时间异质性

不同时期耕地资源的结构、数量和质量均有不同，由此造成了耕地资源生态价值在时间上的异质性。时间异质性是指耕地资源的数量、质量和结构等属性在时间尺度上会不断变化，反映了耕地资源的动态特性。耕地资源价值、功能、用途、稀缺等特性是不断变化的，这种变化不是同步的，导致同一耕地资源在不同时刻具有不同的价值、功能、数量和质量特征，不同耕地资源在不同时刻也存在差异性，形成了耕地资源生态价值的属性差异。如城镇化的加速推进占用大量耕地，导致耕地资源生态价值不断变化；大量使用农药、化肥等则可能导致耕地质量不断下降，因此，耕地资源动态变化性形成了耕地资源生态价值的时间异质性。

4.1.3.4 区位异质性

不同耕地资源所在区域的交通便捷度、经济发展水平等方面各有不同，由此造成了耕地资源生态价值的区位异质性。耕地资源的空间固定性使得耕地具有区位属性，虽然耕地的绝对位置不可移动和转移，但是经济发展、城市规划、产业布局等人类生产和实践活动却能改变耕地资源的相对位置，赋予耕地资源在地理位置上的优越度。城市规划和经济发展等活动，形成了地域政治、经济、人口空间新格局，距离区域政治经济文化中心较近的耕地，往往要素集聚度高、增值潜力大、相对地理位置优越，耕地区位较好，由此导致耕地资源价值更高，耕地资源的生态价值相对较高；而距离政治经济文化中心较远的耕地，交通不便、要素缺乏、区位条件较差，耕地资源生态价值相对较低。正是由于耕地资源生态价值的区位特性，耕地生态赤字区可通过财政转移支付的方式给予生态盈余区一定数量的经济补偿。

4.1.3.5 结构异质性

耕地利用方式和利用结构的不同，导致耕地资源生态价值具有结构异质性。结构属性是耕地资源的一个特殊属性，《土地利用现状分类》（GB/T 21010-2017）依据耕地用途和利用方式的不同，将其进一步细分为水田、旱田和水浇地。其中水田是指用于种植水稻、莲藕等水生农作物的耕地，包括实行水生、旱生农作物轮种的耕地；水浇地是指有水源保证和灌溉设施，在一般年景能正常灌溉，种植旱生农作物的耕地；旱田是指无灌溉设施，主要靠天然降水种植旱生农作物的耕地。现实中，不同区域甚至同一区域耕地资源组成结构不同，因此，需要引导人们采用适宜的耕地利用方式。但为了满足人类的各种生活生产需求，人们对耕地的利用方式又改变着耕地用途和类型，增加对自己用途更大的耕地类型，减少不能使用的耕地类型，使得耕地利用类型更加复杂，因此，耕地利用方式和利用类型的多样性使耕地资源结构属性存在异质性，由此导致其产生的生态价值也具有显著的空间异质性特征。

4.1.3.6　组合异质性

组合异质性是指社会、经济及人口等与耕地资源密切联系和相互作用的因素的绝对差异或相对差异所引起的耕地资源生态价值的组合差异。任何事物的发生、发展都与其所处的外部环境密切相关，耕地资源生态价值也不例外。社会发展水平越高，文明程度越高，人们对耕地资源生态效益的认知越深入，就越能够认可耕地资源生态价值，也越愿意为享有耕地资源生态效益付费。经济发展水平越高的区域，人们的收入水平也会越高，由于带动效用，该区域内的耕地资源生态价值也相应越高。“物以稀为贵”，当一定区域内耕地资源数量、质量和结构等保持不变，但人口持续增加时，耕地资源就可能出现供不应求的局面，从而耕地资源生态产品变得稀缺，生态价值就会相应升高；反之，耕地资源生态价值就会下降。因此，社会、经济及人口等外部环境因素的变化带来了耕地资源生态价值的组合差异。

综上所述，本书所要研究的耕地资源生态价值空间异质性是指耕地资源生态价值在空间上体现出的非均衡性和差异性，具体表现为耕地资源生态价值的数量异质性、质量异质性、时间异质性、区位异质性、结构异质性和组合异质性等多个方面。数量异质性体现为由于耕地资源绝对数量或相对数量的不同所带来的耕地资源生态价值的差异。质量异质性是指由于耕地资源质量在空间上变化所带来的耕地资源生态价值的差异。时间异质性是指随着时间的推移，耕地资源的数量、质量和结构等不断发生变化，由此导致的耕地资源生态价值的差异。区位异质性即由耕地资源地理位置的固定性所带来的不同区位耕地资源生态价值的不同。结构异质性是指由耕地利用方式和利用结构的变化所引起的耕地资源生态价值的差异。组合异质性是指由与耕地资源密切联系和相互作用的社会、经济及人口等因素的绝对差异或相对差异所造成的耕地资源生态价值的差异（罗天骐，2016）。

4.2 耕地资源生态价值空间异质性的形成原因

耕地资源生态价值空间异质性归根结底是由其产生载体即耕地资源的空间异质性引起的，而耕地资源的空间异质性产生的原因可归纳为以下几种：首先，研究对象本身是非均质的，在面积、质量、形状等方面具有天然差别，具体表现为该对象在空间中的自然禀赋差异，可用哲学中的“第一自然”来表示；其次，研究对象本身在空间分布上具有非均衡性结构，是由经济发展过程中利用方式、投入强度等的差异产生的，包括经济因素和制度因素，可用哲学中的“第二自然”来表示。

4.2.1 耕地资源生态价值“第一自然”的空间异质性

自然条件差异是耕地资源生态价值空间异质性的自然基础。对于耕地生态价值的空间异质性，自然禀赋论给出了直观的解释。由于我国各地的气候条件、土壤肥力、生物多样性及环境状况等各有差异，耕地资源数量、质量和产出也各有不同。地理位置优越、土壤肥沃、降雨量适中、气候适宜的地区，其农业生产能力更强，理论上可以产生更多的生态价值。由此造成耕地资源生态价值的区域和空间异质性。因此，耕地资源“第一自然”的空间异质性是耕地资源生态价值异质性产生的直接原因，耕地资源生态价值的区域和空间异质则是耕地资源禀赋异质的直观表现形式。

4.2.2 耕地资源生态价值“第二自然”的空间异质性

耕地是人类农业生产活动的重要载体，为了获取更多的农产品，满足人类不断增长的生活需求，人类通过各种生产和实践活动对耕地资源的“第一自然”进行改造，由此导致耕地资源的自然属性发生变化，产生了社会属性，使得耕地资源出现资源特性和资产特性异质，形成耕地资源“第二自然”的空间异质性。如国家制定了耕地占补平衡等全国统一的耕地保护政策，而各地区结合自身实际又推出不同的解释性政策；投入强度和利用程度的不同导致耕地利用方式的差异性，进而导致耕地资源价值和用途异质；耕地利用方式及开发强度的不同，导致不同类型耕地数量的异质性；区域经济发展水平不同，导致对耕地资源占有欲望和需求程度各有不同，由此导致耕地资源稀缺程度异质性，而这些均会导致耕地资源生态价值的空间差异性。即人类对于耕地资源“第一自然”改造程度的差异，是形成耕地资源“第二自然”空间异质性的根本原因，耕地资源生态价值的空间异质便是最直观的表现形式。

4.3 本章小结

本章在对空间异质性和耕地资源生态价值特性进行分析的基础上，重点从数量异质性、质量异质性、时间异质性、区位异质性、组合异质性等角度对耕地资源生态价值空间异质性的内涵进行了分析。同时指出，耕地资源生态价值空间异质性是由耕地资源“第一自然”和“第二自然”空间异质性引发的。耕地资源本身的非均质造成空间单元差异，即土地资源禀赋空间差异性；耕地资源所处空间的非均衡性造成区域耕地资源的异质，即耕地资源的空间依赖性，这一分析为下文耕地资源生态价值空间异质性评价及均质区划分提供了理论支撑。

第5章　耕地资源生态价值空间异质性评价及均质区划分

本章将以耕地资源生态价值空间异质性的理论阐释为指导，以河南省为例，构建评价指标体系，对耕地资源生态价值空间异质性进行评价，并划分均质区，为下文各均质区补偿标准的测算奠定基础。

5.1　评价指标体系构建原则

5.1.1　科学性原则

选取指标时必须遵循科学性原则，科学性原则一方面要求选取的指标客观、真实，即选取指标时不能以主观意识为判断标准，要遵循客观事实，保证资料来源的可靠性，构建客观、可信的指标体系；另一方面要求选择的指标具有可比性即所选取指标在空间和时间上具有一定的可比性。

5.1.2　全面性原则

耕地资源生态价值空间异质性由自然子系统、经济子系统、社会子系统等构成，每一子系统又由诸多要素组成，评价指标体系的各指标之间既要相互联系又要互不相干，既要考虑各指标之间的统一，又要考虑各指标之间的差异，各指标不仅要全方位综合评价反映生态价值的空间异质性，而且系统各自的指标又必须有机联系在一起。

5.1.3 代表性原则

如果要将所有可以反映耕地资源生态价值空间异质性的指标加入指标体系，那么指标体系不仅会十分繁杂，工作量也会烦琐沉重。因此，在选取指标时应选取具有代表性的指标，所选指标应既能很好地体现出研究对象某一方面的特点，又精准地凸显出研究对象的动态变化特征，这样所选的指标才能保证有效性，同时起到简化指标体系的目的。

5.1.4 可操作性原则

除以上原则外，选取指标时还需遵循可操作性原则，可操作性原则一方面要求保证数据的可获得性，即所选数据可通过资料查询、问卷调查、专家打分等方式获得，应尽量避免选取难以量化和难以采集数据的指标；另一方面应保证所获取的指标数据可以用于后期的处理、测算和分析，要保证研究可顺利开展。

5.2 评价指标体系构建

由耕地资源生态价值空间异质性的内涵和形成原因可知，耕地资源生态价值空间异质性实际上是耕地资源的自然属性、经济属性和社会属性综合异质的体现。其中，从自然属性空间异质的形成机理来看，耕地资源的数量、质量、结构等属性的空间异质是耕地资源空间异质形成的根本原因。在《中国耕地质量等级调查与评定（河南卷）》中，作者从光温条件、土壤理化性质、土壤水分、土壤微环境等方面构建了评价指标体系（见表5-1、表5-2），从河南省18市选取质量最优的地块代表同一等别或同一区域内其他地块的总体特征，以直观反映农用地质量状况，该成果已得到全国农用地分等定级估价办公室的统一审定，具有很高的科学性和权威性。对以上关于自然属性空间异质性的分析，我们可参考河南省农用地国家级标准样地的国家自然质量等别来展开。各个指标的解释如下。

光温条件：光照与热量是作物进行光合作用的基本要素，光温条件适宜，则耕地质量高，而气候条件差，则耕地质量差，可采用光温生产潜力和气候生产潜力等指标来反映光温条件的差异。

土壤理化性质：土壤是耕地的最基本组成物质，土壤肥力的高低直接影响耕地质量，而一般来说，土壤理化性质可以从土壤类型、土层厚度、有机质含量等方面来反映。

土壤水分：耕地利用离不开水资源，水资源状况直接影响耕地质量。水资源状况好，耕地利用率就高。而耕地水资源状况的好坏主要取决于降水量、灌溉保证率等。

土体微环境：作为一个地块综合体，标准样地周围的微观环境也是影响耕地肥力的重要因素之一，主要包括地形地貌、海拔与坡度。一般来说，平原地区土地平坦，地形条件好，耕地质量相对于丘陵地区高，而海拔与坡度如果超过一定范围，耕地质量会发生较大变化。

表 5-1 河南省农用地国家级标准样地属性（1）

城市	三门峡	信阳	漯河	驻马店	平顶山	许昌	南阳	济源	安阳
规划用途	基本农田	基本农田	基本农田	基本农田	基本农田	基本农田	基本农田	基本农田	基本农田
平均气温（℃）	13.9	15.3	14.6	14.9	14.9	14.4	15.4	14.1	13.6
≥10°积温（天）	4412	4913	4698	4824	5760	4662	5711	4664	4899
年降水量（毫米）	620	1058	805	875	820	685	664	654	606
有机质含量（%）	0.9	1.52	1.5	0.93	0	0	1.54	1.3	1.26
有效土层厚度（厘米）	35	60	90	100	>150	100	110	>150	100
养分状况	好	良	好	较好	好	较好	较好	好	好
海拔高度（米）	373	80	60	47.5	82	100	92.2	139	64
地形坡度（℃）	1	18	<2	<2	<2	2~6	<2	<2	无
潜水埋深（米）	13	2.8	5	0	4	12	6	2	2
潜水矿化度（克/升）	0	0	0	0	0.3	0	0.41	0	0
无霜期（天）	220	229	216	221	214	218	241	223	149
灌溉保证率（%）	充分满足	基本满足	充分满足	基本满足	充分满足	充分满足	充分满足	充分满足	充分满足
国家级自然质量等别（等）	18	18	16	17	18	15	19	10	13

表 5-2 河南省农用地国家级标准样地属性（2）

城市	焦作	开封	商丘	周口	郑州	濮阳	新乡	洛阳	鹤壁
规划用途	基本农田	基本农田	基本农田	基本农田	基本农田	基本农田	基本农田	基本农田	基本农田
平均气温（℃）	14.3	14.1	14.3	14.4	14.1	13.4	14.4	14.4	13.8
≥10°积温（天）	4536	4702	4587	4726	4589	4519	2723	5157	2397
年降水量（毫米）	552	723	722	739	713	606	546	526	620
有机质含量（%）	1.03	1.5	1.01	1.41	1.21	1.15	0.79	1.74	0
有效土层厚度（厘米）	>150	>150	>150	100	>150	30	100	100	>100
养分状况	好	好	好	较好	好	好	好	好	中等
海拔高度（米）	110	59.5	46.8	39.8	41.2	44.2	80	150	95
地形坡度（℃）	<2	<2	<2	<2	<2	≥25	<2	0	<6
潜水埋深（米）	23	4.4	12.5	7	15	15	4	12	0.4
潜水矿化度（克/升）	0.76	0.91	0.1	0.74	1	0	1	0	0
无霜期（天）	214	210	214	219	205	215	224	225	206
灌溉保证率（%）	充分满足	充分满足	充分满足	一般满足	充分满足	充分满足	充分满足	充分满足	充分满足
国家级自然质量等别（等）	19	18	19	18	17	17	18	17	17

区域经济和社会因子对耕地资源生态价值的影响主要体现在资源供给紧缺度上，资源紧缺度可定义为经济社会发展对生态资源的需求量与供给量之间的差异大小（粟晓玲、康绍忠、佟玲，2006）。随着区域经济发展速度的加快，不少地区生态环境出现恶化现象，人类对于良好生态环境的需求却随着经济的发展而不断增加。依据经济学需求供给理论，耕地面积减少或质量下降引起生态价值的降低或减少，必然导致单位面积耕地资源生态价值的价格随之提高。而社会发展水平较高的地区，对于耕地资源生态价值的需求会更加强烈。

基于以上考虑，参考已有学者研究成果（李博等，2013；张俊峰、张安录、何雄，2016），本书建立了由自然、经济、社会三个维度 11 个指标构成的耕地资源生态价值空间异质性评价指标体系，来衡量河南省 18 个城市耕地资源生态价值的空间异质性。其中，自然因子由耕地质量等级表示；经济发展因子由 GDP、地方财政收入、社会消费品零售额、固定资产投资增速、城镇职工平均工资来表示；社会发展因子由非农人口数量、居民消费水平、医院床位数、图书馆总藏书、教育支出额度来表示（见表 5-3）。研究数据主要来源于《河南统计年鉴（2019）》及各市统计年鉴。

表 5-3　耕地资源生态价值空间异质性评价指标体系

目标层	准则层	指标层	单位	最大值	最小值	标准差
耕地资源生态价值空间异质性	自然	耕地质量等级	无量纲	19	10	2. 17
	经济	GDP	亿元	10143. 32	641. 84	2020. 70
		地方财政收入	亿元	1152. 06	50. 14	239. 19
		社会消费品零售额	亿元	4268. 09	181. 64	901. 06
		固定资产投资增速	%	11. 20	-21. 10	8. 75
		城镇职工平均工资	元	79414	53916	5575. 86
	社会	非农人口数量	万人	744	46	154. 33
		居民消费水平	元	31256	11232	4462. 59
		医院床位数	张	98249	3144	20626. 51
		图书馆总藏书	万册	389. 69	62. 45	90. 33
		教育支出额度	万元	2972674	190474	638741. 01

5. 3　研究方法

5. 3. 1　数据的标准化处理

在处理原始指标数据时，为了消除指标间可能存在的量纲级别大小的影响，需要将指标数据进行标准化处理，因此本书采用极差法对原始数据进行标准化处理。计算公式为：

$$x'_{ij}=\frac{x_{ij}-\min(x_{ij})}{\max(x_{ij})-\min(x_{ij})} \quad (式 5-1)$$

其中：x_{ij} 为第 j 年第 i 个指标的原始值，max（x_{ij}）为该项指标中最大值，min（x_{ij}）为该项指标中最小值，x'_{ij} 为标准化后值。

5. 3. 2　变异系数法

变异系数法的基本思想是根据研究对象各评价指标的波动，确定指标与变化量之间的关系，并以此为权重值。该方法不受指标单位和均值之间差异的影响，可有效避免研究对象空间异质性被弱化，符合研究的需要。计算步骤如下：

（1）计算各项评价指标的均值 $\bar{x}_j$ 和标准差 s_j：

$$\bar{x}_j = \frac{1}{n}\sum_{i=1}^{n} x_{ij} \quad \text{（式 5-2）}$$

$$s_j = \sqrt{\frac{1}{n}\sum_{i=1}^{n}(x_{ij} - \bar{x}_j)^2} \quad \text{（式 5-3）}$$

式中，$i=1$，2，…110，$j=1$，2，…8。

（2）确定各项评价指标的变异系数 V_j 和权重 ω_j：

$$V_j = s_j / \bar{x}_j \quad \text{（式 5-4）}$$

$$\omega_j = v_j \Big/ \sum_{j=1}^{m} v_j \quad \text{（式 5-5）}$$

5.3.3 综合水平评价模型

耕地资源生态价值空间异质性指数 $f(x)$ 的计算公式为：

$$f(x) = \sum_{i=1}^{m} a_i x_i, i = 1,2,3\cdots \quad \text{（式 5-6）}$$

其中 i 为相应指标个数，a_i 为各评价指标每个指标的权重，x_i 为评价指标标准化后数值。

5.3.4 聚类分析

聚类分析又称群分析，是根据“物以类聚”的道理，对样品或指标进行分类的一种多元统计分析方法，其分析对象是大量的样品，要求在没有任何模式可供参考，即在没有先验知识的情况下，能按各样品的特性进行合理的分类。聚类分析起源于分类学，在古老的分类学中，人们主要依靠经验和专业知识来实现分类，很少利用数学工具进行定量的分类。随着人类科学技术的发展，人们对分类的要求越来越高，而有时仅凭经验和专业知识难以确切地进行分类，于是人们逐渐把数学工具引入到了分类学中，形成了数值分类学，之后又将多元分析的技术引入到数值分类学中形成了聚类分析。聚类分析分为最短距离法、最长距离法等 8 种类型，采用欧氏距离时，统一递推公式可表示为：

$$D_{kr}^2 = \partial_p D_{kq}^2 + \partial_q D_{kq}^2 + \beta D_{pq}^2 + \gamma \mid D_{kq}^2 - D_{kq}^2 \mid \quad (式 5-7)$$

其具体实施过程为：

（1）定义样品之间的距离，计算样品两两距离，得一矩阵记为 $D_{(0)}$，聚类未开始之前，每个样本自成一类，此时 $D_{ij}=d_{ij}$；

（2）找出 $D_{(0)}$ 的非对角线最小元素，设为 D_{pq}，则可将 G_p 和 G_q 合并为一个新类，记为 G_r，即 $G_r = \{G_p, G_q\}$；

（3）给出计算新类与其他类的距离公式：$D_{kr} = \{D_{kp}, D_{kq}\}$，将 $D_{(0)}$ 中第 p、q 行及第 p、q 列用上面的公式并为一个新行新列，新行新列对应 G_r，所得矩阵记为 $D_{(1)}$；

（4）对 $D_{(1)}$ 重复上述步骤，得到 $D_{(2)}$，如此进行下去，直到所有元素合并为一类为止。

5.3.5 主成分分析

主成分分析法就是设法将具有较强共线性的原始指标重新组合成一组新的相互之间并无关联的综合指标来代替。同时根据实际需要从中选取几个较少的综合指标尽可能多地反映原来指标的信息。这种将多个指标化为少数相互之间并无关联的综合指标的统计方法被称为主成分分析法或主分量分析法。主成分分析法的基本思想就是，设法将原来众多具有一定相关性的指标（比如 p 个指标），重新组合成一组新的相互之间并无关联的综合指标来代替原来的指标。最经典的方法就是用 F_i 的方差来表达，即 Var（F_1）越大，F 包含的信息就越多。其理论模型可表示为：

设有 n 个样品，每个样品观测 p 项指标（变量）：X_1，X_2，…，X_p，得到原始数据资料阵：

$$X = \begin{matrix} x_{11} & \cdots & x_{1p} \\ \vdots & \ddots & \vdots \\ x_{n1} & \cdots & x_{np} \end{matrix} = (X_1, X_2, \cdots, X_p) \quad (式 5-8)$$

其中，$X_i = \begin{matrix} x_{1i} \\ \cdots \\ x_{ni} \end{matrix}$ （$i=1$，…，p）

用数据矩阵 X 的 p 个向量（即 p 个指标向量）X_1，……，X_p 作线性组合（即综合指标向量）为：

$$\begin{cases} F_1 = a_{11}X_1 + a_{21}X_2 + \cdots + a_{p1}X_p \\ F_2 = a_{12}X_1 + a_{22}X_2 + \cdots + a_{p2}X_p \\ \cdots\cdots\cdots\cdots\cdots\cdots\cdots\cdots\cdots \\ F_p = a_{1p}X_1 + a_{2p}X_2 + \cdots + a_{pp}X_p \end{cases} \quad \text{（式 5-9）}$$

上式可进一步简写为：

$$F_i = a_{1i}X_1 + a_{2i}X_2 + \cdots + a_{pi}X_p (i = 1, \cdots, p) \quad \text{（式 5-10）}$$

其中，X_i 是 n 维向量，所以 F_i 也是 n 维向量。

上述方程要求：

$$a_{1i} + a_{2i} + \cdots + a_{pi} = 1 (i = 1, \cdots, p) \quad \text{（式 5-11）}$$

且系数 a_{ij} 由下列原则决定：

（1）F_i 与 F_j（$i \neq j$，i，j，…，p）不相关；

（2）F_1 是 X_1，…，X_p 的一切线性组合（系数满足上述方程组）中方差最大的。

5.4 耕地资源生态价值空间异质性评价
——以河南省为例

5.4.1 研究区域概况

5.4.1.1 地理位置分析

河南省地处我国中东部，黄河中下游，地理坐标为北纬 31°23′~36°22′，东经 110°12′~116°39′，南北和东西最大直线距离分别为 530 千米和 580 千米。南邻湖北省，北连河北省和山西省，东接山东省和安徽省，西与陕西省接壤，土地总面积为 16.55 万平方公里，占全国国土总面积的 1.74%，自南向北跨北亚热带和暖温带，分属长江、淮河、黄河和海河四大流域，分布有大别山、桐柏山、伏牛山、太行山四大山脉和黄淮海平原及南阳盆地。以伏牛山南坡和淮河干流为界，以南属于亚热带，以北属暖温带。以降雨量和蒸发量做对比，自东南向西北分布有湿润地区、半湿润地区和半干旱地区。

5.4.1.2　地貌条件分析

河南省低山丘陵和平原分异明显，面积大致对半。西部的太行山、崤山、嵩山、熊耳山、外方山与伏牛山等山峰，海拔近2000米，为我国第三级地貌台阶的前缘，东部广阔的黄淮海平原，高程不足200米，向东倾斜，是我国第一级地貌台阶的后部；西部中山与东部平原之间的低山丘陵，则构成这两级地貌台阶之间的过渡边坡，海拔在200~500米。南部边境桐柏山—大别山低山丘陵，系我国第一级地貌台阶中的一个横向突起，成为长江水系和黄河水系的分水岭，它的西端与伏牛山之间是南阳盆地，属于第一级台阶的一部分。

5.4.1.3　气候条件分析

河南省全年实际日照时数为2000~2600小时，分布趋势是北部多于南部，平原多于山地。黄河以北全年日照时数大部分为2400~2600小时，西南山地全年日照时数为2000小时，其余地区为2000~2400小时，年日照百分率多地为45%~55%。河南省具有明显的大陆性气候特征，各地最冷月（1月）平均气温在-1℃~1℃，淮河以南较暖，1月均温1℃~2℃，年绝对最低气温多年平均值大部分地区在-10℃~14℃，极端最低气温在-20℃以下；最热月（7月）27℃~28℃，个别地区极端最高气温在40℃以上。全年降水量在600~1300毫米，1000毫米等降水量线大致与淮河干流走向一致。淮河以南地区年降水量多为1000~1300毫米。800毫米等降水量线自西向东大致沿河南省中部穿过，此线以北降水量多在800毫米以下，此线以南降水量多在800毫米以上。降水量总体不稳定，年降水量相对变率较大，丘陵平原地区较高，山地较低。

5.4.1.4　水资源条件分析

河南省多年平均河川径流量为303.99亿米^3，多年平均浅层地下水资源量为208.30亿米^3，扣除因地面水、地下水相互转化的重复计算结果，全省多年平均水资源总量为404.59亿米^3。从全国看，河南省水资源占全国水资源总量的1.47%，人均水资源量、耕地每公顷水资源量均相当于全国的1/5，居全国第22位。从全省看，水资源的分布特点是西南山区多，东北平原少。豫北、豫东平原 10 个市的水资源量为 126.6 亿米^3，只占全省水资源量的约 30%，每公顷水资源量为 3510 米^3；而南部、西部山区 7 个市水资源量为 286.8 亿米^3，占全省水资源量的 70%，每公顷水资源量为 8895 米^3。

5.4.1.5 耕地利用结构分析

截至 2018 年底，全省共有耕地面积 8158.29×10^3 公顷，集中分布在黄淮海平原、南阳盆地及豫西黄土区，其中水田集中分布在水热条件优越的淮河以南和用水条件较好的黄河两岸。全省 3/4 的耕地集中于南阳盆地及中东部平原地区，1/4 分布于中西部丘岗山地。旱地在全省范围内有分布，主要分布在黄泛区、黄河故道地带、西部黄土丘陵区以及丘岗山地。从地区分布看，驻马店市最多，其次是南阳和周口两市。水浇地主要分布在豫北、豫中、豫东平原以及南阳盆地，其中黄河以北的濮阳市、焦作市、安阳市、新乡市和鹤壁市面积较大。灌溉水田主要分布在淮河两岸和黄河背河洼地，尤以水热资源丰富的信阳市最集中，其灌溉水田面积约占耕地面积的 61%，郑州、信阳、驻马店、新乡和焦作也有一定数量的灌溉水田。

5.4.1.6 社会经济条件分析

河南省是人口大省，又是农业大省、粮食大省、粮食转化大省，同时也是重要的资源大省、经济大省、迅速发展的新兴工业大省，在全国具有举足轻重的地位。2018 年，河南粮食产量达 6648.91 万吨，不仅满足了全省 1 亿多人口的粮食需求，还向省外调集商品粮和粮食制品，成为全国最大的粮食生产和加工基地，为国家粮食安全做出了重要贡献。2018 年，河南省地区生产总值达 48055.86 亿元，人均生产总值为 50152 元，位居全国前列。河南省经济结构不断优化，三次产业结构比为 8.9：45.9：45.2，二三产业总产值占比高达 91.1%，呈现出工业化、城镇化加速发展的显著特征。全省全社会固定资产投资增速为 8.1%，投资结构不断优化，高端智造、智能装备等投资额增长迅速，农业、水利、环保、教育、文化等薄弱环节投资得到明显加强，一批事关长远发展的水利、交通、能源、城市基础设施、社会事业等重大项目建成或开工，进一步夯实了河南省经济发展基础。

5.4.2 耕地资源生态价值空间异质性评价

5.4.2.1 数据标准化处理

为消除量纲不同对数据分析的影响，本书在此首先采用公式 5-1 对原始数据进行标准化处理，标准化后的数据如表 5-4 所示。

表 5-4 原始数据标准化处理结果

城市	耕地质量等级	GDP	地方财政收入	社会消费品零售额	固定资产投资增速	城镇职工平均工资	非农人口数量	居民消费水平	医院床位数	图书馆总藏书	教育支出额度
郑州	0.7778	1.0000	1.0000	1.0000	0.9907	1.0000	1.0000	1.0000	1.0000	1.0000	1.0000
开封	0.8889	0.1432	0.0821	0.1955	0.8328	0.1052	0.2536	0.4107	0.2726	0.1752	0.2500
洛阳	0.7778	0.4209	0.2655	0.4829	0.9628	0.4310	0.5029	0.5073	0.4924	0.9724	0.4555
平顶山	0.8889	0.1572	0.0946	0.1716	0.9969	0.2172	0.3223	0.2110	0.2862	0.3790	0.2846
安阳	0.3333	0.1843	0.0943	0.1703	0.0000	0.2175	0.3181	0.1779	0.2907	0.3004	0.3133
鹤壁	0.7778	0.0232	0.0131	0.0156	0.8916	0.0000	0.0745	0.2288	0.0712	0.0193	0.0505
新乡	0.8889	0.1984	0.1112	0.2051	0.9659	0.1147	0.3768	0.2362	0.3621	0.2707	0.3373
焦作	1.0000	0.1820	0.0865	0.1485	0.2260	0.1739	0.2393	0.5603	0.2247	0.2685	0.1639
濮阳	0.7778	0.1066	0.0377	0.1064	0.7554	0.2810	0.1676	0.1648	0.2248	0.1537	0.2232
许昌	0.5556	0.2304	0.1053	0.1694	0.9690	0.1677	0.2693	0.2893	0.2173	0.2049	0.2400
漯河	0.6667	0.0626	0.0347	0.0975	0.9505	0.1033	0.1347	0.2596	0.1280	0.0000	0.1149
三门峡	0.8889	0.0933	0.0636	0.0862	0.9783	0.3668	0.1175	0.2369	0.1271	0.2928	0.1155
南阳	1.0000	0.3078	0.1196	0.4450	0.9505	0.1017	0.5974	0.2247	0.5488	0.4082	0.5970
商丘	0.8889	0.1839	0.0939	0.2300	1.0000	0.1351	0.3883	0.0801	0.3787	0.1245	0.4150
信阳	0.8889	0.1838	0.0549	0.2337	0.9536	0.0980	0.3754	0.1683	0.3212	0.2343	0.4840
周口	0.8889	0.2153	0.0719	0.2337	0.9536	0.0559	0.4670	0.0000	0.4614	0.1152	0.5125
驻马店	0.7778	0.1819	0.0809	0.2029	1.0000	0.0515	0.3682	0.2452	0.3961	0.0840	0.4463
济源	0.0000	0.0000	0.0000	0.0000	0.9659	0.2427	0.0000	0.5488	0.0000	0.0046	0.0000

5.4.2.2 基于变异系数法的耕地资源生态价值空间异质性指数测算

运用变异系数法（式 5-2 至式 5-5）测算评价指标体系权重，并采用综合水平评价模型（式 5-6）计算研究区域各城市耕地资源生态价值空间异质性指数，相关结果如表 5-5 所示。

表 5-5 河南省 18 市耕地资源生态价值空间异质性指数

城市	生态价值空间异质性指数	城市	生态价值空间异质性指数
郑州	0.9918	许昌	0.2365
开封	0.2355	漯河	0.1421
洛阳	0.5146	三门峡	0.2176
平顶山	0.2706	南阳	0.3784
安阳	0.2093	商丘	0.2535
鹤壁	0.1012	信阳	0.2603
新乡	0.2728	周口	0.2548
焦作	0.2370	驻马店	0.2457
濮阳	0.1931	济源	0.1067

5.4.2.3 基于主成分分析法的耕地资源生态价值空间异质性指数测算

为增强研究的科学性和严谨性，同时便于进行聚类分析，本书在此利用 SPSS 22 软件，对评价指标进行因子分析，结果显示，KMO 值为 0.8380，Bartlett 球形检验值为 308.3560，且伴随概率 $p=0.0000<0.05$，说明因子分析结果准确可信（见表 5-6）。

表 5-6 KMO 值和 Bartlett 球形检验结果

KMO 值	Bartlett 球形检验	df	p
0.8380	308.3560	55.0000	0.0000

进一步提取公因子，得到评价指标的特征值、方差贡献率和累计方差贡献率。由表 5-7 可知，前三个主成分的方差贡献率分别达到了 67.5540%、14.6520%和 8.3320%，累计方差贡献率达到了 90.5380%。

表 5-7 主成分分析结果

主成分	特征值	方差贡献率（%）	累计方差贡献率（%）
1	7.4310	67.5540	67.5540
2	1.6120	14.6520	82.2060
3	0.9170	8.3320	90.5380
4	0.5540	5.0400	95.5780
5	0.2610	2.3720	97.9500

续表

主成分	特征值	方差贡献率（%）	累计方差贡献率（%）
6	0. 1640	1. 4920	99. 4420
7	0. 0310	0. 2860	99. 7280
8	0. 0110	0. 0970	99. 8250
9	0. 0090	0. 0850	99. 9100
10	0. 0060	0. 0530	99. 9630
11	0. 0040	0. 0370	100. 0000

进一步以前三个主成分的因子载荷（见表 5-8）为权重，测算 18 个城市各主成分得分，如表 5-9 所示。

第一主成分得分可表示为：

$$F_1 = 0.2330x_1 + 0.9930x_2 + 0.9570x_3 + 0.9920x_4 + 0.1500x_5 + 0.8300x_6 + 0.9370x_7 + 0.6640x_8 + 0.9460x_9 + 0.8740x_{10} + 0.8960x_{11}$$

第二主成分得分可表示为：

$$F_2 = 0.7810x_1 - 0.0480x_2 - 0.1880x_3 + 0.0540x_4 + 0.4090x_5 - 0.4260x_6 + 0.2650x_7 - 0.5990x_8 + 0.2510x_9 - 0.1130x_{10} + 0.3280x_{11}$$

第三主成分得分可表示为：

$$F_3 = -0.1850x_1 - 0.0170x_2 + 0.0690x_3 - 0.0020x_4 + 0.8990x_5 + 0.1260x_6 - 0.1150x_7 + 0.1370x_8 - 0.0990x_9 - 0.0650x_{10} - 0.0850x_{11}$$

表 5-8　主成分因子载荷情况

评价指标	z_1	z_2	z_3
x_1	0. 2330	0. 7810	-0. 1850
x_2	0. 9930	-0. 0480	-0. 0170
x_3	0. 9570	-0. 1880	0. 0690
x_4	0. 9920	0. 0540	-0. 0020
x_5	0. 1500	0. 4090	0. 8990
x_6	0. 8300	-0. 4260	0. 1260
x_7	0. 9370	0. 2650	-0. 1150
x_8	0. 6640	-0. 5990	0. 1370

续表

评价指标	z_1	z_2	z_3
x_9	0.9460	0.2510	-0.0990
x_{10}	0.8740	-0.1130	-0.0650
x_{11}	0.8960	0.3280	-0.0850

表 5-9 河南省 18 市耕地资源生态价值空间异质性评价主成分得分

城市	第一主成分得分	第二主成分得分	第三主成分得分
郑州	0.8960	0.3280	-0.0850
开封	0.2240	0.0820	-0.0212
洛阳	0.4082	0.1494	-0.0387
平顶山	0.2550	0.0933	-0.0242
安阳	0.2807	0.1028	-0.0266
鹤壁	0.0452	0.0165	-0.0043
新乡	0.3023	0.1106	-0.0287
焦作	0.1468	0.0537	-0.0139
濮阳	0.2000	0.0732	-0.0190
许昌	0.2151	0.0787	-0.0204
漯河	0.1030	0.0377	-0.0098
三门峡	0.1035	0.0379	-0.0098
南阳	0.5349	0.1958	-0.0507
商丘	0.3719	0.1361	-0.0353
信阳	0.4337	0.1587	-0.0411
周口	0.4592	0.1681	-0.0436
驻马店	0.3999	0.1464	-0.0379
济源	0.0000	0.0000	0.0000

5.4.2.4 耕地资源生态价值空间异质性聚类结果

将变异系数法测算得到的权重和主成分分析法测算前三个主成分得到的分值作为各市耕地资源生态价值空间异质性指数（见表 5-10），运用 SPSS 22 软件的系统聚类分析方法，得到聚类分析结果（见表 5-11），并输出树状图（见图 5-1）。

表 5-10 河南省 18 市耕地资源生态价值空间异质性指数

城市	第一主成分	第二主成分	第三主成分	异质性指数
郑州	0. 8960	0. 3280	−0. 0850	0. 9918
开封	0. 2240	0. 0820	−0. 0212	0. 2355
洛阳	0. 4082	0. 1494	−0. 0387	0. 5146
平顶山	0. 2550	0. 0933	−0. 0242	0. 2706
安阳	0. 2807	0. 1028	−0. 0266	0. 2093
鹤壁	0. 0452	0. 0165	−0. 0043	0. 1012
新乡	0. 3023	0. 1106	−0. 0287	0. 2728
焦作	0. 1468	0. 0537	−0. 0139	0. 2370
濮阳	0. 2000	0. 0732	−0. 0190	0. 1931
许昌	0. 2151	0. 0787	−0. 0204	0. 2365
漯河	0. 1030	0. 0377	−0. 0098	0. 1421
三门峡	0. 1035	0. 0379	−0. 0098	0. 2176
南阳	0. 5349	0. 1958	−0. 0507	0. 3784
商丘	0. 3719	0. 1361	−0. 0353	0. 2535
信阳	0. 4337	0. 1587	−0. 0411	0. 2603
周口	0. 4592	0. 1681	−0. 0436	0. 2548
驻马店	0. 3999	0. 1464	−0. 0379	0. 2457
济源	0. 0000	0. 0000	0. 0000	0. 1067

表 5-11 河南省 18 市耕地资源生态价值空间异质性聚类结果

类别	城市
1	郑州
2	洛阳
3	南阳、驻马店、商丘、周口、信阳
4	漯河、三门峡、焦作、济源、鹤壁
5	安阳、新乡、平顶山、濮阳、许昌、开封

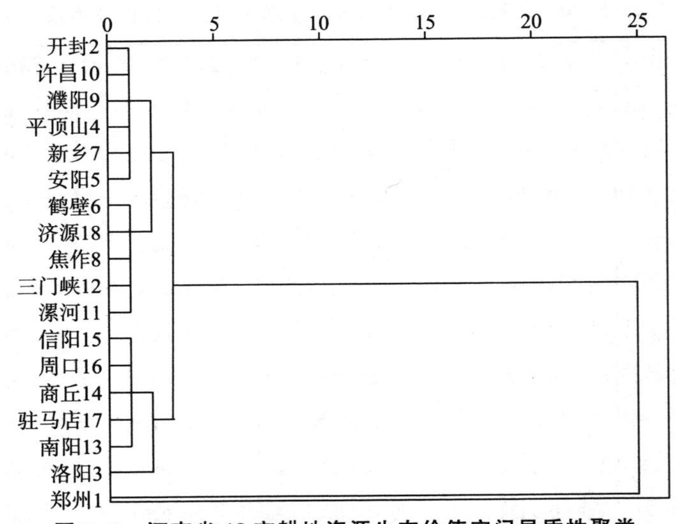

图 5-1 河南省 18 市耕地资源生态价值空间异质性聚类

5.4.2.5 耕地资源生态价值空间异质性聚类结果分析

(1) 均质区 1。该均质区由郑州市 1 个城市组成。郑州地处我国中部，黄河中下游和伏牛山脉向黄淮平原交接地带，东接开封，西依洛阳，是郑州航空港经济综合实验区、中原城市群、中国（河南）自由贸易试验区、国家跨境电商综合试验区、国家中心城市等国家战略叠加区。截至 2018 年底，郑州市总面积约 7446 平方公里，下辖 6 个区（中原区、二七区、管城回族区、金水区、上街区、惠济区）、1 个县（中牟县）、代管 5 个县级市(巩义市、荥阳市、新郑市、登封市、新密市)，常住人口 1014 万人，其中城镇人口 744 万人，农村人口 270 万人，城镇化率为 73.37%，地区生产总值 10143.32 亿元，三次产业结构比为 4.4∶45.6∶50，第三产业连续第三年超过第二产业，成为经济发展的主导，社会消费品零售额、居民消费水平、医院床位数等均居全省首位。现有耕地面积约 314.14×10^3 hm^2，人均耕地面积远低于全国 0.09 hm^2 的平均水平。当前和今后一段时间，郑州市仍处于工业化、城镇化和农业现代化的加速推进期，特别是随着国家中心城市建设的落地生根，城镇建设用地的需求仍将持续扩大，耕地保护面临的压力也将更加突出，协调耕地保护与经济建设之间的土地供需矛盾仍将是郑州土地利用管理面临的严峻挑战。

(2) 均质区 2。该均质区由洛阳市 1 个城市组成。洛阳市地处豫西中部山区，东西宽170公里，南北长169公里，下辖6个区（老城区、西工区、瀍河回族区、涧西区、孟津区、洛龙区、偃师区），7个县（新安县、栾川县、嵩县、汝阳县、宜阳县、洛宁县、伊川县），土地总面积约1522983hm^2。截至2018年底，常住人口689万人，其中城镇人口397万，农村人口292万，城镇化率约为57.62%，实现地区生产总值4640.78亿元，其中第一产业237.07亿元，第二产业2067.59亿元，第三产业2336.12亿元，耕地面积约为434.44×10^3 hm^2，人均耕地面积0.06hm^2，距离全国人均耕地面积有些差距。洛阳市是我国重要的新型工业城市，是河南省内乃至全国重要的能源、化工、装备制造、铝工业、硅产业基地，经过多年的发展，已形成机械电子、冶金、建材、石油化工等8大支柱产业，中国一拖集团有限公司、洛阳LYC轴承有限公司等大型企业集团已成为国内相关行业的支柱型企业，对我国国民经济发展具有重要的作用。受南北地貌差异的影响，全市土地利用具有明显的地带性特征，北部丘陵区土地利用主导方向为粮食、名优果品，中部河谷川地的利用主导方向为蔬菜、粮食等，西部和南部山区的土地利用主导方向为生态保护。

（3）均质区3。该均质区由河南省东部和南部的南阳、驻马店、商丘、周口和信阳组成。统计数据显示，截至2018年底，商丘市常住人口733万人，其中城镇人口317万人，城镇化率为43.25%；南阳市常住人口1001万人，其中城镇人口463万人，城镇化率为46.25%；信阳市常住人口647万人，其中城镇人308万人，城镇化率为47.60%；周口市常住人口868万人，其中城镇人口372万，城镇化率为42.86%；驻马店市常住人口704万人，其中城镇人口303万，城镇化率为43.04%，5个地市的人口占全省人口总数的30%以上，而城镇化率在全省所有地市中排名靠后，特别是驻马店、周口和商丘，城镇化率在全省排名倒数后三位。尽管5地市对全省的GDP贡献不大，累计仅占27.88%，属于河南省经济相对落后地区，但由于地势相对平坦，土壤条件较好，易于耕作，耕地面积占全省耕地总面积的53.95%，其中南阳市居全省第一，驻马店市居全省第二，周口市居全省第三，5地市贡献了全省55.41%的粮食总产量，是河南省名副其实的"粮仓"。保持并维护均质区3耕地面积不减少，质量不降低，对于维护河南省乃至全国的粮食安全和社会稳定，具有极其重要的意义。

（4）均质区4。该均质区由位于河南中部的漯河市、北部的鹤壁市和西部的三门峡市、济源市和焦作市组成。截至2018年底，5个城市常住人口总计1089万人，仅占全省人口总量的9.98%，其中漯河市常住人口257万人，城镇人口140万人，城镇化率为54.47%；鹤壁市常住人口163万人，城镇人口98万人，城镇化率为60.12%；焦作市常住人口359万人，城镇人口213万人，城镇化率为59.33%；济源市常住人口227万人，城镇人口46万人，城镇化率为62.36%；三门峡市常住人口227万人，城镇人口128万人，城镇化率为56.39%。5市GDP总量占全省的13.81%，其中GDP最高的为焦作市（2371.50亿元），最低的为济源市（641.84亿元），从三次产业构成看，5市农业所占比重均未超过10%，其中最高的为漯河市（8.97%），其次是三门峡市（7.79%），最低的为济源市（2.94%）；工业所占比重均在55%以上，其中济源市为64.82%，鹤壁市为62.93%。5市耕地面积普遍较少，仅占全省耕地总面积的8.98%，其中最多的焦作市为206.28×10^3 hm^2，最少的济源市仅有46.05×10^3 hm^2。粮食产品占全省粮食产品的比重仅有9.05%，其中焦作市206.28万吨，济源市仅为23.18万吨，属于典型的工强农弱城市。

（5）均质区5。该均质区由位于河南省中部和北部的安阳市、新乡市、平顶山市、濮阳市、许昌市和开封市组成。截至2018年底，6地市共有人口2861万人，占全省人口总数的26.23%，其中安阳市常住人口518万人，城镇人口268万人，城镇化率为51.74%；新乡市常住人口579万人，城镇人口309万人，城镇化率为53.37%；平顶山市常住人口503万人，城镇人口271万人，城镇化率为53.87%；濮阳市常住人口361万人，城镇人口163万人，城镇化率为45.15%；许昌市常住人口444万人，城镇人口234万人，城镇化率为52.70%；开封市常住人口456万人，城镇人口223万人，城镇化率为48.90%。6地市GDP总量13542元，占全省GDP总量的28.18%，其中许昌市最高，为2830.62亿元，最低的濮阳市为1654.47亿元；耕地面积总计2244×10^3 hm^2，占全省耕地总面积的27.50%，其中新乡市最多，为475.66×10^3 hm^2，开封市次之，为418.04×10^3 hm^2，最少的濮阳市为281.22×10^3 hm^2。粮食产量合计1956万吨，占全省粮食总量的29.42%，其中新乡市最高为467.64万吨，最低的平顶山市为227.40万吨。三次产业比除许昌和濮阳第二产业略高于第三产业外，其余地市二三产业贡献率基本持平（见图5-2）。

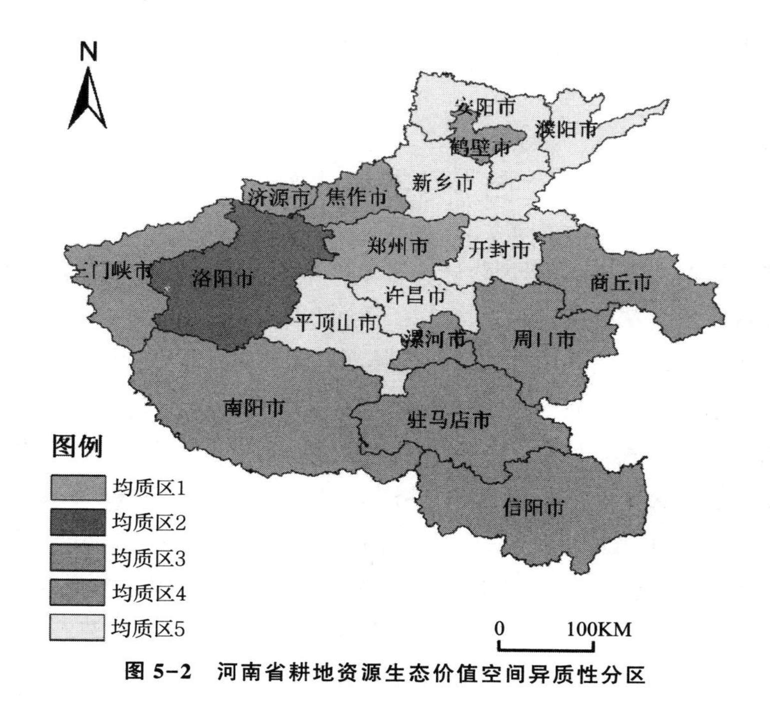

图 5-2 河南省耕地资源生态价值空间异质性分区

5.4.3 实施差别化耕地生态补偿的必要性

从以上分析可知，耕地资源生态价值空间异质性是客观存在的，相对应的生态补偿标准、补偿模式、补偿运行机制甚至政策保障措施也需要根据各均质区特点来设计。根据《中国统计年鉴 2023》，截至 2022 年底，我国共有 34 个省级行政区、333 个地级行政区，各地区耕地资源的数量、质量、结构、区位等具有明显差异，由此导致耕地资源生态价值呈现出显著的空间异质性特征，如果按照统一的生态补偿模式运行，势必导致有限资金运行效率低下。而现行的耕地生态补偿机制偏重制度和政策的统一性与公平性，未能充分考虑各地区耕地资源数量、质量、结构以及区域经济发展水平等的差异性，普适性较强而针对性不足，导致耕地保护资金运作效率不高，未能完全实现增强农户耕地保护积极性和主动性，确保耕地资源在维护国家粮食安全的同时，稳定持续供给生态价值，改善生态环境的目的。而差别化耕地生态补偿模式能根据异质区内不同均质区生态价值特征和社会经济状况，提出更加具有针对性的补偿模式，提升耕地保护的有效性和精细化程度，进而提高耕地生态补偿的运行效率，是耕地保护制度创新的方向和内容。

5.5 本章小结

本章以河南省18个城市为研究对象，基于科学性、全面性、代表性和可操作性原则，从自然、经济、社会三个维度，构建由11个指标组成的耕地资源生态价值空间异质性评价指标体系，来衡量河南省18个城市耕地资源生态价值的空间异质性。结果显示，18个城市可分为5个均质区，均质区1由郑州市组成，均质区2由洛阳市组成，均质区3由商丘市、周口市、南阳市、驻马店市和信阳市组成，均质区4由漯河市、鹤壁市、三门峡市、济源市和焦作市组成，均质区5由安阳市、新乡市、平顶山市、濮阳市、许昌市和开封市组成。各均质区的耕地质量、经济发展程度等各有特点，为适应各地区经济社会形势变化及其对耕地保护的要求，构建符合各均质区特征的差别化生态补偿模式和运行机制是十分必要和紧迫的。

第6章　耕地资源生态价值测算方法及问卷设计

本章主要对生态价值常用测算方法进行分析，重点介绍了意愿调查法（CVM）和选择实验法（CE）的原理、操作步骤及问卷设计、发放与回收等，为各均质区差别化补偿标准测算提供依据。

6.1　生态价值常用测算方法简介与确定

6.1.1　生态价值常用评估方法简介

耕地资源总价值由经济价值、生态价值和社会价值等组成，其经济产出功能可通过市场交易来实现，而生态价值和社会价值是非市场价值的重要组成部分，无法通过市场交易来体现，故而无法通过市场定价来衡量。耕地资源生态价值评估方法大体可分为揭示偏好法和陈述偏好法，具体又可进一步细分为享乐价格法（HPM）、旅行费用法（TCM）、意愿调查法（CVM）和选择实验法（CE）等。当研究者无法获取市场信息，但可以从其他类似产品的交易行为中获取该产品的价值时，可用揭示偏好法来测算。该方法要求市场交易行为真实存在且可直观观察研究群体的真实选择（李京梅等，2020；敖长林等，2019），其不足之处在于，该方法属于事后评价，无法精确评估研究对象的非市场价值，享乐价格法（HPM）和旅行费用法（TCM）大体都属于该种类型。当无法通过市场交易方式获取有效数据或者缺乏真实市场数据时，可采用陈述偏好法来进行研究。该方法的基本思想是通过设定特定的情景，构造假想交易市场，询问消费者的支付意愿和接受意愿，从而诱导消费者对自然资源或服务的价值进行评估，从而展示该产品或服务的非市场价值（陈海江、司伟、王新刚，2019；韩丽荣和王朋薇，2019），意愿调查法（CVM）和选择实验法（CE）即属于该类型。各方法定义及理论基础如表 6-1 所示。

表 6-1　耕地资源生态价值测算常用方法介绍

方法分类		定义	理论基础
揭示偏好法	享乐价格法（HPM）	异质物品的价格是其多种属性的函数，该方法是研究异质商品特征与商品价格之间关系的特殊回归技术，是西方经济发达国家评估资源环境价值的主要方法之一	Lancaster 的新消费者理论
	旅行费用法（TCM）	通过考察交通费、其他杂项支出等旅行相关费用确定某环境条件下的消费者剩余，在此基础上估算该环境条件的非市场价值	消费者剩余理论、需求理论、消费者选择理论
陈述偏好法	意愿调查法（CVM）	在假想市场情况下通过问卷调查方式了解被调查者偏好，调查人们对获取或存储某一物品的支付意愿（WTP）或者对物品损失的补偿接受意愿（WTA），并根据 WTP 或者 WTA 计算得出该物品的效益改善情况或者损失的经济价值，从而得到研究对象的价值	消费者剩余理论、随机效用理论
	选择实验法（CE）	在假想市场中，根据人们对支付意愿相关问题的回答评估非市场价值。首先对受访对象进行问卷调查，提供由不同属性状态构成的选择集，受访者在权衡各属性水平差异之后做出选择，在每个选择集中选择最优方案。然后，运用计量经济模型对数据进行定量分析，即可得到受访者的偏好信息，确定不同属性组合下选择集的福利价值和各属性的边际价值。继而得到非市场价值的测算结果	随机效用理论、Lancaster 新消费者理论

6.1.2　各评估方法优劣对比与选择

20 世纪 60 年代，工业特别是重工业的不断发展一方面极大地促进了欧美等国经济的发展，但同时也带来了酸雨、雾霾等严重环境污染问题。基于此种背景，学者们开始了对生态资源非市场价值的研究。陈述偏好法和揭示偏好法多被用来评估环境资源的非市场价值，其中尤以选择实验法

(CE)、意愿调查法（CVM）和旅行费用法（TCM）最为常用。由于揭示偏好法所用数据多来自真实的市场交易数据，故而采用旅行费用法（TCM）可信度较高，该方法也被认为是评估环境资源非市场价值的有效手段之一。如国内学者王誉茜、姜卫兵和魏家星（2015）运用该方法对体育公园的休憩价值进行了研究，并以该研究结果为依据，对合理开发利用公园资源提供了对策；彭文静、姚顺波、李晟（2014）认为 TCM 存在被忽视的内生性问题而导致消费者个人剩余被高估的情况，通过将联立方程模型引入个人旅行成本模型，可有效解决一般 TCM 模型中个体需求和旅行费用之间的内生性问题，采用该方法测算发现华山风景名胜区游憩价值开发潜力巨大，大概为 14 亿元/年至 22 亿元/年，为旅游产业的科学发展提供了借鉴。也有学者认为，旅行费用法虽然采用实际交易数据测算非市场价值，可信度相对较高，但 TCM 数据在构建和转换过程中存在一定的主观性，同样具有不可忽视的问题。

20 世纪 70 年代开始，意愿调查法开始越来越多地被运用到生态环境改善及与环境破坏有关的经济损失测算的研究中。特别是自美国相关部门将 CVM 确定为资源环境非市场价值评估的重要方法之后，越来越多的学者将该方法运用到旅游资源存在价值（彭文静、姚顺波、冯颖，2014；陈炜，2019）、遗迹存在价值、草原生态保护价值（韦惠兰、祁应军，2017）以及待开发景区旅游资源价值等非使用价值评估方面。国内学者如李京梅等（2020）以胶州湾国家海洋公园为例，基于双边界二分式意愿调查法引导游客表达对于游览该公园的门票的支付意愿，构建门票收入函数模型，计算兼顾该公园生态修复目的和游憩利用功能的最优门票价格，考察游客公园游览支付意愿的影响因素，探讨差异化的门票定价策略。但意愿调查法构建虚拟市场的方式也受到了不少学者（王朋薇等，2016；Harrison，2006）的质疑，认为该方法测算结果完全依赖于受访对象自身的回答情况，而事实上多数受访者对于自己的回答并不确定，从而导致该方法测算结果准确性受到影响，分析受访者对自身回答不确定的影响因素，并解决这些因素带来的问题，可有效提升研究的可信度和精确性（韩丽荣、王朋薇，2019）。

选择实验法对于环境资源非市场价值评估的应用可追溯至 20 世纪 90 年代。Ekin、Katia 和 Phoebe（2006）运用该方法测算了湿地资源的生态价值和社会价值，为相关政策的制定提供了借鉴；Alexandrod（2005）以问卷调查数据为基础，通过构建离散选择模型，对相关主体的希腊古代文化支付意愿进行评估，研究结果对于缓解经济发展与遗迹保护之间的矛盾提供了参考；还有学者（Campbell，Hutchinson，2009）采用该方法对农村景观的构建、农田生态环境保护等开展了研究。国内对于该方法的应用虽起步较晚，但进步很快，且应用范围也越来越广，如金建君和江冲（2011）以温岭市耕地资源保护为研究对象，采用专家咨询法将耕地资源保护属性确立为耕地景观、土壤肥力等，并以随机调查的246份问卷为基础，分析了耕地资源保护的属性价值和相对价值，明确了今后耕地资源保护的重心应放在农田基本设施的改善和土壤肥力的提升上。马文博和李世平（2020）将耕地资源属性价值划分为耕地资源景观、生态环境、耕地质量和耕地面积等4个属性集，并以457份实地调查问卷数据为基础，分别以市民的支付意愿及农民的支付意愿为上限，建立起具有弹性的补偿标准。张殷波等（2020）以我国特有保护植物翅果油树为研究对象，采用选择实验法将其属性分为种植面积、树苗品种等5项，并在多模型比较的基础上，选择潜在分类模型等测算了受访对象对于翅果油树的保护和开发偏好以及支付意愿。相对于意愿调查法，选择实验法通过设置不同属性集的方式，可有效测算受访对象对于不同属性集的偏好次序及每一属性集的单独价值，在属性价值测算上具有更高的效率，更适合进行环境经济价值评价（韩喜艳、刘伟、高志峰，2020；赵旭、池辰、何伟军，2020；高杨、赵端阳、于丽丽，2019）。选择实验法实施的关键在于研究对象属性集的设置和属性水平的确定，同时，基于假想市场，由受访对象从事先设置好的属性集和属性水平中做出选择，可能存在一定的认知困难，问卷设计的复杂性也可能给受访对象带来极大的干扰和误判，从而增加了研究的不确定性，因而受到了一些学者的质疑。基于以上分析可知，各种非市场价值评估方法都有自身的优势和不足，为增强研究的科学性，本书分别采用选择实验法和意愿调查法来测算各均质区耕地资源生态价值，并将二者测算结果平均值作为各均质区补偿标准的最终值。

6.2 意愿调查法

6.2.1 意愿调查法简介

意愿调查法（CVM）是对具有公共属性的物品的生态服务价值进行评估的方法，近年来在国际上认可度较高。该方法以随机抽取的家庭或个人为样本，采用问卷调查的方式来模拟客观存在的产品交易市场，以揭示受访者对于该物品的偏好，进而测算改善生态环境的最高支付意愿（WTP）或忍受环境破坏的最低受偿意愿（WTA），进而最终确定该生态价值补偿标准。理论上同一研究对象的支付意愿和受偿意愿不应相差过大，但不少经济学家在采用该方法后表示，受访对象的受偿意愿通常会高于消费者剩余，且受偿意愿通常会超过支付意愿 50%左右，个别甚至达到 5 倍以上，以期通过夸大自身的损失来获得较高的补偿，因此该方法的客观性和真实性受到了不少学者的质疑，但在严格限定条件并规范操作流程的情况下，该方法仍然可以为具有公共属性物品的非市场价值评估提供参考。

6.2.2 经济模型

利用意愿调查法可通过构建假想市场的方式，了解受访对象对某一商品所提供的效用的支付意愿或放弃该效用的接受愿意。依据传统经济学需求理论，消费者都是理性的，即追求个人效用最大化，可进一步用公式表示为：

$$\text{Max } U=U(x,q) \quad \text{（式 6-1）}$$

$$\text{s.t } p_x x+p_q q=\text{Y}, x\geqslant 0, q\geqslant 0 \quad \text{（式 6-2）}$$

式中，U 为受访对象的效用水平，x 为假想市场中可供交易的商品，p_x 表示假想市场中可供交易产品的价格，q 为研究区域耕地资源生态价值量，p_q 为研究区域耕地资源生态价值的价格，Y 为受访对象的收入水平。受访对象的效用水平 U 取决于其收入水平 Y、假想市场中的商品 x 和耕地资源生态价值量 q。

可在市场中进行交易的商品的需求函数可表示为：

$$x=h(p,q,Y) \quad \text{（式 6-3）}$$

受访对象的间接效用函数可表示为：

$$V(p,q,Y)=U[h(p,q,Y),q] \quad （式 6-4）$$

假设受访对象的收入水平 Y 和可供交易商品的价格 p_x 保持不变，当耕地资源生态价值的数量由 q^0 变化为 q^1 时，研究区域耕地资源的生态价值的质量将得到提高，那么：

$$V_1(p,q^1,Y)>V_0(p,q^0,Y) \quad （式 6-5）$$

补偿变化：当研究区域耕地资源生态价值的质量发生改变时，受访对象可以通过支出价值为 CV 的货币量，来享受改善后的耕地资源生态价值，总效用维持原有水平不变。

$$V_1(p,q^1,Y-CV)=V_0(p,q^0,Y) \quad （式 6-6）$$

等价变化：当研究区域耕地资源生态价值的质量提高时，受访对象可以选择维持原有耕地资源生态价值提高之前的状态，接受价值为 EV 的货币补偿来达到改善之后的较高效用水平。

$$V_1(p,q^1,Y)=V_0(p,q^0,Y+EV) \quad （式 6-7）$$

当 $q^1<q^0$，即研究区域耕地资源生态价值质量降低时，公式表示为：

$$V_1(p,q^1,Y)<V_0(p,q^0,Y) \quad （式 6-8）$$

补偿变化：当研究区域耕地资源生态价值的质量降低时，受访对象可以通过接受价值量为 CV 的货币补偿，来忍受质量降低后的生态价值，使得总效用 U 维持在之前的水平上：

$$V_1(p,q^1,Y+CV)=V_0(p,q^0,Y) \quad （式 6-9）$$

等价变化：当研究区域耕地资源生态价值质量降低时，受访对象可以选择在质量降低之前支出价值为 EV 的货币来避免生态价值继续恶化：

$$V_1(p,q^1,Y)=V_0(p,q^0,Y-EV) \quad （式 6-10）$$

综上可知，受访对象的支付意愿（WTP），就是耕地资源生态价值质量提高后的 CV 或质量降低之前的 EV；受访对象的接受意愿（WTA），就是耕地资源生态价值降低之后的 CV，或者价值提高发生之前的 EV。由于受访对象的接受意愿通常都会高于支付意愿，大部分国内外学者在采用该方法进行研究时常选择使用支付意愿进行调查（李京梅等，2020；陈海江、司伟、刘泽琦，2020），本书参考以往研究成果，选用受访对象的支付意愿来研究区域耕地资源生态价值的补偿标准。

6.2.3 核心问题处理

6.2.3.1 关于假想市场

采用意愿调查法测算耕地资源生态价值的关键在于构建一个假想的生态价值交易市场，通过调查问卷来询问受访对象的 WTP 和 WTA。为确保假想市场的成功建立，在受访人员正式回答问题之前，首先由调查人员详细介绍耕地资源生态价值的内涵、表现形式及其对受访者的重要影响，指出耕地资源数量下降或质量降低均会导致气候调节等生态价值表现方式供给的不可持续，然后请受访对象回答对于均质区内耕地资源数量或质量变化的认知。进而提出，全社会共同参与耕地资源保护工作，是维持或提升耕地资源生态价值量，确保生态价值的持续供给，为子孙后代留下一个良好的生活环境的重要途径，受访对象或者受访对象的家庭是否愿意通过支付金钱或义务劳动的方式来维持或提升耕地资源生态价值，如果愿意支付金钱，则每年愿意支付的最高金额是多少？若愿意参加义务劳动，则每年最多愿意参加多少天的义务劳动？在最低接受意愿部分，农村居民类问卷设计为，为维持或提高耕地地力，确保耕地资源生态价值稳定供给，其愿意接受的最低补偿额度为多少？城镇居民类问卷设计为，若将均质区内耕地资源部分或全部转为建设用地，从而导致耕地资源生态价值减少或无法供给，其愿意接受的最低补偿额度为多少。采用这种方式一方面可增强受访对象对于耕地资源生态价值重要性的认知，从而认真回答问卷问题，同时还使其认识到问题的回答是基于假想市场的方式，从而确保回答相对科学和准确。

6.2.3.2 关于引导技术

问卷设计中常用的引导技术有开放式和支付卡式两种。开放式引导技术实施的前提是具有客观存在的交易市场可供受访对象观察或参考，然而耕地资源生态价值是非市场价值的一种，国内外均无客观存在的交易市场，其实际价值无法通过市场交易来体现，如果采用该方式，可能使受访者由于缺乏足够的参考或认知而对支付意愿拒绝回答或随意回答。支付卡式引导技术是在对研究区域进行问卷预调查的基础上，经反复修改，确定支付意愿和接受意愿的上下限，这种做法的优点在于可有效防止拒绝回答或随意回答现象的出现，有效提高问卷回收率，增强研究的科学性和准确性，本书采用支付卡式引导技术来设置答案选项。

6.2.3.3 关于支付（受偿）意愿的上下限

支付（受偿）意愿[①]区间的设置是意愿调查法能否成功实施的关键步骤之一，若区间设置过小，则容易导致答案设置过多、过细，使受访对象存在多个选择区间；若区间设置过大，则容易导致答案集中在某个选项上，同样使研究失去应有的意义。为避免产生这种状况，本书首先根据各均质区城镇和农村居民人均可支配收入设置选项，进而通过两个轮次预调查对答案进行反复修改完善，最终确定区间。支付意愿的设定应考虑受访对象的心理因素和习惯，选择支付金钱的，区间差距均为200元/公顷，选择付出劳动的，区间差距均为1天。为确保各均质区内研究结果具有可比性，所有均质区均使用同一套问卷，支付意愿区间设置为0~200元/公顷、201~400元/公顷、401~600元/公顷、601~800元/公顷、801~1000元/公顷、1001~1200元/公顷、1201~1400元/公顷、1401~1600元/公顷、1601~1800元/公顷、1801~2000元/公顷、2001~2200元/公顷和2200元/公顷以上（填写具体数字），义务劳动支付意愿区间设置为1~2天、3~4天、5~6天、7~8天、9~10天、11~12天、12~13天、13~14天、15~16天及16天以上（填写具体数字）；考虑到受偿意愿通常会略高于支付意愿，结合预调查结果，将区间设置为301~500元/公顷、501~700元/公顷、701~900元/公顷、901~1100元/公顷、1101~1300元/公顷、1301~1500元/公顷、1501~1700元/公顷、1701~1900元/公顷、1901~2100元/公顷、2101~2300元/公顷及2300元/公顷以上（填写具体数字）。

6.2.3.4 关于偏差规避

利用意愿调查法，可假想存在一个交易市场，询问受访对象的最高支付意愿和最低接受意愿，但调查过程可能受到受访对象对假想市场的认

① 本书所指支付意愿、受偿意愿，均为年支付意愿及年受偿意愿。

知、受访者的偏好、问卷调查时间、访问人员对于耕地资源生态价值重要性的认识及表述等的影响，进而产生假想市场偏差、停留时间偏差、调查人员偏差等，影响测算结果的准确性（Venkatachalam，2004），本书主要采用以下方式来规避上述偏差。

（1）调查人员偏差

调查人员偏差存在的原因主要是由访问人员本身对于耕地资源生态价值不理解、重要性认识不足引起的，规避该偏差的方法为组建高校调研队伍，每支调研队伍由 1~2 名研究生和 3~5 名本科生组成。在正式调研前，由项目主持人对耕地资源生态价值的内涵、研究意义及重要性、问卷组成及各个部分之间的关系、问卷询问及记录时的注意事项、调研中突发问题的处理方法等进行详细讲解和培训。同时利用移动面访软件进行实时观察并记录调研组的行动轨迹、每份问卷的调研时间等，不仅可在后台直接导出调研数据，还可有效防止调研者本身误差的产生。

（2）停留时间偏差

停留时间偏差是指问卷设置问题过多、询问时间过长等导致的受访对象产生疲倦感而不愿意回答问题或随意回答问题。该偏差的规避方法主要是对问卷进行反复修改完善，问题尽可能地简短，对于部分可通过统计年鉴、统计公报等方式获取的数据资料如耕地总面积、人均耕地面积、人均可支配收入、作物种植结构等，尽量不通过问卷调查获取，单份问卷的调研时间控制在 20~30 分钟。将调研时间集中在空闲时段，如对农村居民的调研主要集中在中午或者晚饭后，对城镇居民的调研主要集中在周末，问卷调研结束后给予适当的物质报酬。

（3）抗议性偏差

抗议性偏差产生的主要原因是受访对象对于研究重要性认识不足或问题设置过于专业，导致心理上产生抗拒感，特别是部分文化程度较低的受访对象。应对该偏差的主要方法是由各小组研究生对研究问题的意义和重要性进行详细解释，力求受访对象完全理解后再进行询问；调研问题尽可能简单易理解，不使用类似“外部性”等过于专业的术语；为防止收入偏低受访者对支付金钱产生抵触情绪，支付选择上增设义务劳动方式；对于家庭总收入、年龄等比较敏感或涉及个人隐私的话题，放到问卷调查最后，待与受访者建立信任关系之后再行询问；个别仍存在的抗议性无应答者则直接剔除出该问卷。

（4）假想市场偏差

假想市场偏差主要是指在假想条件下的回答与在实际市场情况下的回答不一致，从而使得访问人员无法获得受访对象的真实支付意愿或接受意愿。解决该偏差的方法为，反复介绍耕地资源生态价值研究的重要性和必要性，使其从心理上产生共鸣，在支付意愿或接受意愿选择时，提醒受访者设身处地将其作为一次客观的市场交易表达个人真实意愿；告诉受访对象，本次调研不涉及个人姓名等隐私，回答结果仅用于科学研究，不会对个人产生任何负面影响；同时给予受访者一定的物质报酬。

（5）策略性偏差

策略性偏差主要是指受访对象在回答问题时所采取的保护性策略，或者隐瞒真实想法，选择更有利于自身的答案，或者故意隐瞒个人实际收入、刻意夸大受偿意愿或降低支付意愿等。解决该偏差的主要方法为，强调研究结果仅供科学研究，不会透露个人隐私；在进行数据分析前，剔除过高、过低或不符合常理的奇异值等。

6.3 意愿调查法问卷设计

调查问卷分为城镇类和农村类两种，农民是耕地的直接使用者，也是耕地保护的主要参与者，耕地生产过程一方面为其提供了基本的生活来源和社会保障，另一方面为社会无偿提供了生态价值。耕地资源生态价值的公共物品属性，决定了城镇居民可以无偿享用其溢出价值，但并没有为此支付任何代价。故而应该设计两套问卷来分析生态价值供给方和享用方的支付和受偿意愿。

问卷第一部分为受访对象对于耕地资源生态价值的了解程度，首先通过一段引导语，对耕地资源生态价值的内涵做简单说明，同时告知受访对象，耕地资源数量不断减少、质量不断减低已经导致耕地资源生态价值不断下降。设计的问题主要有受访者对于该均质区内耕地资源数量和质量变化趋势的了解程度、对耕地资源保护工作重要性的认知、耕地保护中面临的主要难题、对耕地资源生态价值重要性的认知以及耕地资源生态价值变化可能对家庭当前或今后生活所产生的影响等，通过对该部分问题的回答可以引导受访者思考耕地资源的重要性，为补偿需求意愿分析以及最高支付意愿、最低受偿意愿回答作铺垫。

第二部分为受访对象对于耕地资源正外部性价值的最高支付意愿和最低受偿意愿。耕地资源外部性价值虽有正负之分，但总体来说正外部性价值要远高于负外部性价值，且通过对正外部性价值的补偿，可在一定程度上达到减少负外部性的目的。通过建立耕地资源生态价值保护专款的方式，鼓励耕地保护主体参与耕地保护，维持或改进耕地资源生态系统服务功能。考虑到受访对象可能存在收入不高，不愿意付出金钱等情况，该部分将问题设计为是否愿意通过支付金钱或付出义务劳动的方式维持或提高耕地资源生态价值，如果愿意支付金钱，支付额度为多少；如果愿意付出义务劳动，每年愿意付出多少天，每天义务劳动工作量若折算为金钱，预计收入有多少等，受访对象可以根据自身经济状况自愿选择义务劳动或支付金钱的方式参与耕地资源生态价值保护，在随后最高支付意愿和最低受偿意愿测算中，可据此将义务劳动折算为金钱。

第三部分为受访对象耕地资源生态价值负外部性的最高支付意愿和最低受偿意愿。农药化肥的大量使用在增加农作物产量的同时，不可避免地对生态环境造成破坏，包括癌症在内的各种疾病频发，与大量使用农药化肥关系密切。减少农药化肥使用量，构建新型绿色农业生产模式，虽可能使农产品产量下降，但可减少耕地利用中的资源环境问题，有利于维持并提升耕地资源生态价值。建立耕地资源生态价值保护基金可以鼓励大家共同参与保护，进而减少环境污染。同样，考虑到受访对象可能存在收入不高，不愿意付出金钱等情况，该部分同样将问题设计为是否愿意通过支付金钱或付出义务劳动的方式降低耕地资源负生态价值，如果愿意支付金钱，支付额度为多少；如果愿意付出义务劳动，每年愿意付出多少天，每天义务劳动工作量若折算为金钱，预计收入有多少等，受访对象可以根据自身经济状况自愿选择义务劳动或支付金钱方式参与耕地资源生态价值保护，在随后最高支付意愿和最低受偿意愿测算中，可据此将义务劳动折算为金钱。

第四部分为农村居民对于耕地资源生态价值补偿需求意愿的调查，主要问题包括对当前的农资综合直接补贴、农作物良种补贴等耕地资源生态价值补偿形式是否满意，耕地资源生态补偿的补偿主体，补偿资金发放对象、方法方式等，为后续补偿机制的构建提供参考，城市类问卷不涉及该部分问题。

第五部分为受访对象个人及家庭基本情况。理论上来说，受访对象耕地生态补偿支付意愿和受偿意愿与受访者的个人特征如性别、年龄、受教育程度等，家庭特征如家庭总收入等息息相关。该部分通过对受访对象个人及家庭特征的了解，为地理加权规模模型分析支付意愿差别化影响因素提供了数据支撑。

6.4 选择实验法

6.4.1 选择实验法简介

选择实验法（CE）最早出现于交通运输项目私人物品研究中，直到20世纪90年代，Adamowicz、Louviere和Williams（1994）首次将该方法应用于非市场价值评估研究，此后，研究范围逐渐扩展至资源、环境、健康等非市场领域，并得到了环境经济学家的认可。该方法的理论依据为随机效用理论和商品价值属性理论（Lancaster，1966），其认为环境物品价值并非基于商品本身，而是其所提供的属性或特性，受访者对于该属性或特性的支付意愿，可通过构建假想的商品交易市场来反映。研究者将研究问题设置为众多选择集及选择集中的选项，每个选项均由该研究对象的某些属性集或属性特征组成，受访者从不同的选择集中选择最符合自身要求的替代情景，其众多属性中应包含一个货币价值属性，即属性集的改变需要支付一定的费用，受访对象做出选择时，间接地体现了对于该商品属性的偏好及对支付意愿的权衡，进一步运用计量经济模型来确定该商品不同属性与特征的价值，从而确定其非市场价值。

6.4.2 经济模型

耕地资源生态价值无法通过市场交易来体现，故而也无法通过市场价值来衡量，唯有通过非市场评估手段才能体现出来。Lancaster（1966）认为，消费者选择商品的依据是其所获效用的差异性，而效用的差异性则是由产品本身的质量、品牌、价格等的差异性决定的。环境物品效用并非来源于物品本身，而是其所提供的商品特性。选择实验法将商品每个属性均对应一个价值，当消费者在商品属性组合中做出选择时，意味着其选择了对应的货币价值。进一步运用计量经济学模型来研究物品属性集，可确定商品的哪些属性是消费者最为关注的，据此分析当商品该属性变化时，消费者所愿意付出的最大价值，以达到评估资源总价值的目的。

被调查者的直接效用函数可表示成如下形式：

$$U_{in}=U(Z_{in},S_n) \quad (式6-11)$$

式中，U代表效用函数，Z_{in}代表受访对象i选择的属性集n，S代表受访对象的个人特征。

方程两边求导后，模型可进一步变换为：

$$\sum_m \frac{\partial U}{\partial x_m}dx_m + \frac{\partial U}{\partial E}dE = dU \quad (式6-12)$$

当边际效用最大化时，$dU=0$，则研究对象各属性边际价值可表示为：

$$MWTP_m=\frac{dE}{dx_m}=-\frac{\partial U}{\partial x_m}/\frac{\partial U}{\partial E}=-\frac{\beta_m}{\beta_E} \quad (式6-13)$$

以上式中，x表示属性特征，E表示经济特征，x_m表示受访对象选择方案m所对应的属性特征，β_m和β_E表示选择属性及其经济特征所对应的估计值系数。

$MWTP_m$表示边际支付意愿，研究对象属性集合方案价值可用初始效用状态偏好与最终效用状态偏好之间的差值来表示：

$$CS=-\frac{1}{\beta_E}\left|\ln\sum_i \exp U^0-\ln\sum_i \exp U^1\right| \quad (式6-14)$$

式中，CS代表研究对象状态变化所带来的福利损益，U^0和U^1分别表示变化前后的效用大小（马爱慧、蔡银莺、张安录，2012）。

6.4.3 实施步骤

采用选择实验法测算耕地资源生态价值通常分为以下步骤。

首先，研究问题的确定。采用访谈、小组讨论等探索性研究方式对耕地资源生态价值进行一般性讨论，了解受访群体对于生态价值内涵、类别、重要性的认识和理解，进而确定生态价值的主要属性组成，为选择方案的确定奠定基础。

其次，属性及属性水平的选择。在实验中，受访对象主要通过确定耕地资源生态价值不同属性组合的效用大小来从选择集中确定最优方案。因而对于耕地资源生态价值关键属性的确定以及对对应属性水平的测度是选择实验法能否成功实施的关键。属性水平可通过定性或定量方式来表示，定量方式虽然更加具体有效，但存在部分无法通过定量方式描述的属性或当受访对象对属性定量化缺乏认知时，可通过定性方式来表述。属性集的确定应满足以下要求：（1）属性必须能够满足并影响受访对象的选择；（2）属性应紧密结合国家相关政策的要求来确定；（3）属性中能展示出属性水平的最大值和最小值；（4）必须包含一个货币属性，如价格与成本等。

最后，实验设计。选择实验法问卷设计较为复杂，受访对象对于选择实验背景的理解在较大程度上决定了该方法的成败。同时，当可供选择的属性集较为复杂或选项较多时，受访者极易失去信心与耐心，做出与事实不符的选择，从而导致实验出现较大偏差。假设某研究对象有 4 种属性，每种属性又包含 2~3 种属性水平，则属性组合策略可能有 16~54 种可能性，显然，如此复杂的选项会使受访者承受过重负担而不愿意回答或随意回答。故而对于属性组合方案不合理的要及时舍弃，研究中多采用正交实验的原则来选择最优组合（史恒通和赵敏娟，2015；马文博、李世平，2020）。

6.5 选择实验法问卷设计

6.5.1 生态补偿属性选择

Lancaster（1966）认为，消费者在不同商品间选择的依据并非商品本身，而是商品所提供的差异化服务，而差异化服务源于商品不同的质量属性、环境属性、价格属性和品牌属性等。耕地资源作为一种稀缺的不可再生资源，除了具有承载功能、生产功能外，还具有生态功能和社会功能，且优质耕地资源所提供的生态功能往往更优。随着经济增长速度的逐步加快和人地矛盾的日益突出，农用地和建设用地之间的“剪刀差”也日趋增大，加之具有公共物品属性的耕地资源生态价值无法内化为供给方的私人收益，致使耕地保护主体积极性不高，不少优质耕地被调整为建设用地。同时，农业生产过程中大量农药化肥的使用，虽可提高农产品产量，但不可避免地造成了土壤板结、土壤污染等负面问题，耕地资源生态系统的脆弱性进一步增强。这一问题引起了政府的高度重视，在新一轮土地利用规划中明确提出将大面积基本农田、优质耕地作为绿带绿心的重要组成部分，构建人与自然和谐共生的宜居环境。而从数量和质量着手，强化对耕地数量的保护和对质量的监督，是实现国家生态安全的重要途径。耕地资源生态价值属性设定是选择实验法实施的基础，本书在梳理已有研究成果的基础上，结合国务院《关于健全生态保护补偿机制的意见》等国家相关文件的意见，最终选择耕地面积、耕地质量、耕地景观与生态环境和耕地保护成本作为属性集。

6.5.1.1　耕地面积

耕地面积是耕地资源生态价值维持和提升的前提，通常耕地面积较多的区域，所提供的生态服务功能往往更优，公众可享受到更加优美和清新的生态环境。对于农民来说，充足的耕地资源更宜采用机械化耕作方式，有利于降低生产成本，提升经济效益。我国构建了由“基本农田保护”“耕地占补平衡”“土地用途管制”等一系列政策组成的世界上最严厉的耕地保护制度，以坚守 18 亿亩耕地红线，确保国家粮食安全。然而现行耕地保护政策并未达到预期的效果，耕地面积仍然呈下降趋势，反作用于粮食生产，则会对我国粮食安全产生极大影响。因而，耕地面积属性是耕地资源生态价值属性集的重要组成部分。

6.5.1.2　耕地质量

我国的耕地占补平衡政策要求，占用多少耕地，地方政府就应补充对应数量和质量的耕地。但由于耕地质量难以界定，在实际操作中，地方政府往往仅重视数量而忽视质量。同时，随着经济发展对建设用地需求的不断增加，不少地区都希望通过牺牲耕地来换取地方 GDP 的增加，建设用地无序占用、非集约利用现象时有发生。对于农民来说，滥用农药、化肥虽可在短期内提升经济效益，但由此导致的土壤板结、水质污染等问题不断显现，虽然农民认识到这一行为会对生态环境造成破坏，但利益驱动使得其短期内仍难以摒弃这种传统种植模式。由此可见，耕地质量的维持或提升，与作为微观主体的农民的耕作行为密切相关，而耕作行为的选择又取决于农民的收入。同时，耕地质量的高低也会影响到地区生态环境状况。因此，耕地质量属性亦是耕地资源生态价值属性集的重要组成部分。

6.5.1.3 耕地景观与生态环境

耕地资源除具有经济价值和社会价值外，还具有调节小气候、净化空气、维持生物多样性等生态价值，特别是随着人们生活质量的提高，对生活环境的关注度也不断提高，而饮用水质量的提高、空气质量提升、对于田园风光的享受和愉悦心情的需求等，均可通过耕地资源生态系统的维持和保护来实现。

6.5.1.4 耕地保护成本

将具有公共物品属性的耕地资源生态价值内化为供给主体的私人收益，建立生态补偿长效机制，以增强耕地保护主体的积极性和主动性，是抑制耕地数量下降和质量降低的有效手段，但需要投入一定的成本才可解决。这一成本就是受访者对于维持或提高耕地资源生态服务价值的最高支付意愿。预调查显示，92.14%的城市居民愿意支付货币或义务劳动来防止耕地资源生态价值降低，88.47%的农村居民愿意在接受一定数量的补偿后，强化对耕地保护人力物力的投入，改变掠夺式经营方式，维持并提升地力，仅有少量不愿支付的居民认为自身经济能力有限，应有国家财政资金予以补偿。整体来看，经济支付能力是耕地生态补偿制度能够顺利实施的关键。

6.5.2 生态补偿属性水平确定

结合以上分析，将耕地资源生态价值属性设为耕地面积、耕地质量、耕地景观与生态环境和耕地保护成本四个。实施耕地资源生态补偿的目的是参考受访对象的最高支付意愿和最低受偿意愿，通过支付一定数量的资金给耕地保护主体，激发其耕地保护积极性和主动性，使得耕地面积不减少，质量不降低，耕地资源生态产品能够稳定供给。各属性水平的确定取决于耕地生态补偿实施前的属性水平以及耕地生态补偿实施后所能达到的最佳水平。结合 CVM 预调查结果情况，我们可将各属性水平分为耕地面积不变与减少、耕地质量降低与提升、耕地景观与生态环境恶化与改善和耕地保护成本多少（0 元，50 元，100 元，180 元）。上述属性水平中，前三个为二元变量，成本属性为四元变量，共有 32 种选择组合，通过正交设计筛选，去掉相关性较强的组合后，最终保留 7 个选择集，每个选择集的现状和替代方案分别用 1 和 2 表示。耕地资源生态价值属性集如表 6-1 所示。

表 6-1　耕地资源生态价值属性集

选择集	选择方案	属性水平			
		耕地面积	耕地质量	耕地保护成本（元）	景观与生态环境
选择集 1	方案 1	减少	下降	0	恶化
	方案 2	减少	下降	50	改善
选择集 2	方案 1	减少	下降	0	恶化
	方案 2	不变	提升	50	恶化
选择集 3	方案 1	减少	下降	0	恶化
	方案 2	减少	提升	100	改善
选择集 4	方案 1	减少	下降	0	恶化
	方案 2	不变	下降	100	恶化
选择集 5	方案 1	减少	下降	0	恶化
	方案 2	减少	提升	180	恶化
选择集 6	方案 1	减少	下降	0	恶化
	方案 2	不变	下降	180	改善
选择集 7	方案 1	减少	下降	0	恶化
	方案 2	不变	提升	180	改善

6.5.3　样本数量确定

随机抽样具有一定的不确定性，样本数量的大小决定了研究精度的高低。当样本数量较少时，增加样本容量可快速提升研究的精确性和可靠性。但当样本容量达到一定程度后，继续增加会产生边际效益递减趋势，研究精确性提升速度远低于研究成本增加速度。因而，寻找随机抽样调查中的理论最优样本容量至关重要。

根据抽样公式，研究区域理论最小样本数量为：

$$n=\frac{N}{(N-1)*g^2+1} \tag{式 6-15}$$

式中，n 为理论最小样本数量，N 为研究区域总人数，g 为抽样误差，取值范围通常在 1%～5%，取值越小，样本容量越大，研究精确性相对越高。根据《河南统计年鉴（2019）》，截至 2018 年底，河南省郑州市、开封市、洛阳市、平顶山市等 18 个城市，共有人口 10906 万人，其中城镇人口 5639 万人，占比 51.71%，农村人口 5267 万人，占比 48.29%，家庭总户数 3287 万户。基于以上数据，且根据式 6-15 的计算结果，相关调工作则至少需要有效样本 625 份，城镇问卷 323 份，农村问卷 302 份。考虑到需分 5 个均质区进行调查，同时防止调查中出现过多的抗议性无应答导致无法满足统计要求，城镇类问卷增加至 740 份，农村类问卷增加至 510 份，调查问卷数量依据各均质区的人口、耕地面积，以及调查人员实际情况等因素综合确定。

6.6 问卷发放与回收

调查由预调查和正式调查组成。预调查的主要目的是大体了解问卷整体框架设置、支付意愿、受偿意愿、单份问卷所需时间等是否合理，熟悉问卷调查中出现的突发状况及处理方法，解决问卷设计中可能忽略的一些重要问题等。预调查问卷主要集中在新野县、汝州市、巩义市、开封市和平舆县等，共发放问卷 120 份，市民和农民各 60 份，问卷均由课题组参与老师完成，对于调研中出现的问题能及时调整解决，因此预调查问卷有效率为 100%。由于课题采用 CVM 和 CE 两种方法测算耕地资源生态价值，理论上来说需要设计两套不同的问卷，但为了节省人力和财力，研究中将两套问卷合并，单份问卷完成时间大约在 30 分钟，略高于学者们认为的最佳控制时间 20 分钟。基于此，为保证问卷质量，访问前给予受访者一定的物质奖励，以增强其问卷回答积极性。预调查结束后，调研组对问卷支付意愿和受偿意愿区间、个人收入等基本信息进行了局部调整完善，根据各个研究部分进展情况，调查分多次进行，相关调查主要分布在 2017 年春节、2017 年暑假、2018 年春节、2018 年暑假和 2019 年春节。

城镇类居民共发放问卷 740 份，收回问卷 719 份，问卷回收率为 97.16%，剔除答案明显不符、个别题目无应答、访问员记录错误等无效问卷 37 份，最终保留有效问卷为 682 份，问卷有效率为 92.16%。调查问卷在各个均质区均有分布，依据各均质区人口、耕地面积等的不同，问卷发放数量有所差异，其中均质区 1（郑州）共发放问卷 150 份，收回 146 份，有效问卷 135 份，问卷有效率为 90.00%；均质区 2（洛阳）共发放问卷 120 份，收回 118 份，有效问卷 110 份，问卷有效率为 91.67%；均质区 3（信阳、周口、商丘、驻马店、南阳），共发放问卷 160 份，收回问卷 157 份，有效问卷 149 份，问卷有效率为 93.13%；均质区 4（鹤壁、济源、焦作、三门峡、漯河），共发放问卷 150 份，收回问卷 143 份，有效问卷 138 份，问卷有效率为 92.00%；均质区 5（开封、许昌、濮阳、平顶山、新乡、安阳），共发放问卷 160 份，收回问卷 155 份，有效问卷 150 份，问卷有效率为 93.75%。具体如表 6-2 所示。

表 6-2　城镇类调查问卷分布及回收情况

单位：份、%

均质区	城市	问卷发放数量	问卷回收数量	有效问卷数量	问卷有效率
1	郑州	150	146	135	90.00
2	洛阳	120	118	110	91.67
3	信阳、周口、商丘、驻马店、南阳	160	157	149	93.13
4	鹤壁、济源、焦作、三门峡、漯河	150	143	138	92.00
5	开封、许昌、濮阳、平顶山、新乡、安阳	160	155	150	93.75
合计		740	719	682	92.16

考虑到采用意愿调查法测算耕地资源生态价值时，支付意愿（WTP）更具参考价值，故而农村居民类调查问卷数量少于城镇居民类，共发放问卷 510 份，收回问卷 490 份，问卷回收率为 96.08%，同样剔除答案明显不符、个别题目无应答、访问员记录错误等无效问卷 16 份，最终保留有效问

卷474份，问卷有效率为92.94%。调查问卷在各个均质区均有分布，依据各均质区人口数量、耕地面积等的不同，问卷发放数量有所差异，其中均质区1（郑州）共发放问卷80份，收回问卷75份，有效问卷73份，问卷有效率为91.25%；均质区2（洛阳）共发放问卷100份，收回问卷97份，有效问卷96份，问卷有效率为96.00%；均质区3（信阳、周口、商丘、驻马店、南阳），共发放问卷110份，收回问卷107份，有效问卷102份，问卷有效率为92.73%；均质区4（鹤壁、济源、焦作、三门峡、漯河），共发放问卷110份，收回问卷105份，有效问卷100份，问卷有效率为90.91%；均质区5（开封、许昌、濮阳、平顶山、新乡、安阳），共发放问卷110份，收回问卷106份，有效问卷103份，问卷有效率为93.64%。具体如表6-3所示。

表6-3　农村类调查问卷分布及回收情况

单位：份、%

均质区	城市	问卷发放数量	问卷回收数量	有效问卷数量	问卷有效率
1	郑州	80	75	73	91.25
2	洛阳	100	97	96	96.00
3	信阳、周口、商丘、驻马店、南阳	110	107	102	92.73
4	鹤壁、济源、焦作、三门峡、漯河	110	105	100	90.91
5	开封、许昌、濮阳、平顶山、新乡、安阳	110	106	103	93.64
合计		510	490	474	92.94

6.7　本章小结

本章首先分析了意愿调查法的经济模型、核心问题处理及问卷设计，选择实验法的经济模型、实施步骤及问卷设计情况，重点介绍了研究所用问卷的设计、发放与回收情况等，为各均质区补偿标准的确定提供了数据支撑。

第7章　基于意愿调查法和选择实验法的均质区耕地生态补偿标准测算

本章以上述调查问卷数据为基础，分别采用意愿调查法和选择实验法测算河南省各均质区耕地生态补偿标准，为补偿机制的构建提供依据。

7.1　受访对象基本特征分析

7.1.1　城镇居民

以各受访对象支付意愿区间中值为支付意愿值，将性别、年龄、受教育程度、对耕地变化趋势了解程度以及对耕地数量变化是否会影响生态效益的认知均采用虚拟变量处理，家庭月收入和工作人数以实际数据输入。其中，男性赋值为1，女性赋值为2；受访对象年龄18~25岁、26~30岁、31~35岁、36~40岁、41~45岁、46~50岁、51~55岁、56~60岁、60岁以上分别从1到9赋值；受教育程度小学及以下、初中、高中、大学、研究生分别赋值为1~5；对耕地变化趋势了解程度，了解、了解部分和不了解三个答案分别赋值为1~3；对耕地数量变化是否会影响生态效益的认知，会、可能会和不会三个答案分别赋值为1~3。将682份城镇类有效问卷分均质区整理（表7-1），5个均质区支付意愿均值均超过1000元/公顷，其中，支付意愿均值最高的是均质区4，为1187元/公顷，其次是均质区1，支付意愿均值为1167元/公顷，支付意愿最低的为均质区2，支付意愿均值为1103元/公顷；从受访对象性别来看，除了第1均质区男性居多外，其余4个均质区性别均值均接近1.5的男女相当水平，也说明了问卷具有较好的代表性。受访对象受教育程度以均质区 1 最高，均值为 4.90，其次为均质区 2，均值为 4.30，最低为均质区 5，均值为 3.96；工作人数均值除均质区 4 略低外，其余均质区基本持平；对耕地变化趋势了解程度以均质区 2 最高，均值为 1.80，均质区 1 最低，均值为 1.40；对耕地数量变化是否会影响生态效益的认知均值中，仍以均质区 1 最低，为 1.20，均质区 5 最高，为 1.60。

表 7-1　城镇受访对象基本特征

均质区编号	支付意愿均值（元/公顷）	性别均值	年龄均值	受教育程度均值	工作人数均值（人）	家庭月收入均值（元）	对耕地变化趋势了解程度均值	对耕地数量变化是否会影响生态效益的认知均值
1	1167	1.23	3.65	4.90	3.70	12230	1.40	1.20
2	1103	1.44	4.12	4.30	3.90	9114	1.80	1.55
3	1152	1.47	4.25	3.97	3.79	9046	1.44	1.56
4	1187	1.41	4.26	4.07	3.55	9804	1.44	1.52
5	1057	1.51	4.35	3.96	3.95	9823	1.48	1.60

7.1.2　农村居民

以同样的方法对农村受访对象的支付意愿、性别、年龄、受教育程度以及对耕地数量变化是否会影响生态效益的认知进行处理，未成年子女个数、农业收入比重、家庭月收入以实际值输入。如表 7-2 所示，农村受访对象支付意愿均值最高的为均质区 1，870 元/公顷，最低为均质区 2，611 元/公顷；受访对象性别男性多于女性，且这一特征在均质区 1 表现得最为明显，其余均质区男女比例相当，同样说明受访群体具有较好的代表性；受访者年龄均值最大的为均质区 3，最小的为均质区 5；未成年子女个数均值最多的为均质区 3，均值为 4.37，最少的为均质区 1，均值为 3.20；农业收入比重均值最大的为均质区 3，高达 56.00，说明该均质区农民收入多以农业为主，其他收入占总收入的比重相对较低；家庭月收入均值最高的为均质区 1，最低的为均质区 3，该均质区农民收入以农业为主，收入水平在所有均质区中最低，从另一个角度说明农民收入水平较低，给予农民一定数量的补偿是十分必要的；对耕地数量变化是否会影响生态效益的认知均值最低的为均质区 1，均值为 1.54，最高的为均质区 3，均值为 1.84，结合支付意愿均值，大体可以推断，认知水平较高的区域，其支付意愿也相对较高。

表 7-2　农村受访对象基本特征

均质区编号	支付意愿均值（元/公顷）	性别均值	年龄均值	教育程度均值	未成年子女个数均值（人）	农业收入比重均值（%）	家庭月收入均值（元）	对耕地数量变化是否会影响生态效益的认知均值
1	870	1.79	4.49	4.12	3.20	20.56	5203	1.54
2	611	1.56	4.25	3.69	4.10	45.78	3170	1.69
3	675	1.46	4.51	3.58	4.37	56.00	2933	1.84
4	726	1.58	4.31	3.58	3.58	37.00	3959	1.56
5	656	1.52	3.95	3.63	3.70	42.00	3439	1.62

7.2　受访对象对耕地资源生态效益的认知

7.2.1　耕地正生态效益

对城镇 682 份有效问卷，农村 474 份有效问卷进行统计分析后发现，对近年来我国耕地资源数量或者质量变化是否了解这一问题，选择“了解”的共 548 份（城镇 397 份，农村 151 份），占有效问卷总数的 47.40%，选择“部分了解”的共 321 份（城镇 202 份，农村 119 份），占有效问卷总数的 27.77%，选择不了解的共 287 份（城镇 83 份，农村 204 份），占有效问卷总数的 24.83%。认为我国耕地保护工作重要的共计 1039 份（城镇 627 份，农村 412 份），占有效问卷总数的 89.88%，认为耕地保护工作不重要的仅有 117 份（城镇 55 份，农村 62 份），占有效问卷总数的 10.12%。对于耕地资源是否具有生态效益的回答，选择“有”或者“部分有”的受访者，再对耕地资源涵养水源、保持水土、气体调节、气候调节、生物多样性维持和废物处理等的重要性进行询问，结果显示，无论是农村受访对象还是城镇受访对象，绝大部分受访者认为耕地资源各种效益类型均为重要或很重要，农村受访者关注度最高的为耕地资源的气体调节功能，选择重要和很重要的比重达 92.23%；其次为气候调节功能，选择重要和很重要的比重为 89.22%，关注度最低的是废物处理功能，选择重要和很重要的比重仅有65.04%；城镇受访对象关注度最高的同样为气体调节和气候调节，选择重要和很重要的比重分别为98.31%和97.97%，相对来说比重较低的同样为废物处理，为89.53%，这一结果说明受访对象对于资源生态效益各种功能的认识度不平衡、不充分，未来应进一步加大对耕地资源生态效益各种功能的宣传力度，为生态补偿机制的构建提供支撑（见表7-3）。

表7-3 受访对象对耕地资源生态效益的认知

单位：%

项目	生态效益类型	很重要	重要	不重要	不清楚
农村居民对于耕地资源正生态效益重要性认知情况	涵养水源	54.55	33.47	5.12	6.86
	保持水土	46.38	41.22	5.44	6.96
	气体调节	68.77	23.46	2.34	5.43
	气候调节	51.99	37.23	4.12	6.66
	生物多样性维持	46.67	33.25	18.02	2.06
	废物处理	33.59	31.45	26.78	8.18
城镇居民对于耕地资源正生态效益重要性认知情况	涵养水源	64.81	27.33	5.26	2.60
	保持水土	60.19	34.37	3.31	2.13
	气体调节	66.98	31.33	0.92	0.77
	气候调节	61.50	36.47	1.41	0.62
	生物多样性维持	50.48	41.32	6.56	1.64
	废物处理	58.06	31.47	8.88	1.59

7.2.2 耕地负生态效益

当被问及是否认为耕地资源不合理利用会对生态环境带来负面影响时，82.13%的受访农民选择了“会”，认为不会对生态环境带来负面影响的仅占17.87%，说明农民对耕地负生态效益有较强的认知。进一步询问选择答案为“会”的受访者负生态效益的来源及表现形式，绝大部分农民选择了滥用化肥和滥用农药，而这一比重尤以滥用农药最高，高达81.38%；选择比重最小的为水土流失，仅为35.02%，采访中发现，绝大部分受访者对于不合理利用耕地造成水土流失感触不是特别深刻，可能原因在于河南省耕地多以平原和低丘为主，水土流失现象相对来说不是特别严重。在滥用化肥的具体表现形式中，选择比重最高的是农产品品质下降（52.97%），其次为水源污染（47.11%），土壤板结选择比重最小（38.84%），可能的原因在于土壤板结需要一个较长的时期才能逐步显现，故而农民对这一现象感触不深；在滥用农药具体表现形式中，高达 62.50%的受访农民选择了食物农药残留，其次为生物多样性降低 49.04%，水体净化成本提高仅占 20.12%，说明农民对于这一相对专业的负效益表现形式理解度较低；在地膜残留具体表现形式中，65.43%的受访对象选择了土壤板结；水土流失具体表现形式中仅设置了土壤自我修复能力下降一个选项，故而选择率为 100%（见表 7-4）。在被问及大量使用农药化肥对家庭生活造成的负面影响是否显著时，选择严重的占 23.77%，选择不太严重的达 45.91%，选择没有影响的占 11.25%，选择不清楚的占 19.07%，说明多数农民关注最多的仍然是经济效益，而大量使用农药化肥确实可以在短期内增加农作物产量，提升经济效益。在被问及近年来使用农药化肥数量变化情况时，56.07%的受访者选择了没有变化，35.58%的受访者选择了增加，选择增加的原因是农药化肥质量不高，必须增加用量才能达到效果，这也说明了不少地区的农业生产可能已陷入过分依赖农药化肥的恶性循环，还有 8.35%的受访者选择了略有下降，原因主要是种子、农药、化肥以及劳动力成本不断提高，过多投入反而导致入不敷出。以笔者在南阳市新野县后河村对一家庭的调查为例，该家庭从 2006 年左右就以种植大葱为主要经济来源，前几年大葱价格高的时候，每亩收入能达数千元，该户也依靠种植大葱盖了房子，给儿子娶了媳妇，改善了生活，但近年来，随着越来越多的农民加入种植大葱的大军，大葱价格一路下降，而种子、农药价格不降反升，个别年份去除成本后，每亩收入仅有数百元，甚至收支相当，略微增加投入便可能导致入不敷出。该受访者还表示，大葱价格高的时候，其会不断增加农药和化肥使用量来尝试提升大葱产量，自己很清楚靠大量使用农药化肥种植的大葱不健康，甚至自己都很少吃种植的大葱，但唯有如此才能挣钱缓解生活压力。笔者在调查中也感受到深深的无奈，他们似已陷入“囚徒困境”这样的死结，但这同样表明，生态补偿对于农民来说是非常必要和迫切的。

城镇受访群体对于耕地资源负生态效益表现形式的认知与农村居民具有显著差异，高达 92.50%和 89.71%的受访群体选择了滥用农药和化肥，说明随着居民生活水平的不断提高，市民对于生活品质的要求更高，特别是近年来，癌症等各种疾病频发使受访者认识到了健康食物的重要性，滥用农药化肥对食物品质以及农药残留对人体的危害性被充分认知，绿色食品的价格随之一路飙升。在滥用化肥的具体表现形式中，城镇居民对各个选项的认知程度都不低，且各个表现形式的比重相对于农民都有很大提升，如选择农产品品质下降的高达 88.90%；在滥用农药的具体选项中，食物农药残留的选择比重最高，为 91.45%，其次为生物多样性降低，为 76.97%，访问中，不少受访者会提及，“小时候在农村田地里有野鸡、野兔等，但现在回老家很难看到，除了大量捕杀外，滥用农药肯定是重要原因”，也有受访者结合自身亲属患病经历或者网络、电视等的介绍，了解到不少癌症都是吃了含有化学残留的食物造成的，因而对于大量使用农药非常抵制，表示情愿高价购买没打农药没施肥的绿色食物。在地膜残留具体表现形式中，城镇受访对象的选择比重与农村不同，选择水循环受阻的高达 70.43%，这也从侧面说明了加强对耕地资源生态效益宣传的重要性和必要性（见表 7-4）。在被问及农药化肥的使用对家庭生活带来的负面影响是否显著时，76.17%的受访对象选择了严重，选择不太严重的占 16.53%，选择没有影响或不清楚的仅占 7.3%，基于此，87.70%的受访者认为很有必要减少农药化肥使用量，这也从侧面印证了建立耕地生态补偿机制具有很好的群众基础。

表 7-4 受访对象对于耕地负生态效益认知情况

单位：%

<table>
<tr><th colspan="2">类别</th><th colspan="2">农村居民认知情况</th><th colspan="2">城镇居民认知情况</th></tr>
<tr><td rowspan="3">滥用化肥</td><td>水源污染</td><td>47.11</td><td rowspan="3">76.44</td><td>50.68</td><td rowspan="3">89.71</td></tr>
<tr><td>农产品品质下降</td><td>52.97</td><td>88.90</td></tr>
<tr><td>土壤板结</td><td>38.84</td><td>62.01</td></tr>
<tr><td rowspan="3">滥用农药</td><td>生物多样性降低</td><td>49.04</td><td rowspan="3">81.38</td><td>76.97</td><td rowspan="3">92.50</td></tr>
<tr><td>食物农药残留</td><td>62.50</td><td>91.45</td></tr>
<tr><td>水体净化成本提高</td><td>20.12</td><td>47.81</td></tr>
<tr><td rowspan="2">地膜残留</td><td>土壤板结</td><td>65.43</td><td rowspan="2">38.81</td><td>51.20</td><td rowspan="2">48.09</td></tr>
<tr><td>水循环受阻</td><td>51.46</td><td>70.43</td></tr>
<tr><td>水土流失</td><td>土壤自我修复能力下降</td><td>100.00</td><td>35.02</td><td>100.00</td><td>40.56</td></tr>
</table>

7.3 基于意愿调查法的各均质区耕地生态补偿额度测算

7.3.1 均质区1耕地正生态效益最大支付意愿

（1）受访群体支付意愿概况

如上文所述，为减少抗议性偏差的出现，在设计调查问卷时，将支付方式分为出钱和提供义务劳动两种，对均质区1（郑州）73份农村有效问卷和135份城镇有效问卷整理后发现，农村居民愿意出钱或者提供义务劳动的共计68份，占农村有效问卷总数的93.15%，其中选择出钱的共计46份，占比为67.65%，选择提供义务劳动的共计22份，占比为32.35%；城镇居民愿意出钱或者提供义务劳动的共计127份，占城镇有效问卷总数的94.07%，其中选择出钱的共计91份，占比为71.65%，选择提供义务劳动的共计36份，占比为28.35%（见表7-5）。绝大部分群体愿意出钱，且这一比重在城镇和农村差别不大，这与一些学者的研究有所不同（马爱慧、蔡银莺、张安录，2012），调查中笔者也曾问及具体原因，有受访者表示更愿意选择出钱，这样空闲时可以外出娱乐，也有受访者表示出钱更容易直观感受自身的支付额度，而义务劳动存在难以量化等问题。

表7-5 均质区1耕地正生态效益受访对象支付方式选择

单位：份、%

项目	出钱		义务劳动	
	数量	比重	数量	比重
城镇居民	91	71.65	36	28.35
农村居民	46	67.65	22	32.35

拒绝支付金钱或提供义务劳动的5份农村问卷和8份城镇问卷中，仅有个别受访者（城镇0份，农村1份）认为相对于发展经济，耕地保护并不重要，另有3份受访者（城镇2份，农村1份）认为政府应该在耕地保护中充当先头兵的作用，个人财力有限，所提供的资金也是杯水车薪，无法改变大局，还有4份受访者（城镇2份，农村2份）表示自身收入仅够家庭日常开

支，无力再支付，另有 5 份受访者（城镇 4 份，农村 1 份）担心耕地保护资金会被随意挪为他用而起不到应有的作用，这也从侧面说明建立完善的补偿运行监督机制有利于改变受访者的心理预期，对补偿起到正向的促进作用。

（2）调查数据预处理

由于调查问卷中设置了出钱和提供义务劳动两种方式，在测算正向支付意愿之前需要把义务劳动折算为金钱形式表示。对于折算方式，学术界普遍采用两种形式，一种是将城镇职工平均工资水平作为城镇类受访对象的折算标准，将调查区域农作物生产劳动工价作为农村类受访对象的折算标准；另一种是将受访者回答的日平均工资作为折算标准。有学者认为第一种方式更为真实科学，但笔者在调查中发现，受访者实际日平均工资水平差距较大，且与当地的城镇职工平均工资水平和农作物生产劳动工资水平明显不在一个层次，若采用第一种方式，会产生很大的计算误差，故而研究中选用第二种方式，同时为防止受访者随意回答日平均工资，除了调查中反复强调研究仅用于科学研究，不会泄露个人隐私外，还将该值与问卷中的收入水平做对比，以确保数据真实有效。

（3）支付意愿统计分析

将义务劳动折算为金钱形式后，对城镇 127 份、农村 68 份愿意支付金钱或提供义务劳动的受访者的支付意愿进行统计分析，结果如表 7-6 所示。

表 7-6　受访对象生态正效益支付意愿统计

单位：份、%

支付意愿区间分布	农村居民			城镇居民		
	样本数	占比	累计频率	样本数	占比	累计频率
0~400 元/公顷	13	19.12	19.12	4	3.15	3.15
401~800 元/公顷	19	27.94	47.06	15	11.81	14.96
801~1200 元/公顷	23	33.82	80.88	11	8.66	23.62
1201~1600 元/公顷	7	10.29	91.17	56	44.09	67.71
1601~2000 元/公顷	4	5.88	97.05	33	25.98	93.69
2001 元/公顷及以上	2	2.94	99.99	8	6.30	99.99
合计	68	100.00		127	100.00	

问卷中支付意愿以 200 元/公顷为间隔设置，但为了统计方便，本书在此将调查问卷中支付意愿间隔重新设计，从 0 开始，每隔 400 元/公顷分一

个区间，共分为 6 个区间，分别计算出各个区间的样本数、占各类有效问卷总数的比重以及累计频率，结果显示，农村居民的支付意愿分布区间最多的是 801~1200 元/公顷，占比高达 33.82%，其次是 401~800 元/公顷，占比为 27.94%，两者累计频率为 61.76%，分布区间最少的为 2001 元/公顷及以上，仅有 2 个受访者选择了该选项。城镇居民支付意愿分布区间主要集中在 1201~1600 元/公顷、1601~2000 元/公顷和 401~800 元/公顷，样本数量分别为 56 份、33 份和 15 份，占样本总数的比重为 44.09%、25.98% 和 11.81%，累计频率为 81.88%。

（4）平均支付意愿测算

由于问卷调查中受访对象选择的最大支付意愿为区间形式，可在测算时根据各个区间的上限和下限的平均值进行推算。如若受访者支付意愿选择 201~400 元的区间，则用 300 元/公顷代表该受访者最大支付意愿，若受访者支付意愿区间选择 1201~1400 元/公顷，则用 1300 元/公顷代表该受访者的最大支付意愿。然后根据以下公式测算均质区 1 的生态价值正效益平均支付意愿：

$$W_P = \frac{m \times g_r \times l_r + n \times g_c \times l_c}{f} \qquad \text{（式 7-1）}$$

式中 W_P 表示耕地生态正效益平均支付意愿，m 表示受访农村家庭平均支付意愿，由受访者选项计算得到为 870 元/公顷，g_r 表示农村受访者平均支付率（93.15%），l_r 表示均质区 1 农村总户数，为 108.30 万户；n 表示受访城镇居民平均支付意愿，由受访者选择计算得到为 1538 元/公顷，g_c 表示城镇受访者平均支付率（94.07%），l_c 表示均质区 1 城镇总户数，为 111.70 万户，f 表示均质区 1 耕地总面积，31.492 万公顷。根据以上公式，可测算出均质区 1 生态正效益值为 7919 元/公顷（527.93 元/亩）。

（5）关于支付意愿和受偿意愿的选择与取舍

理论上来说，当存在可观察的市场交易行为时，耕地资源生态正效益的最大支付意愿和最低受偿意愿完全一致或趋于相同，然而在模拟市场交易行为情况下，受访对象中的供给方为了尽可能增加自身的收益，往往利用自身的优势地位及人们的从众心理，尽可能地抬高自身的收益期望值，刻意夸大最低受偿意愿，使得受偿意愿测算结果往往会数倍甚至数十倍于支付意愿，国内学者的研究也证实了这一观点（韦惠兰、周夏伟，2018）。因而多数学者建议选择支付意愿而仅将受偿意愿作为参考，基于以上考虑，本书以受访对象的最大支付意愿为均质区 1 的生态正效益补偿标准。其余均质区补偿标准的测算也均以支付意愿为主，不再测算受偿意愿数据。

7.3.2 均质区 1 耕地负生态效益最大支付意愿

（1）受访群体支付意愿概况

农药化肥的大量使用，虽可在短期内大幅度提升农作物产量，但不可避免地会对农产品本身以及土壤等造成不可逆转的污染，世界卫生组织调查资料显示，与 20 年前相比，中国的癌症发病率提升了 9 倍，不少癌症都与农药化肥污染密切相关。而且随着使用量的不断增加，农药化肥利用率随之不断下降，不少无法分解的农药化肥进入土壤、空气或水体，造成严重环境污染。为降低污染对人体和环境带来的危害，减少耕地利用中的环境问题，必须改变传统大量使用农药化肥的方式，转为采用新型农业生产技术，利用农家肥、绿肥等，以保证农产品品质，减少环境污染的发生。然而为确保农民收益不降低，必须通过建立生态补偿基金的方式给予农民一定数量的补偿，这一过程需要大家共同出资，集体参与。对均质区 1（郑州）73 份农村有效问卷和 135 份城镇有效问卷整理后发现，农村居民愿意出钱或者提供义务劳动的共计 52 份，占农村有效问卷总数的 71.23%，其中选择出钱的共计 38 份，占比为 73.08%，选择提供义务劳动的共计 14 份，占比为 26.92%；城镇居民愿意出钱或者提供义务劳动的共计 117 份，占城镇有效问卷总数的 86.67%，其中选择出钱的共计 88 份，占比为 75.21%，选择提供义务劳动的共计 29 份，占比为 24.79%，农民和市民选择出钱或提供义务劳动的比重基本一致（见表 7-7）。

表 7-7 均质区 1 耕地负生态效益受访对象支付方式选择

单位：份、%

项目	出钱		义务劳动	
	数量	比重	数量	比重
城镇	88	75.21	29	24.79
农村	38	73.08	14	26.92

18份不愿意出钱或提供义务劳动的城镇居民问卷中，11个受访对象认为生态负效益的补偿应该由政府出面解决，而不应该由个人支付，7个受访对象认为自己有权无偿享受耕地带来的生态效益，不应该支付相应金钱和提供义务劳动，没有受访者选择“耕地没有给自己带来生态环境方面的福利”，“经济收入太低导致支付能力有限”以及“现状很好，无须花钱治理”三个选项；21份不愿意出钱或提供义务劳动的农村居民问卷中，5个受访对象认为种地过程中不可避免地会产生污染，这是农民的权利，9个受访对象认为补偿资金的支付应由政府来解决，7个受访对象认为生态补偿虽然对自身有利，但受限于经济收入，自己支付能力不足。说明大部分受访群体认可耕地对自身带来的生态环境福利，并且意识到改善生态环境需花钱治理，但也有受访者认为政府应该在这一行为中起主导作用，个人不应或仅应起到辅助作用，说明未来应进一步加大对生态补偿的宣传教育力度，使更多的受益群体理解并参与进生态补偿工作中。

（2）调查数据预处理

研究仍然采用生态正效益测算方式，将义务劳动数据折算为金钱形式表示，具体过程同上。

（3）支付意愿统计分析

将义务劳动折算为金钱形式后，对城镇117份、农村52份愿意出钱或提供义务劳动受访者的支付意愿进行统计分析，结果如表7-8所示。

表7-8　受访对象生态负效益支付意愿统计

单位：份，%

支付意愿区间分布	农村居民			城镇居民		
	样本数	占比	累计频率	样本数	占比	累计频率
0~400元/公顷	7	13.46	13.46	2	1.71	1.71
401~800元/公顷	10	19.23	32.69	4	3.42	5.13
801~1200元/公顷	18	34.62	67.31	7	5.98	11.11
1201~1600元/公顷	13	25.00	92.31	28	23.93	35.04
1601~2000元/公顷	3	5.77	98.08	40	34.19	69.23
2001元/公顷及以上	1	1.92	100.00	36	30.77	100.00
合计	52	100.00		117	100.00	

如表7-8所示，农村受访对象支付意愿主要分布在401~800元/公顷、

801~1200 元/公顷、1201~1600 元/公顷三个区间，占比分别为 19.23%、34.62%和 25.00%，三者累计频率为 78.85%，分布区间最少的为 2001 元/公顷及以上，仅有 1 个受访者选择了该选项。城镇居民支付意愿较之农村居民普遍较高，主要分布在 1201~1600 元/公顷、1601~2000 元/公顷和 2001 元/公顷及以上，样本数量分别为 28 份、40 份和 36 份，占城镇类愿意支付问卷总数的比重为 23.93%、34.19%和 30.77%，累计频率为 88.89%。

（4）平均支付意愿测算

同样，根据各个区间上限和下限的平均值推算各受访对象的支付意愿。并测算耕地生态负效益平均支付意愿，其中，农村居民支付意愿平均值经测算后为 986 元/公顷，平均支付率为 90.37%，城镇居民支付意愿平均值经测算后为 1701 元/公顷，平均支付率为 94.52%，可算出均质区 1 生态负效益值为 8767 元/公顷（584.47 元/亩）。

7.3.3 所有均质区耕地生态正效益和负效益最大支付意愿

采用同样的方法，对其余均质区调查数据进行统计处理，并结合各均质区耕地面积和城乡居民户数，对耕地生态正效益和负效益的最大支付意愿进行统计测算，结果如表 7-9 和表 7-10 所示。

表 7-9 所有均质区耕地资源生态正效益补偿标准

单位：%，万户，元/公顷

均质区编号	城市	支付意愿		支付率		户数		补偿标准
		城镇	农村	城镇	农村	城镇	农村	
1	郑州	1538	870	94.07	93.15	111.70	108.30	7919
2	洛阳	1415	757	91.56	88.71	88.90	128.10	4637
3	信阳、周口、商丘、驻马店、南阳	1115	662	89.78	85.66	515.70	1042.30	2514
4	鹤壁、济源、焦作、三门峡、漯河	1280	711	90.33	82.09	113.90	207.10	3477
5	开封、许昌、濮阳、平顶山、新乡、安阳	1027	611	91.97	87.30	371.00	603.00	3010

由表 7-9 可知，各均质区耕地资源生态正效益补偿标准排序分别为均质区 1、均质区 2、均质区 4、均质区 5 和均质区 3。具体来说，均质

区 1 的城镇和农村受访对象耕地资源生态正效益平均支付意愿和支付率均最高，支付意愿分别为 1538 元/公顷和 870 元/公顷，支付率分别为 94.07%和 93.15%，补偿标准为 7919 元/公顷；其次为均质区 2，城镇和农村受访对象的平均支付意愿分别为 1415 元/公顷和 757 元/公顷，支付率分别为 91.56%和 88.71%；均质区 4 城镇受访对象支付率（90.33%）和农村受访对象支付率（82.09%）均明显低于均质区 5（城镇 91.97%，农村 87.30%），但由于其平均支付意愿较高（城镇 1280 元/公顷，农村 711 元/公顷），其整体补偿标准（3477 元/公顷）高于均质区 5（3010 元/公顷）；均质区 3 的平均支付意愿（城镇 1115 元/公顷，农村 662 元/公顷）和城镇支付率（89.78%）均为所有均质区中最低，因此其补偿标准仅为 2514 元/公顷。

表 7-10　所有均质区耕地资源生态负效益补偿标准

单位：%，万户，元/公顷

均质区编号	城市	支付意愿		支付率		户数		补偿标准
		城镇	农村	城镇	农村	城镇	农村	
1	郑州	1701	986	94.52	90.37	111.70	108.30	8767
2	洛阳	1570	876	96.52	88.54	88.90	128.10	5397
3	信阳、周口、商丘、驻马店、南阳	1304	825	92.81	88.42	515.70	1042.30	3144
4	鹤壁、济源、焦作、三门峡、漯河	1363	830	90.77	85.71	113.90	207.10	3853
5	开封、许昌、濮阳、平顶山、新乡、安阳	1245	874	91.67	88.35	371.00	603.00	3984

由表 7-10 可知，各均质区耕地资源生态负效益补偿标准排序和正效益补偿标准大小排序略有不同，分别为均质区 1、均质区 2、均质区 5、均质区 4 和均质区 3。具体来说，尽管均质区 1 的城镇支付率略低于均质区 2，但由于城镇和农村支付意愿均为所有均质区中最高，其补偿标准仍排名第一（8767 元/公顷）；均质区 2 的城镇支付率为所有均质区中最高（96.52%），支付意愿仅略低于均质区 1（城镇 1570 元/公顷，农村 876 元/公顷），补偿标准在所有均质区中排名第 2，为 5397 元/公顷；排名第 3 的均质区 5，城镇支付意愿为 1245 元/公顷，农村支付意愿为 874 元/公顷，支付率分别为城镇 91.67%，农村 88.35%，补偿标准为 3984 元/公顷；均质区 3 内城

镇和农村受访群体支付意愿总体偏低，且耕地面积较大，致使其最终补偿标准在所有均质区中排名最后，为 3144 元/公顷。

结合表 7-9 和表 7-10，整体来说，无论是正效益还是负效益，城镇居民支付意愿均大于农村居民支付意愿，这可能与城镇居民经济条件较好、环保意识较强有关。各均质区耕地资源生态负效益补偿标准均略高于耕地资源生态正效益补偿标准，说明受访群体对于负效益带来的危害更有感触，更愿意通过建立生态补偿基金的方式解决这一问题。由于生态补偿额度应伴随经济发展、耕地数量及区域环境变化而有所调整，因此，以正效益补偿标准为下限，负效益补偿标准为上限，可建立具有弹性的生态补偿标准体系（见表 7-11）。

表 7-11 各均质区生态补偿标准区间分布

单位：元/公顷

均质区编号	城市	支付标准下限	支付标准上限
1	郑州	7919	8767
2	洛阳	4637	5397
3	信阳、周口、商丘、驻马店、南阳	2514	3144
4	鹤壁、济源、焦作、三门峡、漯河	3477	3853
5	开封、许昌、濮阳、平顶山、新乡、安阳	3010	3984

7.4 基于选择实验法的耕地资源生态补偿标准测算

7.4.1 均质区 1 问卷调查结果

将生态补偿政策的实施作为政策情景属性变量选择的依据，通过受访城镇和农村居民对于不同属性组合下的方案选择，构建模型定量测算市民和农民的支付意愿，以获得均质区耕地资源生态价值补偿标准。由于 CVM 调查问卷和 CE 调查问卷合二为一，且在数据分析之前对无效问卷进行了统一剔除，故而有效问卷数量与意愿调查法相同，即城镇 135 份，农村 73 份。有部分受访对象不愿意出钱或提供义务劳动，进一步询问其原因发现，个别受访者认为生态补偿资金应由政府来提供，个人经济实力有限，所出资金也仅仅是杯水车薪，难以起到应有的效果，也有受访者表示，非常希望看到耕地质量得到提升，生态环境得到改善，但方案中没有发现适合自己的最优选择。整体来看，绝大部分受访者对于维护耕地面积不减少，质量不降低，改善生态环境持肯定态度，这也充分说明了生态补偿机制的建立符合了人们对美好生活的追求。

7.4.2 模型变量

进一步构建随机效用函数模型来拟合调查数据，寻找影响受访者行为决策的主要因素及情景偏好价值，各个属性向量分别用线性函数（Z_1、Z_2、Z_3、Z_4）来表示，各选择方案的属性价值为效用函数的变量。研究属性变量包括耕地面积、耕地质量、耕地保护成本和耕地景观与生态环境四项，构建如下模型：

$$U_{ij}=ASC+\beta_1 Z_{1,ij}+\beta_2 Z_{2,ij}+\beta_3 Z_{3,ij}+\beta_4 Z_{4,ij} \quad (式 7-2)$$

式中，β 表示各个属性变量的参数估计值，Z_1、Z_2、Z_3、Z_4 分别代表耕地面积属性、耕地质量属性、耕地保护成本属性和耕地景观与生态环境属性。

理论上来说，耕地面积增加，耕地质量提升且耕地景观与生态环境的改善，会增加公众生活满意度和幸福感，从而带来较高的效用值，但支付成本的提升会影响公众的效用水平。因此，除β_3（耕地保护成本）为负值外，β_1（耕地面积）、β_2（耕地质量）和β_4（耕地景观与生态环境）系数均为正值。此外，城镇居民调查问卷还包含性别、年龄、受教育程度、职业、收入等选项；农村居民调查问卷还包含性别、年龄、受教育程度、耕地面积、耕地块数、家庭总收入、农业收入占比等，这为此后的差别化影响因素分析奠定了基础。

7.4.3 均质区 1 耕地资源生态价值测算

利用 R 统计分析软件分别对农民和市民采用多项式模型进行回归分析，模型因变量为受访城镇居民和农村居民在各个属性集中选择的概率，自变量分别为β_1（耕地面积）、β_2（耕地质量）、β_3（耕地保护成本）和β_4（耕地景观与生态环境），依据公式可测算出均质区 1 耕地资源属性价值（见表 7-12）。

表 7-12　均质区 1 耕地资源属性价值

单位：元/公顷

属性	农民	市民
耕地面积	924. 70	833. 76
耕地质量	756. 91	1125. 02
耕地景观与生态环境	682. 18	1773. 98

注：耕地保护成本为固定值，无须显示。

由表 7-12 可知，均质区 1 农民最为关注的是耕地面积，其属性价值为 924. 70 元/公顷，其次为耕地质量，对耕地景观与生态环境的关注度最低，仅为 682. 18 元/公顷，和耕地面积相差 242. 52 元/公顷。可能的原因是郑州市为省会城市，经济不断发展需占用大量周边县市土地，不少农民土地被征用，农民失去赖以生存的土地，变为市民，加之严重的恋土情结，更加理解耕地的重要性，因此愿意付出金钱进行保护，在调查中也发现，不少失去土地的农民在被征用但尚未建设的小块土地上种植蔬菜、玉米、芝麻等农作物，笔者认为这更多的是劳作一辈子的农民对土地难以割舍情结的反映。与之相反，城镇居民最关注的是耕地景观与生态环境，其属性价值高达 1773. 98 元/公顷，耕地质量排名第二，其属性价值为 1125. 02 元/公顷，排名最后的为耕地面积，其属性价值为 833. 76 元/公顷，这一数值和耕地景观与生态环境相差近 950 元/公顷。其原因可能在于，随着生活条件的不断改善，城镇居民更多关注生活质量的提升，特别是每年秋冬季节的雾霾天气，让城镇居民深受其害，在经济可承受范围内，他们愿意付出尽可能多的金钱来维护并改善生态环境。整体来说，在各个属性上，市民所愿意付出的价值均显著高于农民所愿意付出的价值，差额最高的耕地景观与生态环境属性，其数值为 1091. 8 元/公顷。

根据模型参数估计结果，运用以下公式可测算消费者补偿剩余：

$$CS=-\frac{1}{\beta_4}(ACS+\Delta\text{面积}\bullet\beta_1+\Delta\text{质量}\bullet\beta_2+\Delta\text{生态}\bullet\beta_3)\qquad\text{（式 7-3）}$$

式中，ACS 为常数项，Δ 面积、Δ 质量、Δ 生态分别表示变化前后耕地面积、耕地质量、耕地景观与生态环境状态值之差。β_1、β_2、β_4 和 β_3 分别表示耕地面积、耕地质量、耕地景观与生态环境和耕地保护成本的估计值系数。进而可计算出各属性不同组合方案的福利变化情况（见

表 7-13）。

表 7-13 不同选择方案价值

单位：元/公顷

选择方案	属性			农民价值模型	市民价值模型
	耕地面积	耕地质量	耕地景观与生态环境		
现状	0	0	0	-	-
方案 1	0	0	1	2370.10	5248.66
方案 2	1	1	0	4879.42	5979.01
方案 3	0	1	1	4308.79	7649.58
方案 4	1	0	0	4510.43	5899.19
方案 5	0	1	0	4205.82	5006.88
方案 6	1	0	1	4674.21	6871.23
方案 7	1	1	1	6018.99	8546.06

由表 7-13 可知，当方案 7 中耕地面积扩大、耕地质量提高和耕地景观与生态环境价值均凸显时，农村居民的支付意愿为 6018.99 元/公顷，城镇居民的支付意愿为 8546.06 元/公顷，即耕地资源生态价值补偿额度介于 6018.99 元/公顷和 8546.06 元/公顷之间。

7.4.4 所有均质区耕地资源生态价值测算

采用同样的方式，对均质区 2（洛阳）、均质区 3（信阳、周口、商丘、驻马店、南阳）、均质区 4（鹤壁、济源、焦作、三门峡、漯河）、均质区 5（开封、许昌、濮阳、平顶山、新乡、安阳）的耕地资源生态价值进行测算，若以支付农民生态补偿额度为下限，市民生态补偿额度为上限，可以得出各个均质区生态补偿标准的分布区间，结果如表 7-14 所示。采用 CE 模型测算的生态补偿标准下限排序为均质区 1、均质区 4、均质区 2、均质区 5 和均质区 3，上限排序为均质区 1、均质区 2、均质区 4、均质区 5 和均质区 3，支付区间分布最广的为均质区 1，上下限差距达 2528 元/公顷，其次为均质区 2，上下限差距为 2241 元/公顷，分布最窄的为均质区 3，上下限差距为 609 元/公顷。

表 7-14　各均质区生态补偿标准区间分布

单位：元/公顷

均质区编号	城市	支付标准下限	支付标准上限
1	郑州	6018	8546
2	洛阳	3907	6148
3	信阳、周口、商丘、驻马店、南阳	3498	4107
4	鹤壁、济源、焦作、三门峡、漯河	4033	5127
5	开封、许昌、濮阳、平顶山、新乡、安阳	3717	4564

7.4.5　CVM 与 CE 结果比较与确定

正常情况下，当受访对象不受外界干扰或完全理性时，两种方法所测算的补偿标准应该趋于一致，但本书所得结果显示，各个均质区的补偿标准上下限均有差异。其中均质区 1 补偿标准下限相差 1901 元/公顷，上限相差 221 元/公顷；均质区 3 补偿标准下限相差 984 元/公顷，上限相差 963 元/公顷；均质区 4 补偿标准上限相差最大，为 1274 元/公顷；均质区 2 补偿标准下限相差最小，为 730 元/公顷，且除均质区 1 上下限和均质区 2 下限外，采用 CE 测算的补偿标准均高于采用 CVM 测算的补偿标准，尽管两者存在差距，但两者结果仍起到了相互印证的作用。

与意愿调查法相比，选择实验法在评价商品某一方面属性价值时更具优势，即可以观察到商品某一属性变化对受访群体支付意愿变化的影响，为确定研究对象某一属性价值的变化提供了良好的评价方式，而意愿调查法只能评价商品的整体价值。同时选择实验法采用正交设计方式为受访对象提供了很多可供选择的机会，理论上可满足所有受访对象的要求。但由于选择实验法应用起步较晚，相对于意愿调查法来说，其适用范围并不是特别广泛，且由于应用中涉及研究对象属性及对应水平的确定、实验设计与选择等步骤（尤其是个别步骤还较难以理解），使得其应用过程对研究人员和受访对象均存在较大的考验。基于两种方法的优点和不足，各均质区补偿标准的确定可结合两者的测算结果来最终确定，即以两者测算标准的相交区间作为最终补偿标准的上下限（见表 7-15）。

表 7-15　各均质区补偿标准的最终确定

单位：元/公顷

均质区编号	城市	CVM 测算结果		CE 测算结果		最终补偿标准确定	
		支付标准下限	支付标准上限	支付标准下限	支付标准上限	支付标准下限	支付标准上限
1	郑州	7919	8767	6018	8546	7919	8546
2	洛阳	4637	5397	3907	6148	4637	5397
3	信阳、周口、商丘、驻马店、南阳	2514	3144	3498	4107	3144	3498
4	鹤壁、济源、焦作、三门峡、漯河	3477	3853	4033	5127	3853	4033
5	开封、许昌、濮阳、平顶山、新乡、安阳	3010	3984	3717	4564	3717	3984

7.5 本章小结

本章以实地调查问卷数据为基础，分别采用意愿调查法和选择实验法测算了河南省 5 个均质区耕地资源生态价值，并将两者测算标准的相交区间作为最终补偿标准的上下限，确定了各均质区具有弹性的补偿标准，为下一步补偿机制构建提供了参考。

第 8 章　基于 GWR 模型的耕地生态补偿支付意愿影响因素分析

本章以河南省 18 市生态补偿调查问卷数据为基础，以年龄、受教育程度等为自变量，采用 GWR 模型分析各市补偿支付意愿的差别化影响因素，为下一步补偿机制构建提供参考。

8.1　研究方法与变量选择

8.1.1　研究方法

8.1.1.1　探索性空间数据分析（ESDA）

探索性空间数据分析是较为理想的空间数据驱动分析方法，其可通过统计学原理与图形表达对空间信息特征进行分析，从而确定模型的结构和解法。该模型的本质是用一系列空间数据分析方法和技术，以空间关联度为核心，通过对事物空间现象的描述与可视化，来发现空间集聚和空间异常，从而揭示研究对象之间的空间相互作用机制。ESDA 分为全局空间自相关和局部空间自相关，其中全局 Moran's I 指数用来描述效率整体空间特征，以此判断空间关联及差异特征；局部 G_i^* 指数用来描述效率局部空间异质特征，以此判别局部空间分异规律。本书采用全局 Moran's I 和 G_i^* 指数来测度城镇居民和农村居民耕地生态补偿支付意愿的空间格局特征。

（1）全局空间自相关

全局 Moran's I 指数测度空间相邻或相近区域单元属性值在整个研究区域内空间相关性上的总体趋势。

$$I = \frac{\sum_{i=1}^{n}\sum_{j=1}^{n} w_{ij}(x_i - \bar{x})(x_j - \bar{x})}{S^2 \sum_{i=1}^{n}\sum_{j=i}^{n} w_{ij}} \quad \text{（式 8-1）}$$

式中：n 为研究对象的个数；x_i 与 x_j 分别表示 i、j 区域的观测值；w_{ij} 为空间权重矩阵（空间相邻为 1，不相邻为 0）；S^2 为观测值的方差；$\bar{x}$ 为观测值的平均值。在给定显著水平下，若 Moran's I 值为正，表示居民耕地生态补偿支付意愿整体呈显著空间集聚特征；若 Moran's I 值为负，则说明居民耕地生态补偿支付意愿整体呈显著空间分异特征。

（2）局部空间自相关

热点分析 G_i^* 指数用于分析不同空间区域的热点区和冷点区，从而测度局部空间自相关特征。

$$G_i^* = \sum_{j=1}^{n} w_{ij} \frac{x_i}{\sum_{j=1}^{n} x_j} \quad \text{（式 8-2）}$$

式中：w_{ij} 为空间权重矩阵，空间相邻为 1，不相邻为 0。若为正显著，表明 i 周围值相对较高，属于热点区；反之 i 周围值相对较低，属于冷点区。

8.1.1.2　地理加权回归（GWR）

GWR 是一种空间变异系数估计方法，用于测试具有空间分布特点的两个或多个变量间的回归关系，用局部参数估计代替全局参数估计，更好地评估空间数据的非平稳性状况，有利于空间变异特征和空间规律的探索。因此在此可采用 GWR 分析法研究受访对象耕地生态补偿支付意愿的驱动力空间异质性，公式为：

$$Y_i = \alpha_0(u_i, v_i) + \sum_{j=1}^{k} \alpha_j(u_i, v_i) x_{ij} + \varepsilon_i \quad \text{（式 8-3）}$$

式中：Y_i 为全局因变量，x_{ij} 为自变量（影响因素），α_0（u_i，v_i）是常数项，（u_i，v_i）是第 i 个地区的空间坐标，α_j（u_i，v_i）是第 i 个地区第 j 个解释变量 x_{ij} 的可变参数，ε_i 是随机误差项。

8.1.2　变量选择

研究表明，影响居民耕地生态补偿支付意愿的因素众多，本书参考以往学者研究成果，以居民个体特征和家庭特征为切入点构建影响因素指标体系，其中，年龄、受教育程度、家庭月收入和对耕地数量变化是否会影响生态效益的认知是两大主体所拥有的相同指标，除此之外，分别选取家庭工作人数和对耕地变化趋势的了解程度来表示影响城镇居民耕地生态补偿支付意愿的影响因素，选取未成年子女人数和农业收入比重来表示影响农村居民耕地生态补偿支付意愿的影响因素（见表8-1）。

首先，在共有指标中，年龄、受教育程度和对耕地数量变化是否会影响生态效益的认知反映了受访居民的个体特征。研究发现，年龄和补偿政策实施意愿间存在一定的相关性，年龄的大小与支付意愿在一定程度上呈现出负相关性，而受教育程度则与年龄呈现出不同效果，即与政策实施意愿呈现出正相关性，与此同时，受访居民对耕地数量变化是否会影响生态效益的认知程度越深，对实施耕地生态补偿支付的意愿就越强烈。

其次，家庭月收入是反映受访居民的家庭特征变量，它的变化也会引起居民对实施耕地生态补偿支付的意愿的变化。

另外，在不同指标中，体现居民个体特征的变量有居民对耕地变化趋势的了解程度，而体现居民家庭特征的变量则包含家庭工作人数、未成年子女个数以及农业收入比重。大多城镇居民的文化程度比农村居民较高，且不直接参与农业活动，因此，他们对耕地变化趋势的了解程度直接影响其耕地生态补偿支付意愿。城镇家庭工作人数在一定程度上反映了家庭的经济来源的持续稳定性，一般工作人数越多代表经济来源的稳定性越高，不容易受到外界环境变化的影响。农村家庭中未成年子女个数能够反映家庭在子女教育和生活等方面的压力大小，一般来讲，未成年子女个数越多，就意味着需要更多的教育成本和生活成本，更需要从农业活动中获取利益。农业收入比重越高，就说明农户越需要靠农业经营维持生计，更愿意支持耕地生态补偿。

表8-1　耕地生态补偿支付意愿驱动力指标

准则层	指标层
城镇类	年龄
	受教育程度
	对耕地数量变化是否会影响生态效益的认知

续表

准则层	指标层
城镇类	家庭月收入
	家庭工作人数
	对耕地变化趋势的了解程度
农村类	年龄
	受教育程度
	对耕地数量变化是否会影响生态效益的认知
	家庭月收入
	未成年子女人数
	农业收入比重

8.2 耕地生态补偿支付意愿空间格局分析（农村和城镇对比）

8.2.1 空间变化特征

空间格局分析是反映区域耕地生态补偿支付意愿空间差异的有效手段。根据调查地的居民耕地生态补偿支付意愿均值，并且按照自然断裂法，本书将城镇和农村的耕地生态补偿支付意愿分别划分为微弱、中等和强烈三个等级，借助ArcGIS 10.0软件，绘制成图8-1。可以看出，在生态补偿支付意愿上，城镇和农村存在一定差异。

首先，从城镇耕地生态补偿支付意愿的空间分布格局来看，存在一定的“中心—外围”趋势，围绕“郑—洛”这一双核高值中心，其支付意愿程度不断向外围递减。其中，支付意愿强烈地区仅占整个河南省的11%（郑州、洛阳）；支付意愿中等地区数量最多，占比约为67%（鹤壁、驻马店、信阳、漯河、济源、周口、三门峡、新乡、焦作、南阳、许昌、平顶山）；支付意愿微弱地区占比22%（开封、商丘、安阳、濮阳）。其次，从农村耕地生态补偿支付意愿的空间分布格局来看，与城镇较为规律的分布状态不同，其呈现出一种不规则的“马赛克”式分布格局，各地区的支付意愿程度也较之城镇有细微差别。其中，支付意愿强烈的地区较城镇来讲

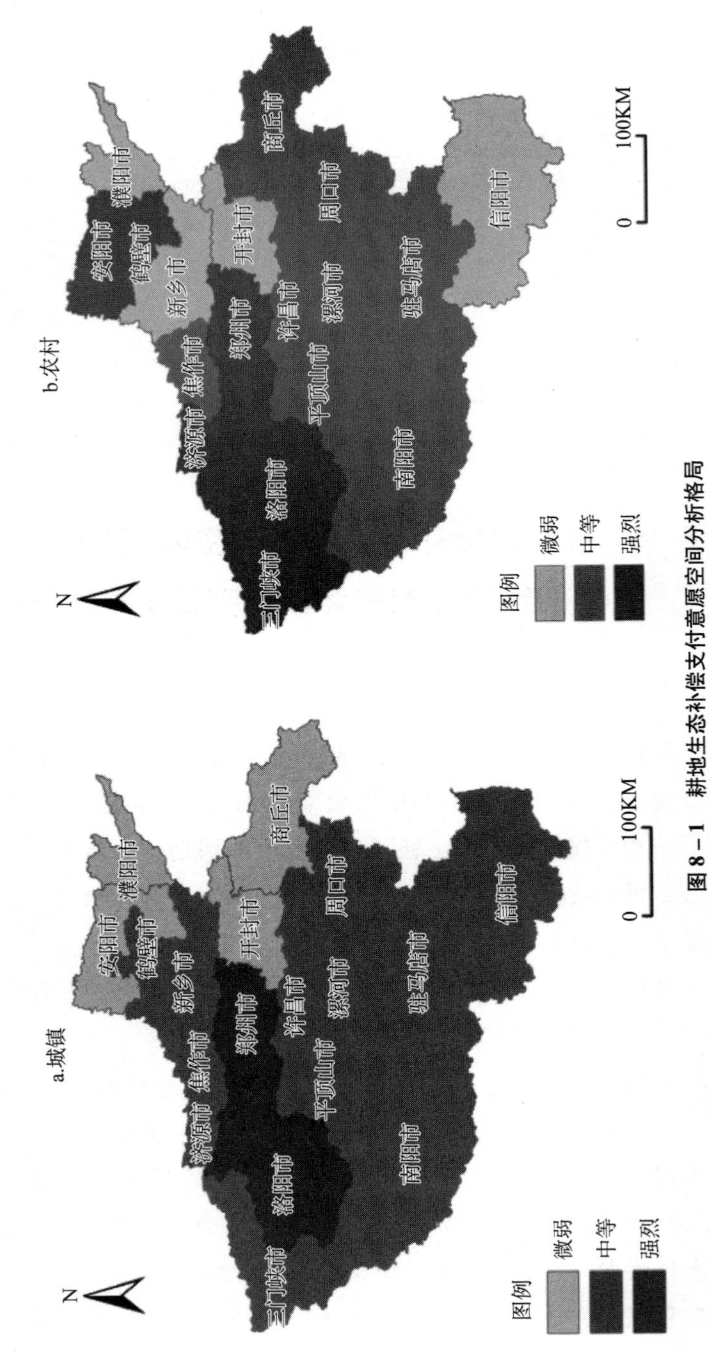

图 8－1 耕地生态补偿支付意愿空间分析格局

注：本书所使用的地图来自国家测绘地理信息局官网，审图号为GS（2019）1822。

有所上升，占比提升至33%（郑州、济源、洛阳、安阳、三门峡、鹤壁）；支付意愿中等地区占比则有所下降，约为45%，而支付意愿微弱地区占比保持不变，依旧占到22%（信阳、新乡、开封、濮阳）。之所以会出现农村的支付意愿强烈地区占比高于城镇的情况，很大程度上是由于农村居民大多数都是农民，他们对于耕地变化是否影响生态效益的认知更加清晰，从而对耕地生态补偿支付政策的认可度更高。

进一步分析发现，城镇居民和农村居民耕地生态补偿支付意愿的空间分布格局还存在以下特征：①在具有强烈支付意愿的地区中，始终包含郑州和洛阳；②不论城镇还是农村，濮阳和开封地区的耕地生态补偿支付意愿一直处于微弱程度；③在所有地区中，安阳市的支付意愿变化程度最为显著，由农村的强烈支付意愿降为城镇的微弱支付意愿。究其原因主要在于以下几方面。①不论在城镇还是农村，省会郑州和副中心城市洛阳两个地区的居民受教育程度都很高，且家庭收入相比于其他地区也高出许多，这就使得多数居民会较为深入地了解并认知相关耕地生态补偿政策，从而能够从长远利益出发来思考问题。②濮阳和开封两地的居民年龄不论在城镇还是在农村中都要稍小于其他许多地区，所以从长远角度考虑，利益的驱使必然使得绝大部分青壮年选择外出务工而放弃农业生产。另外，观察发现，开封市农村居民的农业收入处于较高水平，表明该地区居民对于农业经济的依赖较大，参与农田生态补偿政策的目的更多地在于这可帮助他们更好地利用自家闲置或抛荒的耕地，而非保护生态环境。③对于安阳市来说，之所以会出现城镇与农村在支付意愿上存在较大差异，一方面是由于城镇居民的年龄较大，对于国家政策的响应比较消极，因此参与意愿较低；另一方面，农村居民的家庭收入中农业收入比重较高，也就导致其参与耕地生态补偿支付的意愿随之升高。

8.2.2 空间格局演变

为进一步分析城镇居民和农村居民的耕地生态补偿支付意愿的空间格局特征，本书采用空间自相关模型，并以调查地的居民耕地生态补偿支付意愿均值为基础计算得到城镇居民和农村居民的全局 Moran's I 指数，其值分别为0.2068和0.2896，均在90%置信度水平下通过检验，表明各地区居民的耕地生态补偿支付意愿存在明显的正向空间自相关性。为消除全局自相关在掩盖局部不稳定性方面存在的缺陷，进一步侦测其局部空间集聚格局演化特征，本书利用 ArcGIS10.2 软件计算出各市城镇居民和农村居民的局域 G_i^* 指数，并采用自然断点法将其划分为热点区、次热点区、次冷点区和冷点区，绘制出城镇居民耕地生态补偿支付意愿和农村居民耕地生态补偿支付意愿的空间格局的冷热点集聚图（见图 8-2）。

关于城镇居民耕地生态补偿支付意愿，从热点区与次热点区的分布来看，热点区主要集中在中心城市郑州和副中心城市洛阳两个地区，次热点区分布在河南省北部的济源市与鹤壁市以及东南部的漯河市、驻马店市和信阳市。从冷点区和次冷点区的分布来看，冷点区主要集中在安阳市、濮阳市和开封市以及商丘市，次冷点区则分布在平顶山市、许昌市、焦作市和新乡市等 7 个城市。关于农村居民耕地生态补偿支付意愿，从热点区与次热点区的分布来看，热点区仅集中在中心城市郑州，次热点区分布在河南省西北部的济源市、洛阳市和三门峡市以及东北部的安阳市和鹤壁市。从冷点区和次冷点区的分布来看，冷点区主要集中在河南省东北部的新乡市、濮阳市、开封市和东南部的信阳市，次冷点区广泛分布在河南省中部地区的平顶山市、许昌市、漯河市和周口市等 8 个城市。

通过对比城镇居民耕地生态补偿支付意愿和农村居民耕地生态补偿支付意愿的空间格局的冷热点集聚图，可以发现所处的冷热点区域保持不变的城市有：郑州始终为热点区，济源市和鹤壁市始终为次热点区域，濮阳市和开封市始终为冷点区域，焦作市、南阳市、平顶山市、许昌市和周口市始终为次冷点区域。变化较为明显的是信阳市和安阳市，其中，信阳市在城镇居民耕地生态补偿支付意愿的冷热点图中为次热点区域，而在农村居民中则变为冷点区域；安阳市则相反，在城镇居民耕地生态补偿支付意愿的冷热点图中为冷点区域，而在农村居民中则变为次热点区域，表明这两个城市城镇居民和农村居民的耕地生态补偿支付意愿差别较大。总体而言，居民耕地生态补偿支付意愿的冷热点空间格局主要表现为以下特征：①城镇居民耕地生态补偿支付意愿形成了以郑州和洛阳为主的热点区域以及以河南省东部及东北部城市为主的冷点区域；②农村居民耕地生态补偿支付意愿形成了以郑州为主的热点区域以及河南省东北部城市和东南部城市（信阳市）的冷点区域；③部分城市的城镇居民与农村居民耕地生态补偿支付意愿在冷热点分布上有较大差别。

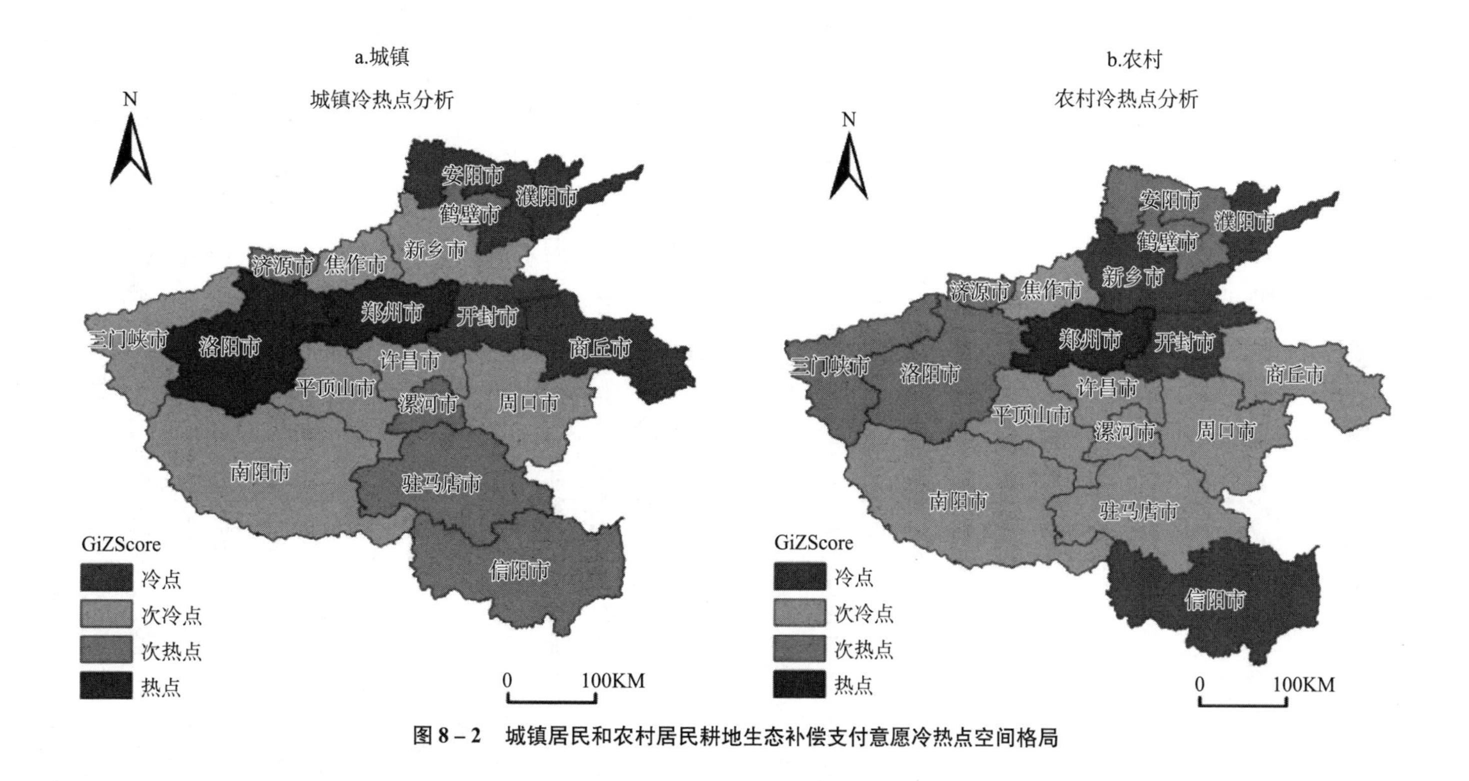

图 8－2　城镇居民和农村居民耕地生态补偿支付意愿冷热点空间格局

8.3 影响因素的空间分异研究

8.3.1 城镇耕地生态补偿支付意愿影响因素

（1）年龄

年龄对城镇居民耕地生态补偿支付意愿具有显著的负向影响，在空间上呈现出由北向南逐渐增大的趋势。回归系数介于-0.137043和-0.136374之间，表明在城镇居民中，随着年龄增大，居民对耕地生态补偿的支付意愿越弱。城镇居民长期生活在城市中，多认为耕地生态保护与自身日常生活关系不大，尤其是年龄较大的居民，他们受教育水平的限制，对耕地保护的重要性缺乏认知，因此对耕地生态补偿支付存在抵触心理；相反，年龄较小的中青年市民自身教育水平高，能够从各个渠道了解到关于耕地保护的相关信息，对耕地保护有较高认知水平，更愿意为生态保护做出相应贡献。从空间分布上看，低值区集中于黄河以北及河南省西部地区，主要包括三门峡、济源、安阳等城市，这些地区平均城镇化率为55%，反映出较高的经济社会发展水平，并且第二产业比重大，拥有较多的高素质产业工人，对耕地生态保护的重要性更为理解，因此年龄对耕地生态补偿支付意愿影响较小。高值区主要在河南省南部，以驻马店和信阳为代表，它们靠近南方，良好的水热条件使其农业生产发达，但农业对经济增长贡献有限，这两市生产总值总量在河南省各市排名中居于倒数位置，城市可能更偏向于发展第二、三产业来增强地区经济实力，对于附加值不高的农业生产关注度不高，再者，城镇老龄人口越来越多，对耕地生态保护存在认知偏差，因此年龄对耕地生态补偿支付意愿影响较北方大（见图8-3）。

（2）受教育程度

提高城镇居民受教育程度对耕地生态补偿支付意愿起着正向推动作用，在空间上表现为自西向东依次递增的格局。这是因为居民受教育程度越高，眼界越开阔，越能够更清楚地认识到耕地资源的生态系统服务功能优势，从而产生更加强烈的耕地生态环境保护意识以及支付意愿，并积极主动地参与生态补偿活动。具体来说，濮阳、商丘、信阳和周口作为高值集聚区，居民受教育程度的提高会显著增强其对耕地生态补偿的支付意愿，而南阳、济源、洛

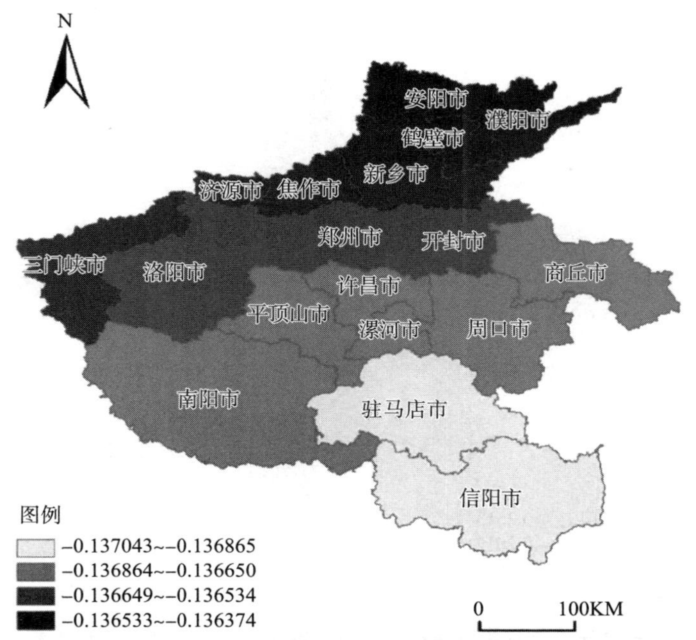

图 8-3　年龄对城镇居民耕地生态补偿支付意愿影响的回归系数空间分布

阳和三门峡作为低值区，居民受教育程度对增强耕地生态补偿支付意愿影响则较弱。这主要是考虑到当前受访居民的不同文化程度，其中，濮阳居民受教育程度最低，周口、信阳、商丘城镇居民的受教育程度也不及豫西的洛阳、三门峡，而南阳和济源城镇居民的受教育水平在全河南省也处于中上等。总体而言，豫西四市居民的受教育程度（中上等）要高于豫东四市（中下等），这可能是由于豫东四市的教育投入力度不足，尚未形成较为完善的教育体系，导致该地区城镇居民的耕地生态补偿支付意愿较弱（见图 8-4）。

（3）对耕地数量变化是否会影响生态效益的认知

城镇居民对于耕地数量变化是否会影响生态效益的认知在生态补偿支付意愿上表现出不同程度的负向效应，回归系数介于-0.789271 和-0.789095 之间。在空间分布上呈现由东北向西南递增的阶梯状分布，负向影响相对较小的城市位于濮阳、安阳、商丘和鹤壁，其中濮阳为高值聚集中心；而负向影响较大的城市为洛阳、三门峡和南阳，其中南阳为低值聚集中心。城镇居民对于耕地数量变化是否会影响生态效益的认知程度受到社会和个人两个层面的影响（见图 8-5）。从社会层面上来说，大部分城镇居民认为

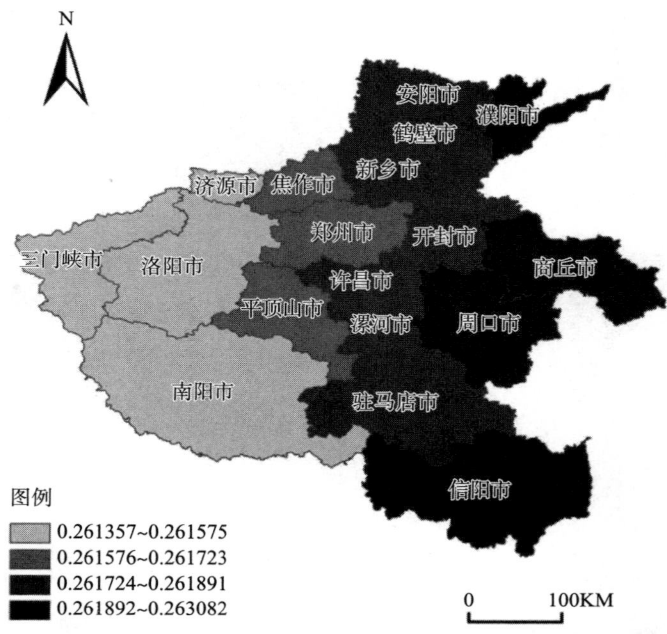

图 8-4 受教育程度对城镇居民耕地生态补偿支付意愿影响的回归系数空间分布

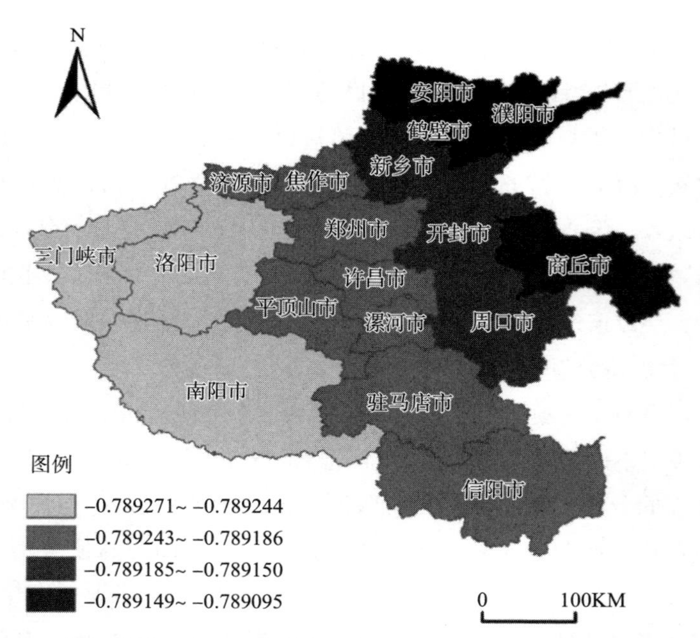

图 8-5 对耕地数量变化是否会影响生态效益的认知对城镇居民耕地生态补偿支付意愿影响的回归系数空间分布

耕地数量变化会对社会生态环境产生较大的正向外部效益。从个人层面上分析，由于城镇居民大多没有自己的耕地，多数居民认为政府和农民才是耕地保护过程中的主要责任人，而自己既不是主体责任人也不是补偿受益人，因此即使明白耕地数量变化会对社会产生较大影响，但是由于政策对自身的影响较弱，所以在一定程度上削弱了其对于生态补偿的支付意愿。从不同地区看，南阳市城镇居民的生态补偿支付意愿最低，作为鱼米之乡，南阳市耕地面积在整个河南省一直位居前列，2019 年达 $1052.19\times10^3hm^2$，农业生产在其经济发展中占据重要地位，因此，居民在对耕地数量变化是否会影响生态效益的认知中会更加侧重于对个人层面的考量，从而在一定程度上会降低对生态补偿的支付意愿。而作为生态补偿支付意愿相对最高的濮阳市，其耕地面积不足南阳市的 30%，因此，居民在考虑耕地数量变化对生态效益的影响时会更加关注社会层面而非个人层面。

（4）家庭月收入

家庭月收入对各个城市的居民耕地生态补偿支付意愿均具有正向影响。具体来说，各个城市的回归系数均为正，介于 0.088816 和 0.090236 之间，说明家庭月收入越高对耕地生态补偿支付意愿就越强烈。根据马斯洛的需求层次理论，个人收入越高其需求层次就可能越高，会更容易理解和关注政策实施的动向。从河南省的角度看，其在空间上表现为从西北向东南不断递减的阶梯状分布。其中，三门峡、洛阳、济源、焦作、安阳和鹤壁为回归系数的高值集聚区域，这表明此区域的耕地生态补偿支付意愿受家庭月收入的影响最大，而信阳、驻马店、周口、商丘则是回归系数的低值集聚区域，说明这些城市居民的耕地生态补偿支付意愿受家庭月收入的影响较小（见图 8-6）。造成地区间差异的主要原因有以下两个方面。一方面，家庭月收入较高的地区相对应的城镇化率也相对较高，城镇化率较高的地区城镇和农村的联系较为密切，城市居民也有很多都出身于农村。例如，三门峡、洛阳、济源等的城镇化率都较高，家里一部分人在农村耕地，另一部分人在市区打工，对于生态补偿支付的认同感更强烈；而信阳、周口等城市的城镇化率相对较低，生态补偿支付的意愿也就相对较弱。另一方面，家庭月收入较高的地区经济都较为发达，居民就会有充足的人力、物力、财力去响应耕地保护生态支付政策。三门峡、洛阳、济源等地的经济较为发达，人均 GDP 在河南省内位居前列，家庭月收入较高，支付意愿也就相对强烈；而信阳、周口的经济发展较为落后，居民能为耕地生态补偿支付政策做的贡献有限，支付意愿相对较弱。

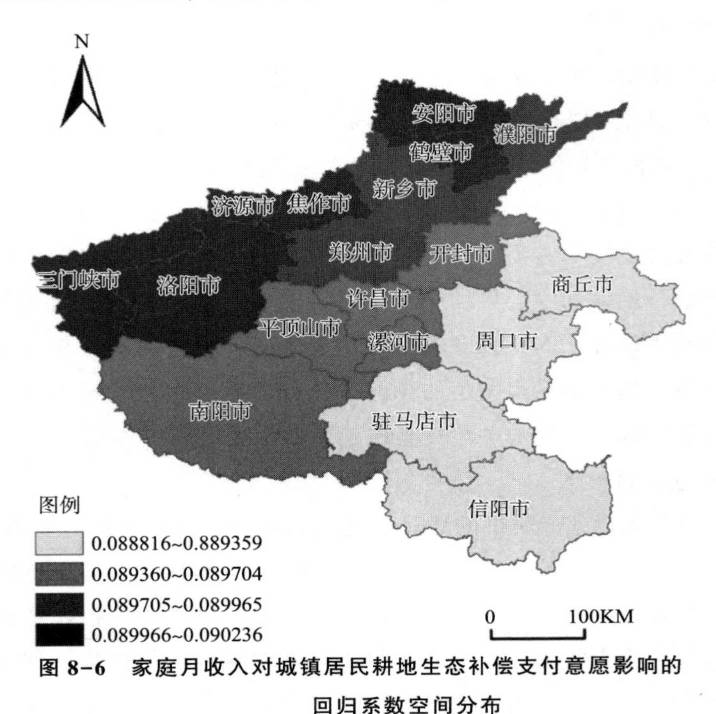

图 8-6　家庭月收入对城镇居民耕地生态补偿支付意愿影响的回归系数空间分布

（5）家庭工作人数

城镇家庭工作人数对耕地生态补偿支付意愿具有显著负向影响，回归系数介于-0.029231 和-0.028123 之间。之所以会出现城镇家庭工作人数越多，耕地生态补偿的支付意愿就越弱的情况，主要是由于城镇发展大多依靠第二、三产业，这就导致从事第一产业的人数较少，而对于那些从事第二、三产业的人员来说，他们不以农业生产为生，也不需要争取更多的耕地承包面积，所以没有较为强烈的耕地保护意识，也难以认识到耕地的生态价值，因此，对于耕地生态补偿的支付意愿就较弱。在空间上大体上呈现出“东北低西南高”的分布特征，南阳、洛阳和三门峡的城镇家庭工作人数对城镇耕地生态补偿支付意愿的负向影响最强，而商丘、安阳、濮阳和鹤壁的负向影响则最弱，高值和低值中心分别位于南阳市和濮阳市（见图 8-7）其中，濮阳地区作为国家重要商品粮生产基地之一，耕地在当地人民心中具有较高分量，从事第一产业的人员的个人收入也几乎取决于其耕地收入，所以濮阳的城镇家庭工作人数对耕地生态补偿支付意愿的负向影响较弱。相比之下，南阳煤矿资源丰富，交通便利，作为河南省重要的交通枢纽之一，当地企业和人口数量相对较多，从事第二产业人数较多，所以城镇家庭工作人数的增加会对城镇居民的耕地生态补偿支付意愿产生较大负向影响。

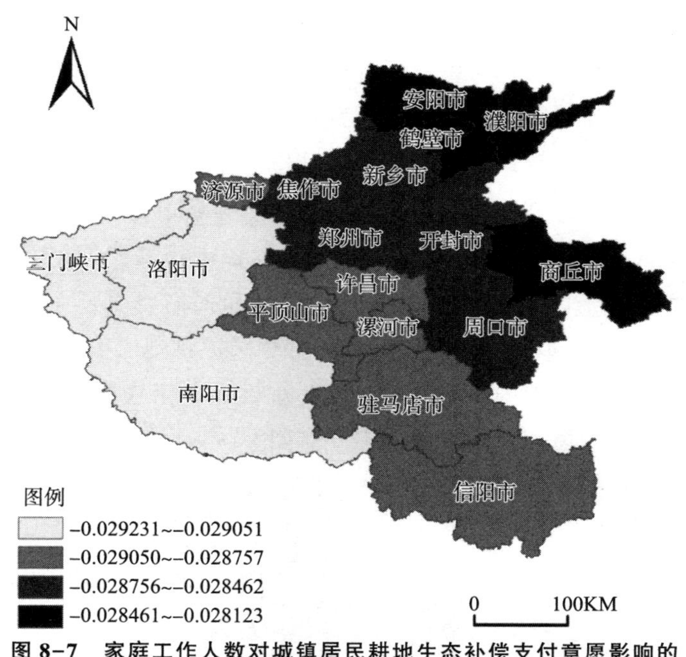

图 8-7　家庭工作人数对城镇居民耕地生态补偿支付意愿影响的回归系数空间分布

（6）对耕地变化趋势的了解程度

城镇居民对耕地变化趋势的了解程度对于耕地生态补偿支付意愿具有负向影响，回归系数在-0.327322～-0.326593，之所以呈现出这种负相关性，可能是因为在了解我国耕地变化趋势之后，当地居民认为进行耕地生态补偿的必要性不强。近年来，我国耕地面积日益减少，主要原因是生态退耕，其次是非农建设用地占用，据统计，生态退耕约占耕地减少总量的64.99%。随着城镇居民对耕地变化趋势了解程度的不断加深，他们认为，退耕还林还草，已经起到了维护农村自然环境的作用，减轻了耕地对生态环境所带来的负面影响，所以对耕地生态补偿的意愿不强烈。从空间分布上看，大体呈现为南高北低的分布特点。其中，高值区主要集中在豫南淮河流域，包括驻马店市和信阳市。该地区负相关性较强的原因可能在于以下两点。首先，从河南省生态环境厅发布的信息来看，近两年全省生态环境质量排名，驻马店市和信阳市均位于前列，由于当地生态环境压力相对较小，政府可能对耕地生态补偿不够重视，相关政策的宣传不到位，也没有制定出合适的耕地生态补偿标准，调动不起群众对于耕地生态保护的积极性。其次，居民对于该政策的理解存在偏差，一些人认为耕地保护不会为自己带来利益所以与自己无关，还有一些人甚至认为进行耕地生态补偿可能会损害自身利益，从而对耕地生态补偿产生抵触情绪。而低值区主要集中在豫北地区，以安阳、濮阳、鹤壁、新乡等城市为代表，这些地区的生态环境质量相对较差，空气质量在河南省各市排名中常年居于倒数位置，城镇居民对于改善其居住地的生态环境和提高空气质量的意愿较强烈，相对于省内其他城市居民而言，他们对保护耕地有着更迫切的需求，也更理解耕地生态补偿的重要意义，因此对耕地变化趋势的了解程度对耕地生态补偿支付意愿的影响较豫南小（见图 8-8）。

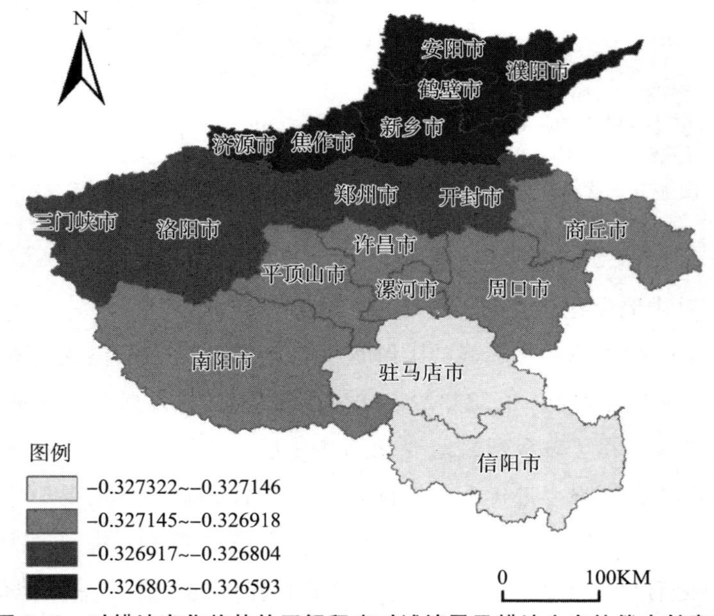

图 8-8　对耕地变化趋势的了解程度对城镇居民耕地生态补偿支付意愿影响的回归系数空间分布

8.3.2 农村耕地生态补偿支付意愿影响因素

(1) 年龄

年龄对农村居民耕地生态补偿支付意愿具有显著的正向影响，且在空间上呈现出自北向南逐渐增大的特征。回归系数介于 0.393950 和 0.394338 之间，表明随着年龄的增长，农户对于耕地生态补偿支付意愿就越强。在农村，年龄较小的青壮年外出务工的可能性大，他们的收入来源并不主要依靠农业，参与耕地生态保护的机会成本更大，因此对耕地生态补偿支付意愿并不强烈；相反，年龄较大的农户在农村耕种时间长，对耕地有较强的依赖性，且在长期农事劳动中对土地情感较深，对耕地保护政策的理解也更为深入，在耕地生态保护能够提高地力和粮食产量的情况下，他们的生态补偿支付意愿更强。从空间分布来看，一方面，高值区集中于河南省南部的信阳和驻马店以及西南部的南阳，这些地区无论从农业产值、耕地面积还是粮食作物总产量方面都居于河南省前列，从城乡人口结构方面来看，这些地区农村人口占总人口比重大，第一产业从业人员数远远多于第二、三产业，务农劳动力多，所以农户非常重视农业生产（见图 8-9）。另

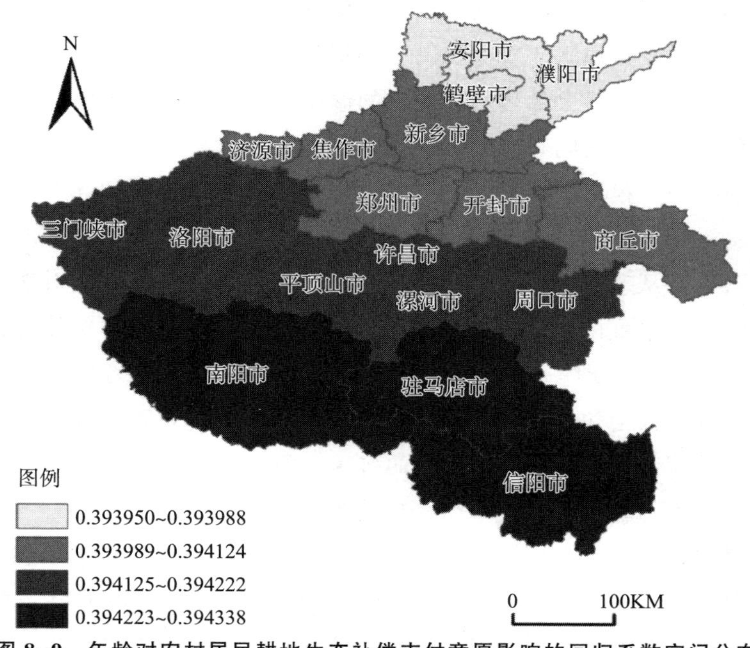

图 8-9 年龄对农村居民耕地生态补偿支付意愿影响的回归系数空间分布

外，这些地区农业机械与相关配套农具供给较为充足，一些农资如塑料薄膜、农药化肥等使用量较大，造成耕地地力衰减和土壤污染严重，在青壮年普遍进城务工的情况下，为解决耕地现存的一系列问题，留守的中老年人对耕地生态保护支付意愿也就较强。另一方面，低值区集中于河南省北部的鹤壁、安阳和濮阳，这些地区经济增长和社会发展主要靠工业拉动，如安阳的安钢集团、濮阳的中原油田、鹤壁的鹤煤集团等，相应解决了大多数人的就业问题，农业从业人员在年龄结构表现上并不明显，因此，对于耕地生态补偿支付意愿的期望并不强烈。

（2）受教育程度

农村居民受教育程度对耕地生态补偿支付意愿的影响与城镇居民恰好相反，表现出一定的负相关。但在空间分布上，则与城镇保持一致，都展现出自西向东依次递增的布局特征。之所以会出现负向影响，可能是由于教育资源的稀缺以及教育水平的差异，农村居民的教育质量得不到有效保证，与城镇相比，农村居民的生产生活大都集中于土地上，以从事农业生产为主，对耕地具有较强的依赖性（张方圆、赵雪雁，2014），这也导致了即便他们的受教育程度较低，但对耕地的基础及辅助功能却有着更为深刻的认知，对耕地可持续发展也更具依赖性，所以这些农户的支付意愿反而更加强烈。具体说来，农村居民受教育程度的回归系数在空间上呈现连片分布特征，影响最大的集中在豫东的濮阳和商丘两地，影响最小的集中在豫西的三门峡、洛阳和南阳。这主要是由于各市耕地带来的社会和生态功能有所差异，根据已有研究，濮阳和商丘两地耕地资源的社会和生态功能不及三门峡、洛阳和南阳（张宇等，2019）。另外，由于农村地区受高等教育者大都从事非农活动，他们对土地没有较强的依赖性，对耕地资源的可持续发展也秉持"谁破坏谁负责"的态度，对耕地生态保护支付意愿具有一定的抵触心理。同时因为各市耕地具有不同等级的社会和生态功能，处于较低社会和生态功能等级区的豫东二市受教育程度较高的农户对耕地生态补偿支付意愿表现出更强的排斥心理（见图 8-10）。

（3）对耕地数量变化是否会影响生态效益的认知

农村居民对耕地数量变化是否会影响生态效益的认知对于生态补偿支付意愿呈现不同程度的正向效应，这主要是由于农村居民非常依赖于土地，且认为耕地数量变化会直接影响其耕地效益，他们在作为生态环境保

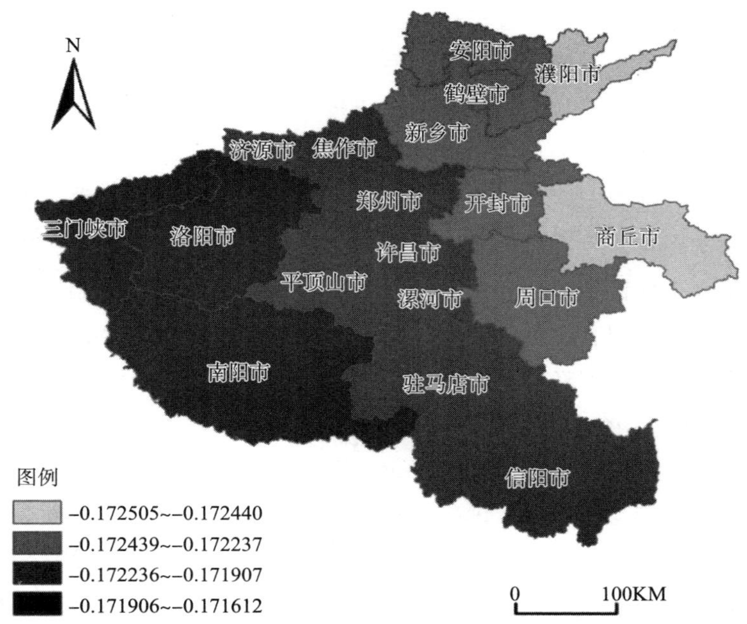

图8-10　受教育程度对农村居民耕地生态补偿支付意愿影响的回归系数空间分布

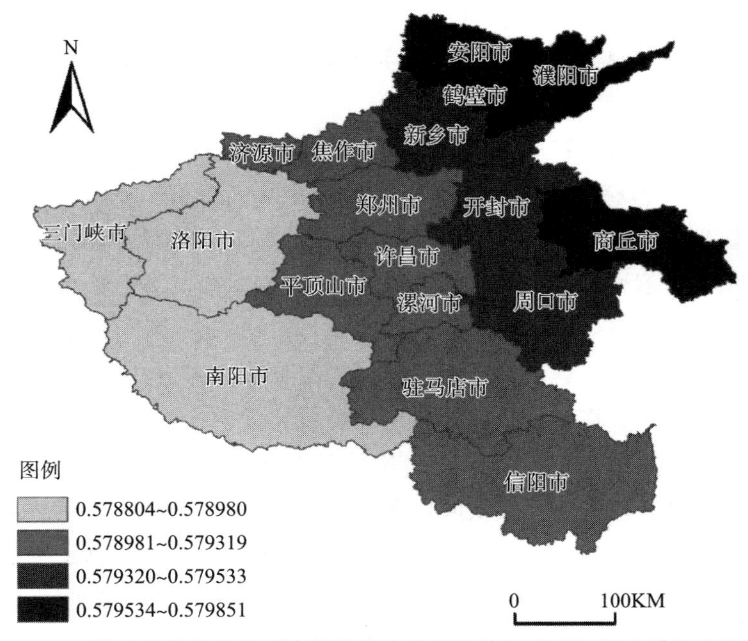

图8-11　对耕地数量变化是否会影响生态效益的认知对农村居民耕地生态补偿支付意愿影响的回归系数空间分布

护者的同时，自身也会得益于耕地生态环境的正外部性，因此，这种认知程度越深，其支付意愿就越强烈。另外，回归系数的空间分布态势呈由西南向东北递增的阶梯状分布特征，影响较大的城市分别是濮阳、安阳、鹤壁和商丘，其中濮阳为高值集聚中心；而影响相对较小的城市为洛阳、南阳和三门峡，其中三门峡为低值集聚中心。受生态环境、耕地收益和政府宣传力度的影响，各地农村居民对耕地变化是否会影响生态效益的认知程度有所不同，而这种差异会进而导致居民的生态补偿支付意愿产生一定异质性。首先，濮阳、安阳、鹤壁和商丘的耕地面积相对较少，且生态环境较差，当耕地数量骤降时，生态效益的不利影响会更加凸显，农民耕地收益也会受到较大影响，因此，居民对于生态效益的认知更深，更愿意以实际行动来支持耕地生态补偿工作。而洛阳、南阳和三门峡由于对于旅游产业的重视程度较高，与游乐休憩相对应的生态环境较好，在耕地数量降低时，其生态效益的变化不太明显，农民耕地收益变化程度相对较小，因此，认知程度相对较低，导致支付意愿相对较低。其次，经济水平相对较低的地区，政府在生态环境保护方面的宣传力度更大，使得居民对于生态效益的认知更加深刻。2019 年濮阳市的地区生产总值仅为 1581.49 亿元，远少于南阳市的 3814.98 亿元，因此，濮阳市农民的生态补偿支付意愿最高。

（4）家庭月收入

家庭月收入对农村居民耕地生态补偿支付意愿具有显著正向影响，回归系数介于 0.578804 和 0.579851 之间，空间分布上呈“东高西低”的特征。具体来说，河南各市的回归系数均为正数，说明家庭月收入越高耕地生态补偿支付意愿越强烈，这可能是由以下两种原因引起的。第一，多数农村家庭收入的主要来源为农业，农业收入占比的大小直接关系到自己的利益，所以支付意愿就较为强烈；第二，与低收入家庭相比，家庭收入来源多样化的农户，更能够负担起耕地保护所增加的成本，就更愿意保护耕地。另外，安阳、鹤壁、濮阳和商丘是回归系数较高的地区，而三门峡、洛阳和南阳则是回归系数较低的地区，造成地区间差异的主要原因包括两个方面。一方面，鹤壁和濮阳等城市的家庭收入在河南省属于中低水平，土地质量相对较低，在耕地资源有限的情况下，农户往往会选择通过耕地生态补偿的方式来达到提高土地质量和产量的效果，从而使得农户的家庭收入也随之提高，因此，他们的意愿较为强烈；而三门峡市和洛阳市等地的收入水平在全省中属于中上等，农户对于提高土地质量的愿望不强，因此，对耕地生态补偿的支付意愿相对较弱。另一方面，鹤壁市和濮阳市等地区城市建设发展较慢，相对于其他地区来说收入结构较为单一，家庭收入高的农户主要依靠耕地，因此，耕地生态保护补偿支付意愿较高；而三门峡市和洛阳市的经济发展和城市建设水平在全省中都位于前列，经济和城市的发展需求导致大量耕地被占用，与农耕相比，工业园区的经济效益更高，家庭收入较高的居民大都是工业园区的受益者，因此，该地区农村居民对于耕地生态补偿的意愿就相对较低。

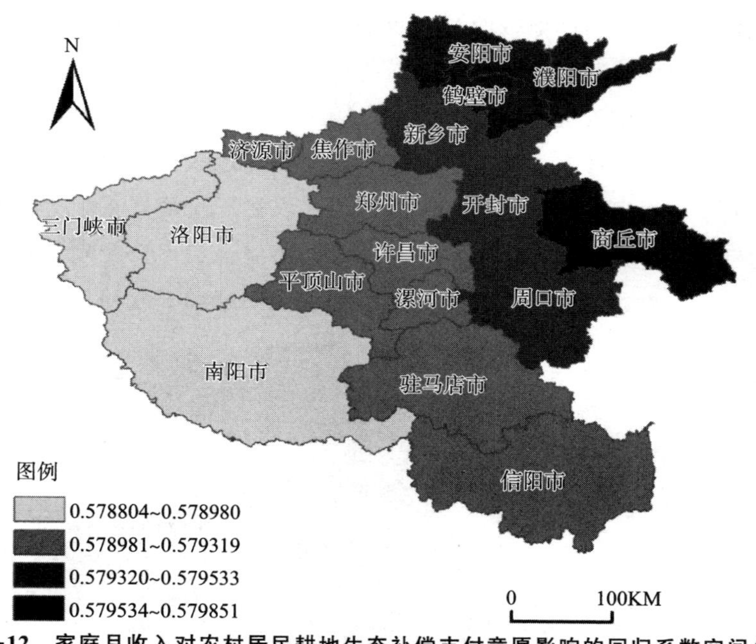

图 8-12　家庭月收入对农村居民耕地生态补偿支付意愿影响的回归系数空间分布

（5）未成年子女个数

未成年子女个数对耕地生态补偿支付意愿具有负向影响，回归系数介于-0.071719 和-0.071457 之间，在空间上呈现出“西高东低”的分布特征，即未成年子女个数对耕地生态补偿支付意愿的阻碍作用从东向西逐渐加强（见图 8-13）。出现这种现象的原因可能是农村居民消费以居住、食品、医疗为主，整体消费层次不高，部分低收入群体还没有完全满足生存发展的需要（罗蓉、韩琳子，2019），加之有未成年子女的农村家庭还要支付子女的文化教育费用，而且，由于我国中西部地区对教育的财政性经费投入不充足、不均衡，这就导致农村贫困家庭教育负担较重（于璇，2019），在这种情况下，农村居民进行耕地生态补偿的支付意愿可能偏低。另外，随着农村居民逐渐意识到教育的重要性，除了学校教育外，他们也愿意为子女支付课外辅导费用来提高子女学习成绩，这些额外的支出都会削弱农村居民耕地生态补偿的支付意愿。随着“三孩”政策的提出，幼年子女的抚养费用也将成为一笔重要的支出，这就导致农户更加抵触在耕地保护上花费更多的人力、财力等。从空间分布来看，三门峡市、洛阳市和南阳市等西部地区的影响较强，而安阳市、濮阳市、鹤壁市、商丘市等东部地区的影响较弱，其中三门峡市影响效果最显著，濮阳市影响效果最弱。在河南省最后脱贫的14个国家级贫困县中，有6个位于影响较强的西部地区，而仅有2个位于影响较弱的东部地区，说明贫困在一定程度上影响了农村居民的支付意愿。因为一些农村居民虽然在生活上脱离了贫困的标准，但是受贫困思想及生活习惯的限制，仍保持着勤俭持家的作风。并且，欠发达地区的农村居民为了让子女能够离开农村，去大城市学

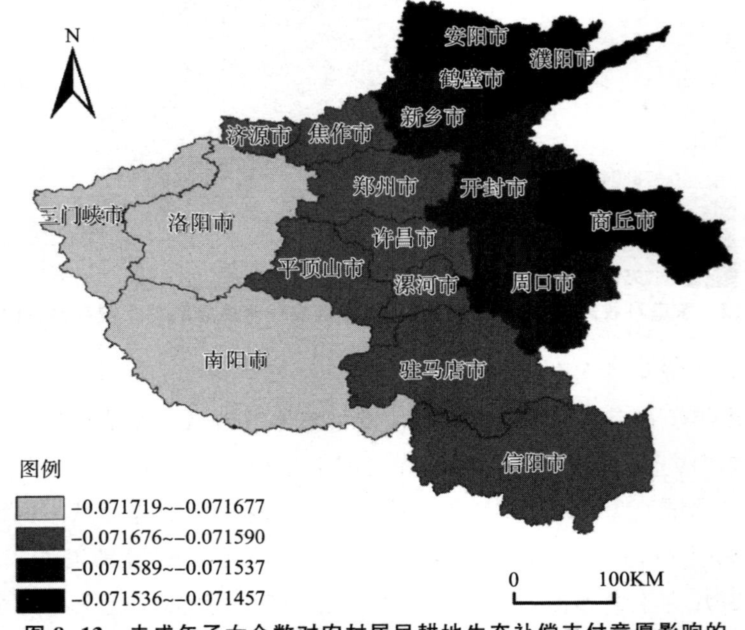

图 8-13　未成年子女个数对农村居民耕地生态补偿支付意愿影响的回归系数空间分布

习或工作，也愿意把钱花在为子女创造更好未来的地方。因此，即使农村居民的收入有所增加，也会去考虑子女教育及生活条件改善的问题，从而忽视对耕地生态的保护。

（6）农业收入比重

农业收入比重对农村居民耕地生态保护补偿支付意愿的影响具有细微差别，总体上呈现出负向效应，在空间上大致呈现“西高东低”的分布特征。由于农村农业收入比重在相当大程度上反映了农民的经济能力和非农业能力（何可、张俊飚、田云，2013），而西部地区较东部地区农业收入占比相对较高，即农户将务农作为最主要的谋生方式，对应的经济能力就相对较弱，因此农户不愿支付额外的人力、物力和财力来参与耕地生态保护。其中，三门峡市、南阳市和洛阳市的负向影响较强（见图 8-14）。一方面，由于以上这三个地区的农业收入占比相对较高，其中南阳市的农业收入占比最高，即该地区农户对耕地资源的经济依赖程度高，其经济能力相对较弱，经济收入中很大一部分需要维持家庭的日常所需，没有多余的收入用以支付耕地生态保护补偿；另一方面，由于农业收入占比高的农户

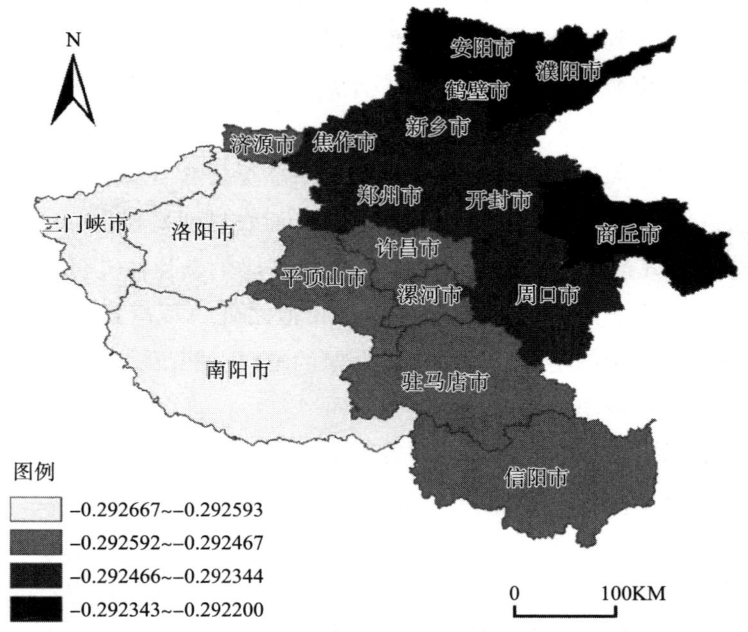

图 8-14　农业收入比重对农村居民耕地生态补偿支付意愿影响的回归系数空间分布

常年在家务农，与外部接触少，加上耕地生态保护宣传不到位，农户对耕地保护的了解不够深入，保护耕地的意识较差，因此，存在农业收入比重越大反而耕地保护意愿越弱的问题。与之相对的安阳、濮阳、鹤壁和商丘，其农业收入比重与支付意愿之间存在较弱的负相关性，一方面，因为以上地区农业收入占比较低，农户对耕地资源的经济依赖性相对较弱，即非农业经营收入相对较高，这些农户的经济来源更加多元化，所对应的经济能力也比较强，在基本生活有了保障之后，具备了一定的额外支付能力；另一方面，由于该地区的农户更多地从事其他职业或者外出务工，与外界接触的机会多，对耕地的保护了解更加全面，保护意愿更加强烈，因此对农村耕地生态保护补偿支付的排斥心理相对较小。

8.4 结论与建议

8.4.1 结论

基于河南省 18 个城市的调查数据，本章利用探索性空间数据分析（ESDA）考察了河南省耕地生态补偿支付意愿的空间分布态势，并且运用地理加权回归模型（GWR）深入剖析了影响耕地生态补偿支付意愿空间异质性的驱动机制，得出以下结论。

第一，从空间维度看，城镇耕地生态补偿支付意愿的空间分布格局存在一定的“中心—外围”规律性分布态势，而农村则呈现出一种不规则的“马赛克”式分布格局，虽然城镇和农村的耕地生态补偿支付意愿在空间格局上存在差异，但二者之间依旧存在相似之处，不论在城镇还是在农村，郑州和洛阳始终是具有强烈支付意愿的地区，相反，濮阳和开封则一直属于支付意愿较弱的地区。

第二，城镇居民和农村居民耕地生态补偿支付意愿的全局 Moran's I 指数值分别为 0.2068 和 0.2896，均在 90% 置信度水平下通过检验，在空间格局上具有正向空间自相关性。城镇居民耕地生态补偿支付意愿形成了以郑州和洛阳为主的热点区域以及以安阳、濮阳、商丘、开封为主的冷点区域，而农村居民耕地生态补偿支付意愿形成了以郑州为主的热点区域以及河南省东北部和东南部城市的冷点区域，并且部分城市的城镇居民与农村居民耕地生态补偿支付意愿在冷热点分布上有较大差别。

第三，各驱动因子对耕地生态补偿支付意愿的影响存在显著的地区差异。从城镇来看，各驱动力对耕地生态补偿支付意愿的影响程度由大到小依次为：对耕地数量变化是否会影响生态效益的认知>对耕地变化趋势的了解程度>受教育程度>年龄>家庭月收入>家庭工作人数，其中，除受教育程度和家庭月收入外，其余因子均呈现出负向影响；从农村来看，各驱动力的排序依次为：家庭月收入>年龄>农业收入比重>对耕地数量变化是否会影响生态效益的认知>受教育程度>未成年子女个数，其中，家庭月收入、年龄和对耕地数量变化是否会影响生态效益的认知都呈现出显著正向影响，而农业收入比重、受教育程度和未成年子女个数均呈现出负向影响。研究发现，不论是城镇还是农村，在影响居民耕地生态补偿支付意愿的驱动因子中，都以代表个人特征的变量为主要驱动力，而以代表家庭特征的变量为辅助驱动力。

8.4.2 建议

8.4.2.1 基于居民个体特征差异，完善耕地生态教育与宣传格局

城镇居民和农村居民是实施耕地生态补偿政策的主体，其个体特征将直接决定耕地生态补偿支付意愿的强弱程度，因此，针对居民年龄、受教育程度、对耕地数量变化是否会影响生态效益的认知以及对耕地变化趋势的了解程度等个体特征，本书认为未来应从以下两点发力，来增强居民对耕地生态补偿的支付意愿。

第一，考虑居民个体特征异质性，建立有差异的环境教育模式。首先，对青少年及青壮年来说，充分发挥学校教育的基础性作用，通过分阶段优化生态课程内容与教学方式来强化学校教育所独具的系统性优势，与此同时，加快生态教育的师资队伍建设，可以聘请相关领域专家对教师进行岗前培训，以此来保证良好的教学效果。其次，针对老年群体，要充分考虑其生存和发展的权利，尽快建立起平衡国家与地方利益的互动机制和“责效”关系，根据实际情况制定出易于理解且便于操作的生态补偿机制来最大限度地保障居民的生产生活权利。最后，考虑男女性别差异，尤其针对农村女性，因其在受教育程度方面相对于男性来说处于劣势，所以要通过开展工作技能培训和提供可替代的增收发展项目来增强其维持生

计的能力，以此来提高她们对于耕地环境保护政策实施效果的感知和评估能力。

第二，构建以政府为主导，全社会共同参与的宣传格局。首先，政府应充分发挥其在耕地生态保护宣传教育方面的主导地位，实现宣传内容及宣传渠道的多元性，内容上不仅要做好规划制定和导向把握，还要增强相关公共产品和基本服务的供给能力，而在传播渠道方面则要兼顾主流渠道与新兴媒体两方面，构筑起网络、影视、新媒体等相结合的新型宣传模式。其次，充分保障居民的知情权，可通过开展“听证会”等措施，提高政府政策和工作的透明度，使居民的知情权得到最大限度的保障。最后，要强调耕地对于人民群众的重要性，这要求政府在进行耕地生态保护教育宣传的过程中，注意合理安排居民的生计替代选择，尤其是降低农村居民因参加耕地保护而带来收入减少的风险。

8.4.2.2 基于居民家庭特征差异，全方位拓宽人民增收减负渠道

居民的家庭特征在一定程度上会影响个体的判断和决定，根据 GWR 回归结果，本书从家庭月收入、家庭工作人数、未成年子女个数以及农业收入占比等家庭特征出发，提出以下两点建议，以此增强居民对耕地生态补偿的支付意愿。

第一，积极拓宽就业渠道，多渠道促进居民增收。一方面，进一步扩大就业途径是增加居民收入的有效方式，因此，应该完善就业补贴政策，加强就业宣传与培训，鼓励劳动者自主创新创业，支持小微企业发展，创造更多优质的工作岗位，确保就业形式的多样化，以此实现居民收入的多渠道、多来源；同时，健全工资增长机制，完善并落实最低工资制度，适当增加劳动者津贴补贴，在加大劳动报酬保障力度的基础上，积极探索符合不同岗位实际的收入分配制度，提升劳动者的收入水平，增强居民耕地生态补偿支付意愿。另一方面，除了增强就业的多样性，增加农业生产经营本身的产出对于农村居民更为重要。一是通过优化农业结构，拓展农业功能，如打造观光农业、特色农业等来提升农户的经济收益；二是培育农村合作社、家庭农场等多种新型经营载体，解决小农户面临的困难，实现产业化、集群化发展，以此实现农户增收。同时，由于农业同时面临市场和自然双重风险，除了提升农民农业经营收入水平外，完善的农业补贴政

策也是提高农民收益的切实保障。

第二，切实提升人口素质，降低家庭教育压力。一方面，农村未成年子女综合素质的提升直接关系到新农村建设的成败以及耕地的可持续发展，但是，当前农村学生的辍学率仍然高于城市学生。因此，应改变农村地区落后的教育观念，政府应在幼儿教育、义务教育、职业教育等各个领域系统发力，完善教育体系，积极推进乡村教师计划，促进农村教育发展，提升人口素质。另一方面，较高的教育成本是农民增强耕地生态补偿支付意愿的绊脚石之一。因此，应该加大对农村教育的资金投入力度，要有针对性地向农村倾斜，促进城乡教育资源的均衡分配，阻断贫困代际传递；对于家庭经济贫困的农村学生，政府应设立专项资金，提供必要的生活补助，降低家庭的教育成本，使农村居民更愿意付出人力、财力参与耕地保护。

8.5 本章小结

较多的样本点数是地理加权回归模型运行结果相对准确的前提，若以各均质区补偿标准为因变量，则仅有 5 个样本，难以获得应有的分析结果，故而本章以河南 18 市城镇和农村受访对象支付意愿均值为因变量，以性别、受教育程度等为自变量，采用 GWR 模型分别对农村居民和城镇居民耕地生态补偿支付意愿进行分析，结果显示，各市农村居民与城镇居民支付意愿差别化的影响因素是客观存在的，并以分析结果为基础，从完善耕地生态教育与宣传格局、全方位拓宽人民增收减负渠道等方面提出差别化政策建议。

第9章　基于农户调查的耕地生态补偿机制需求意愿分析

基于前文对我国耕地生态补偿机制现状的分析和效率的评价，我们发现了补偿效率整体不高的现实；然后通过对耕地资源生态价值空间异质性的内涵解释和成因分析，指出了当前耕地生态补偿效率偏低的原因；进一步以河南省为例，科学构建评价指标体系，开展了耕地资源生态价值的空间异质性评价及均质区划分，从实证角度验证了空间异质性的客观存在，并认为其是制度设计不能忽视的重要影响因素。那么在前文发现问题、分析问题和指出问题症结所在的基础之上，下一步我们自然而然就要回答如何解决问题了，差别化耕地生态补偿机制的构建是解决问题的总体思路。在机制构建的过程中，农民作为通过日常劳作对耕地生态环境不断产生影响的一线主体，他们的诉求就显得尤为重要。因此，本章选择河南省南阳市为研究区域，通过对当地农民的问卷调查，充分了解他们对当前耕地生态补偿机制的满意程度及对未来耕地生态补偿机制的需求意愿，并通过Logistic模型的运用深入挖掘影响农户耕地生态补偿需求意愿的因素，为下文差别化生态补偿机制的构建提供参考，以期使制度设计充分调动广大农民的积极性、主动性和创造性。

9.1　研究区域概况

南阳，地处河南省西南部、豫鄂陕三省交界处，三面环山，地处汉水上游，淮河源头，土地面积达到2.66万平方公里，城市规模在整个河南省位居第三。因其盆地内部丰富的耕地资源，南阳市成为河南省重要的粮食生产核心区，粮食产量在河南省乃至全国占据着举足轻重的地位。作为“中原粮仓”的南阳市，2017年粮食总产量为643.18万吨，与1997年相比，产量提升了192.49万吨，占河南省当年粮食总产量的10.77%，不仅如此，作为国家重要的商品粮、棉生产基地，它还要在保障粮食安全的同时，促进农民增收，因此，其耕地保护对完成“乡村振兴”和“四化”协调发展战略具有深远的现实意义。但是，就目前来看，城镇化建设将是耕地保护所面临的巨大挑战。根据最新数据，2019年南阳市的人口总量位居河南省第二，总人口为1003.16万人，而据研究预测，2030年南阳市人口将达到1180万人，从长远角度考虑，如果种粮收入低的状况不能得到改善，利益的驱使和城镇化的驱动将促使更多青壮年劳动力走出农村、脱离农业，那么当地耕地生态保护和种粮情况将不容乐观。因此，本书以南阳市为例，基于549份调查问卷，分析农户耕地生态补偿需求意愿及影响因素，具有较强的代表性。

9.2 研究方法与资料来源

9.2.1 研究方法

Logistic模型是将逻辑分布作为随机误差项概率分布的一种二元离散选择模型，特别适用于按照效用最大化而进行的选择行为分析。对于农户耕地生态补偿需求意愿的调查主要了解农户的主观愿望，设“需要”和“不需要”两个答案，即二分类变量，选择Logistic模型进行分析是合理的。Logistic概率函数的形式为：

$$P=\frac{\mathrm{Exp}(Z)}{1+\mathrm{Exp}(Z)} \tag{式9-1}$$

式（1）中，Z是变量x_1，x_2，……，x_n的线性组合：

$$Z=b_0+b_1x_1+b_2x_2+\cdots+b_nx_n=b_0+\sum_{i=1}^{n}b_ix_i \tag{式9-2}$$

研究中，将农户需要补偿的概率设为P（$Y=1$），那么不需要补偿的概率为$1-P$（$Y=0$），进行Logistic回归分析时，将P进行Logit转换，为

$\text{Logit}P = \ln\left(\frac{P}{1-P}\right) = b_0 + \sum_{i-1}^{n} b_i x_i$，即可得到概率函数与自变量之间的线性表达式。

9.2.2 问卷设计与样本

9.2.2.1 问卷设计

关于农户耕地生态补偿需求意愿及影响因素分析的研究，所涉及的调查问卷主要分为四个方面。首先，针对耕地数量、质量的变化趋势以及生态价值及其重要性对农户进行询问，一方面，可以较为清楚地了解并得到农户对耕地保护外部性的认知程度，另一方面，借助这些提问可帮助受访者进一步理解调查主题，降低假想偏差出现的概率。其次，为全面掌握受访者对耕地生态补偿的需求意愿，本书主要设置了以下几个调查问题：对生态补偿的需求程度，对保护耕地的自愿程度，对种粮系列补贴的满意程度，对补偿机制各环节的偏好程度等。再次，了解受访者个人和家庭状况，这将支撑起对受访主体需求意愿影响因素的实证研究。最后，通过对受访者是否足够理解问卷内容以及在调查过程中是否受到了来自外界的影响等的提问对问卷有效性开展检验。

9.2.2.2 样本资料来源

研究数据主要来自对南阳市农户耕地生态补偿需求意愿的问卷调查，调查范围包括西峡县、新野县、社旗县和南召县，选择该样本的主要原因是，这些区域广泛分布在丘陵、山区以及平原地区，经济发展水平参差不齐，具有一定的代表性。根据《2017年南阳市国民经济和社会发展统计公报》，2017年南阳市乡村常住人口556.08万人，采取Scheaffer抽样公式，在抽样误差为5%的假设下，计算得知共需样本400份。为了保证样本充足，本书在预调查的基础上，分别在2017年2月和2018年8月分两次进行正式的问卷调查。此次问卷调查以面对面访谈形式为主，在此之前对相关人员进行富有针对性的培训，以保证问卷的真实性与有效性。另外，调查组对每个调查区域随机发放问卷，两次调查每次各发放问卷300份，且100%回收，经过细致的内容甄别后从中剔除无效问卷51份，因此有效问卷共计549份，有效率为91.50%（见表9-1）。

表9-1 调查问卷分布状况

单位：份、%

调查区域		发放问卷总数	有效样本数量	有效问卷占总数的比重
南召县	乔端镇	78	70	11.67
	皇路店镇	72	68	11.33
西峡县	双龙镇	75	72	12.00
	西坪镇	75	65	10.83
新野县	沙堰镇	80	71	11.83
	樊集乡	77	70	11.67
社旗县	唐庄乡	73	67	11.17
	兴隆镇	70	66	11.00
合计		600	549	91.50

9.3 农户耕地生态补偿需求意愿

9.3.1 补偿需求及认知情况

首先，耕地生态补偿需求情况。问题设置为，一定质量耕地生态服务的有效供给，需要农户投入一定的人力、物力等到目前经营的耕地上。有392个农户认为需要得到补偿，而有157个农户则认为不需要补偿。即大约占样本总数的71.40%的农户有生态补偿需求，表明多数农户对耕地生态补偿持肯定态度。

其次，关于耕地保护意愿，有448个农户选择了愿意，有101个农户选择了不愿意，即具有正向保护意愿的农户占样本总数的81.60%，具反向意愿的农户占样本总数的18.40%。对耕地保护意愿持反向态度的农户中，最主要的原因是耕地收益低（79.43%）和外出务工收益高（17.52%）两种（多选题），这充分表明了农户对耕地保护的反向意愿是由于农业收益相对较低。

最后，关于对耕地保护主体的认知，在对549个农户的调查中，有77.05%的农户（423个）认为自己是耕地保护的责任主体，即超过3/4的农户能认识到其日常耕作对耕地会带来一定的影响；剩余22.95%（126

个）的农户并没有较强的耕地保护主人翁意识，认为自己不是耕地保护责任主体，这可能与我国的土地制度以及当地农民的责任意识有较大的关系。

根据调查问卷初步分析结果可知，超过一半的农户对耕地保护具有较强的责任意识，认为自己是耕地保护的实践者。从经济学中经典的“理性经济人”假设的角度来看，农户为了追逐经济利益对耕地进行粗放型和破坏性经营的行为是说的通的。但是，耕地特殊的身份决定了它不能够成为农民单纯追求更高经济收益的牺牲品，因为耕地不仅是农民增收的资产，同时更是关乎国计民生的宝贵资源。目前，耕地经营收益低的原因，一方面是粮食等农产品售价较低，与其他行业相比并未获得社会平均利润；另一方面是耕地大量具有正外部性的生态价值和社会价值未能在经济上得以实现。耕地生态补偿机制的设计正好可以弥补后者的不足，加之通过调查可以看出绝大多数农户愿意在接受补偿的同时持续提供耕地生态产品，也就是说在补偿这个问题上需求是客观存在的，我们要做的就是如何设计好供给侧，从而实现供给与需求的匹配，达到农民增收和耕地生态产品保量增质的“双赢”局面。以上均为补偿机制的设计提供了参考。

9.3.2 对种粮系列补贴的满意程度

农户是耕地生态补偿政策的直接受益人，其对农业补贴政策的满意度直接关系到相关政策的实施成效。但调查问卷显示，在被问及“您是否满意国家当前实施的种粮系列补贴政策”时（多选题），有449户受访农户表示不满意，占样本总数的比重为81.79%，进一步探寻原因：第一，种粮系列补贴补偿标准较低，占比77.02%；第二，补贴对农民收入水平的提高贡献微弱，占比68.13%。种粮系列补贴强调的是对种粮耕地进行经济补偿，在我国具体实践过程中主要包含四项主要内容，即种粮农民直接补贴、农资综合直接补贴、农作物良种补贴和农机具购置补贴。在南阳市的实际访谈中，很多农户指出，长期以来，各类农资的价格不断攀升，但各种粮食的价格却稳定地维持在较低水平，即使加上国家的各项粮食补贴，补贴金额相对于生产资料物价和生活成本上涨来说只是杯水车薪，在农户没有其他增收门路下，单纯依靠种粮和国家相关补贴很难致富。因此，充分考虑各个均质区的最大支付意愿，建立符合区域实际的差别化补偿机制，对于提升补偿资金运作效率具有重要作用。

9.3.3 对补偿机制各环节的偏好

第一，受偿主体。根据调查结果，不少受访者认为生态补偿系列补贴资金应直接面向农户发放，占比 91.44%，表明农户对自身是受偿主体这一点具有广泛的认可度，同时表明补偿直接发放给农户能够取得较为理想的激励效果。另外，访谈中受访农户谈到了一些现行补偿机制需要改进的方向，如缺乏强有力的监督机制以及补偿资金发放中间环节过于烦琐。现实中，除耕地日常维护外，对耕地生态的保护和修复工作，需要政府统筹指导、农户积极配合，因此，应建立明确的耕地补偿监督责任制，完善奖惩制度，同时，综合考虑耕地生态补偿资金发放，既要照顾到农户的切身利益，又要关注农田基础设施等的综合整治，将生态补偿资金进行合理划分，农户取其多数，村集体取其少数，兼顾两者的利益。

第二，补偿方式。调查显示，一方面，支持货币补偿的在受访者中占到 77.05%，表明货币补偿是农户最喜欢的补偿方式。反映出的问题在于：(1) 受自身认识水平约束，农户本身社会保障意识较为薄弱；(2) 农户对耕地生态补偿的预期缺乏稳定性，既不确定补偿能够持续多久，也不确定补偿机制能够在多大程度上被执行。所以，制度设计者应充分明确耕地生态补偿的具体内容，制定耕地生态补偿有关法律法规，确定补偿机制的法律地位。另一方面，受访者中选择实物补偿的占 9.11%。实物补偿主要是由耕地生态效益受益者或者政府向农户提供化肥、种子、农药等农业生产资料，但是，我国目前广泛存在耕地流转现象，按照惯例耕地生态实物补偿一般是交付于原土地承包者，这就造成实际承包者与耕地转出者之间的矛盾，存在浪费现象或者需要进行实物的二次转移。因此，补偿方式的确定至关重要，应综合考虑农户的实际需求和补偿者支付的便利性，尽量使用货币补偿方式，最大限度地激发农户的积极性，同时结合耕地生态补偿促进耕地生态产品保量增质的目的，适当增加技术补偿的补偿方式。

第三，补偿依据。耕地面积和耕地质量是人们广泛认同的补偿依据，占比达 77.23%。耕地面积可依据农村土地承包经营权确权登记证书来确定，因此可避免再次测算。相反，耕地质量具有较大的不确定性和动态性，既与承包时的初始质量有关，也与承包后的耕作方式和日常维护密切相关，因此应实行动态的耕地质量监督和测量工作，将农户受偿额度与耕地质量挂钩，建立公平合理的质量监管和测评机制，体现生态补偿的要义，达成生态补偿的目的。

第四，支付方式。认为应该承包期内一次性支付、按年支付以及其他方式支付的比例分别为43.90%、40.98%和15.12%。其中第一种支付方式的支持占比（43.90%）略高于第二种（40.98%），进一步显示出农户对补偿政策稳定性的不信任，这种对于收入不确定性的心理预期促使多数农户选择按照承包期一次性支付的方式。选择其他支付方式（按照月或者季度等支付）的农户，占比15.12%，究其原因，主要是因为受访农户的理财能力较低，为了避免出现一次性补偿带来的前期资金充足花销不节制，后期资金紧张的情况，该部分农户选择分时段、短周期获得补偿款的方式。同时从资金流出和持续监管方面来看，补偿时间跨度较长会给支付方带来较大的资金压力，并且给资金使用监管和耕地生态环境维护监管带来困难；相反，支付周期太短需要频繁支付，徒增工作量，造成资源的浪费。因此，笔者认为较为合理的支付方式是按年度支付给农户耕地生态补偿款，这样不仅在一定程度上避免资金支出过大或工作繁复带来的浪费，又能够通过长流水型的补偿帮助农民理性安排资金使用，强化其抵御风险的能力（见表9-2）。

表9-2 受偿主体、补偿方式、补偿依据与支付方式选择调查结果

单位：人、%

问题	选项	选择该选项的人数	占有效问卷总数的比重
（1）您认为以下哪类受偿主体应该得到补偿资金？	直接发放给农户个人	502	91.44
	补偿给村集体	37	6.74
	补偿给村组	10	1.82
	合计	549	100.00
（2）您认为补偿应采取以下哪种方式？	货币补偿	423	77.05
	养老保险、医疗保险等社会保障	24	4.37
	货币补偿和养老保险相结合	52	9.47
	实物补偿	50	9.11
	合计	549	100.00

续表

问题	选项	选择该选项的人数	占有效问卷总数的比重
(3) 您认为以下哪种补偿依据更为合理?	耕地面积和质量	424	77.23
	农业人口	84	15.30
	粮食产量	41	7.47
	合计	549	100.00
(4) 您认为以下哪种补偿支付方式更为合理?	按承包期一次性支付	241	43.90
	按年支付	225	40.98
	其他方式	83	15.12
	合计	549	100.00

9.4 基于Logistic模型的农户耕地生态补偿需求意愿影响因素分析

9.4.1 变量选取及描述性统计

建模时设置“农户耕地生态补偿需求意愿”作为被解释变量。在解释变量选取中，根据个体和家庭特征分别设定“个体特征变量”和“家庭特征变量”两方面，共设置11个解释变量。其中，“个体特征变量”主要选取性别、年龄、受教育程度、耕地保护意愿4个变量，其中对于农户的性别、受教育程度、耕地保护意愿变量进行赋值，年龄使用实际调查值；“家庭特征变量”主要选取家庭总人口数、家庭农业人口数、家庭劳动力人数、耕地种植面积、农业收入比重、家庭是否兼业、耕地破碎度7个变量，其中前4个解释变量以实际调查值引入模型，后3个解释变量赋值后引入模型。

对变量数据进行分析后发现，受访农户的平均受教育程度为2.42，根据指标赋值情况：未读书=1、小学=2、初中=3、高中=4、大学专科及以上=5，说明受访者文化程度整体不高；家庭劳动力人数的均值是2.77人，表示受访家庭整体上具有劳动力较少的特征；农业收入比重根据0~10%=1，……，90%~100%=10进行赋值，其均值为4.58，家庭是否兼业均值为0.66，表示受访家庭利用闲暇时间兼业以增加收入的现象较为普遍；耕地种植面积平均每户为 0. 36hm^2，耕地破碎度通过耕地块数和耕地面积进行测度，其平均值为 0. 31，表明受访农户的耕地种植面积普遍较小且集中度较低，因此个体农户很难对家庭现有耕地进行规模经营（见表 9-3）。

表 9-3　变量数据描述

变量类型	变量名称	指标描述	单位	均值
被解释变量	农户耕地生态补偿需求意愿 y	需要 = 1，不需要 = 0	-	0. 71
个体特征变量	性别 x_1	男 = 1，女 = 0	-	0. 70
	年龄 x_2	实际调查值	岁	36
	受教育程度 x_3	未读书 = 1，小学 = 2，初中 = 3，高中 = 4，大学专科及以上 = 5	-	2. 42
	耕地保护意愿 x_4	愿意 = 1，不愿意 = 0	-	0. 82
家庭特征变量	家庭总人口 x_5	实际调查值	人	5. 02
	家庭农业人口数 x_6	实际调查值	人	3. 71
	家庭劳动力人数 x_7	实际调查值	人	2. 77
	耕地种植面积 x_8	实际调查值	户/hm^2	0. 36
	农业收入比重 x_9	0 ~ 10% = 1，……，90% ~ 100% = 10	-	4. 58
	家庭是否兼业 x_{10}	是 = 1；否 = 0	-	0. 66
	耕地破碎度 x_{11}	耕地块数/耕地面积	-	0. 31

9. 4. 2　模型回归概况及拟合优度检验

由于各指标的性质、量纲等特征存在一定的差异，针对涉及多个不同指标综合起来的模型，可能存在不同指标无法直接进行比较的问题，为了统一比较标准，最大限度地降低可能的不利影响，在建模之前运用 z-score 标准化方法对各变量的原始数据开展标准化预处理（具体步骤略）。

同时，较多的解释变量可能存在多重共线问题，导致估计值不稳定或者参数不确定，检验可靠性降低，因此应在对数据进行回归分析前借助 SPSS 13. 0 软件对各解释变量开展多重共线性检验，结果表明，容忍度（TOL）最小值是 0. 7491，方差膨胀因子（VIF）最大值是 1. 3349。一般说来，容忍度的临界值为 0. 10，方差膨胀因子的临界值为 10，当解释变量的相关指标小于前者或者大于后者时，就可判定解释变量之间的多重共线性较为严重，将对模型回归结果产生一系列不利影响。而本研究的结果说明解释变量之间不存在严重的多重共线性，不需要对模型采取多重共线性补救措施。选取 SPSS 13.0 软件，运用 Enter 回归方法对本研究各指标进行建模，其结果显示模型存在显著性。

本研究选用的解释变量为多元解释变量，模型显著是综合而言的，系数显著性是其中的个体，模型综合不能完全代表系数个体。可通过拟合优度检验来说明模型对研究主题的解释程度，分别采用 H-L 检验和 Omnibus 检验两种方法进行检验。H-L 检验的原假设是模型变量的实际值和估计值两者之间没有任何差别，而备择假设实际值与估计值两者之间完全不一样。Omnibus 检验目的在于通过检验含有自变量的模型是否显著异于仅含截距项的模型，来判断解释变量与被解释变量之间的关系。

经检验可知（见表 9-4 和表 9-5），第一，回归模型 H-L 检验的卡方值为 8.5776，其中显著性水平 0.3792，超过 0.05，表明模型整体上很好地拟合了数据，即模型整体具有较为理想的拟合优度；第二，回归系数的 Omnibus 检验显著性水平为 0.0000，说明模型中至少存在一个解释变量与被解释变量显著相关，即解释变量的总体平均变化至少存在一个解释变量可以进行解释；第三，模型的 Cox & Snell R Square 值和 Nagelkerke R Square 值分别为 0.1839 和 0.2634，说明回归模型可以较好地解释农户耕地生态补偿需求意愿的影响因素。

表 9-4　H-L 检验和 Omnibus 检验

	Step	Chi-square	df	Sig.
H-L 检验	1	8.5776	8	0.3792
Omnibus 检验	Step	111.5386	11	0.0000
	Block	111.5386	11	0.0000
	Model	111.5386	11	0.0000

表 9-5　回归模型概况

Step	-2 Log likelihood	Cox & Snell R Square	Nagelkerke R Square
1	545.6231	0.1839	0.2634

9.4.3 模型回归结果

将生态补偿需求意愿与年龄、受教育程度、耕地保护意愿、农业收入比重等变量做回归分析，结果如表9-6所示。个体特征变量中的受教育程度（x_3）、耕地保护意愿（x_4）和家庭特征变量中的家庭农业人口数（x_6）、耕地种植面积（x_8）、农业收入比重（x_9），对耕地生态补偿需求意愿具有显著的正向影响，且符合理论预期。其中受教育程度、农业收入比重和耕地种植面积，显著性水平分别达到0.0000、0.0030、0.0044，在1%的水平下属于极显著的范畴；耕地保护意愿的显著性是0.0673，说明该变量在10%的水平下显著；家庭农业人口数的显著性为0.1323，说明该变量在15%的水平下显著。性别（x_1）、年龄（x_2）、家庭总人口（x_5）、家庭劳动力人数（x_7）、家庭是否兼业（x_{10}）、耕地破碎度（x_{11}）这些变量的显著性分别为0.6954、0.7332、0.1711、0.1868、0.4381、0.7869，均大于0.15，影响均不显著。

第一，解释变量x_3，即受教育程度的参数是0.5135，通过取反对数得到机会比率是1.6711，表明当其他解释变量不变时，农民的受教育程度每提升一个单位，需要耕地生态补偿的机会比率提高约67.11%。实际上，受教育程度和生态补偿意愿成正比关系，受教育程度高的农民，思想观念比较先进，更容易理解和接受政府下发的文件政策，更容易树立生态文明价值观，自觉参与耕地保护工作；受教育程度低的农户则恰恰相反。

第二，解释变量x_4，即耕地保护意愿的参数是0.1017，机会比率是1.1071，说明当其他解释变量不变时，愿意保护耕地的农民比不愿意保护耕地的农民，需要耕地生态补偿的机会比率提高约10.71%。实际上，耕地保护意愿和生态补偿成正比关系，耕地保护意愿强，体现了农户对耕地有深厚的感情，就会想办法改进耕作方式从而起到保护地力的作用，这部分农户依靠耕地生活，对耕地的依赖性较强，通常不会出现滥用耕地、闲置耕地、破坏生态平衡的情况，从而有利于耕地可持续利用。

第三，解释变量x_6，即家庭农业人口数的参数是0.0920，机会比率是1.0964，说明当其他解释变量不变时，家庭农业人口数每多1人，农户需要耕地生态补偿的机会比率提高约9.64%。实际上，家庭农业人口数越多，说明家中从事农业耕种的劳动力越多，有更多的时间和精力去打理耕地，可能会寻找提高单位产量的方法，更能意识到耕地的重要性，对生态补偿需求的意愿也越强烈。

耕地种植面积（x_8）的参数是0.2092，机会比率是1.2327，说明当其他解释变量不变时，农户耕地种植面积每多1公顷，农户需要耕地生态补偿的机会比率提高约23.27%。实际上，耕地面积越大，越有利于农民扩大生产规模，具备更好的耕地绿色经营的要素投入基础，对生态补偿的需求意愿更加强烈。

农业收入比重（x_9）的参数是0.2762，机会比率是1.3181，说明当其他解释变量不变时，农户农业收入比重每提升1个百分点，农户需要耕地生态补偿的机会比率提高约31.81%。实际上，农业收入比重越高就说明该农户对农业的依赖程度越高，就会投入大量时间、资金尝试新的耕作方式，面对新的政策就更愿意去尝试，改变原有农业生产模式，从而提高家庭的整体收入。

现实中，从事农业的家庭成员人数多少、从事农业经营获得的收入占全部收入的比重大小以及每个农户分到的具体耕地面积的大小是判断一个家庭是否靠农业维持生计的主要指标。由于农村承包地的面积大小是根据从事农业的人数来进行划分的，所以农业人口较多的家庭，承包地面积往往相对较大，在农业的生产经营中，获得的收入自然就比其他农户多一些。然而对于一些不具备旱涝保收条件、对自然条件依赖较高的地区，农户的收入波动较大，生活没有保障。例如在2014年的夏天，河南省部分地区遭受到了严重的自然灾害，如果政府不给当地的农户相应的补贴，农户收入将会严重缩水，这对于当地农户来说是个不小的打击，严重影响到农户正常的生产生活，对于这部分农民来说，生态补偿的生计维持功能显得尤为突出。

第四，通过对相关地区的调查我们可以得出，随着社会经济的发展，很多位于粮食生产核心区的年轻人不愿意再从事农耕活动，农村劳动力流失现象十分严重。对于这些在农村地区的年轻人来说，他们文化水平普遍不高，对耕地的生态保护意识比较弱，认为去大城市打工远比从事祖辈的“面朝黄土背朝天”的农业生产经营活动轻松得多，所以宁愿在外地务工也不愿继续从事农业生产活动，这就导致农业劳动力人口数量逐年下降，因此家庭劳动力人数以及家庭总人口并不能左右补偿需求意愿。调查过程中发现，外出打工的群体不以农业生产为主，对耕地的保护意识相对较弱，对耕地生态价值的认识程度也不是很高。随着大量劳动力进城务工，从事农业生产活动的农民有机会通过土地流转的方式获得更多耕地，从而实现一定程度的规模经营，因而耕地破碎度对因变量的影响不够显著。

表 9-6　模型回归结果

变量	非标准化回归系数	标准化回归系数	标准误	Wald 值	显著性
性别 x_1	-0.0905	-0.0229	0.2311	0.1533	0.6954
年龄 x_2	-0.0340	-0.0230	0.0997	0.1162	0.7332
受教育程度 x_3	1.0249	0.5135***	0.1461	49.2297	0.0000
耕地保护意愿 x_4	0.4755	0.1017**	0.2599	3.3470	0.0673
家庭总人口 x_5	0.1058	0.0969	0.0773	1.8733	0.1711
家庭农业人口数 x_6	0.1908	0.0920*	0.1268	2.2650	0.1323
家庭劳动力人数 x_7	0.2363	0.0832	0.1790	1.7426	0.1868
耕地种植面积 x_8	2.5917	0.2092***	0.9105	8.1019	0.0044
农业收入比重 x_9	7.4927	0.2762***	2.5270	8.7917	0.0030
家庭是否兼业 x_{10}	-0.2051	-0.0472	0.2644	0.6013	0.4381
耕地破碎度 x_{11}	0.0600	0.0164	0.2221	0.0731	0.7869

9.5 结论与建议

综上所述，可以得出以下三个结论。第一，随着城市化进程逐渐加快，经济社会迅速发展，农业经营已经不是大部分农户唯一的出路和选择。但是，处于粮食生产核心地区的农户多数同意进行耕地保护，而且接受调查的大部分农户也赞成进行利益补偿，这一调查结果说明构建耕地生态补偿机制这一举措意义重大，可在一定程度上唤起农户对耕地的保护意识和从事农业生产经营的热情。第二，在耕地生态补偿机制构建中，应特别重视受偿主体、补偿方式、补偿依据和支付方式等内容，可以从以下几个方面着手，提高农户对于补偿机制的接受程度，如将补偿金额发放给农户个人、根据土地的面积大小和综合质量来具体确定补偿依据、征询农户意愿确立补偿方式、按年支付一定比例的补偿金额等，都可以有效促进补偿机制的顺利运行。第三，由上文分析可知，农民受教育程度、家庭农业人口数、耕地种植面积、农业收入比重等因素可显著影响农户耕地生态补偿需求意愿。其中，受教育程度（x_3）、耕地保护意愿（x_4）、家庭农业人口数（x_6）、耕地种植面积（x_8）和农业收入比重（x_9）数值每增大一个单位，农户需要耕地生态补偿的机会比率也会分别增加大概67.11%、10.71%、9.64%、23.27%及31.81%。由此可见，农民受教育程度对农户耕地的生态补偿需求意愿的影响最为显著，拥有较高受教育程度的农民，对耕地生态补偿的认识更加深刻。其次是农业收入比重，该指标能很大程度影响农民的农业生产积极性，农业收入如果占比很高，农业生产经营收入增加，农民获取一定利润，才会更加积极地投入农业生产。然后是耕地种植面积、耕地保护意愿。家庭农业人口数之所以影响最弱，原因在于农村地区青壮年劳动力人口大量外流，耕地种植已不再成为首选行业。

耕地生态补偿机制的设计，需注意以下几个方面。①补偿标准的设定：根据耕地生态补偿“四补贴”政策实施的满意程度来看，有将近63%的受访者表示补偿标准太低。即在11个不同影响因素的共同作用下，依然有超过半数的受访者表示对当前生态补偿标准不满意。为此，应结合耕地生态补偿的基本理论，对其补偿标准的设定作进一步的探讨。耕地生态补偿是基于农业生产的负外部性，通过给予保护主体一定的补贴，从而改善农田生态环境的一项经济激励机制，该机制需要考虑利益主体为此支付的对价。一方面，应对耕地资源生态价值和耕地保护机会成本进行测算，由此设定补偿标准的上限；另一方面，要考虑到农资价格等的上涨幅度，由此设定补偿标准的下限。同时，补偿标准的制定应结合耕地质量监督和测评结果显示进行年度修正，切实有效建立起符合农民意愿的、显著调动农民生产积极性的动态生态补偿机制。②补偿依据应以耕地面积和质量为基础，并考虑粮食产量和粮食商品率，以及耕地保护任务量等因素，在做到公平划分的基础上，也强调灵活有度，通过补偿切实达到确保耕地生态安全的目的。当前重要的补偿方式包括资金补偿、实物补偿和技术补偿。但普惠式的实物补偿不能与农户的个性化实际需求挂钩，也没有考虑到农户为此额外付出的成本，导致农户对该补偿方式存在一定的抵触心理；而进行技术补偿需要调动较多的社会元素，且效果在短时间内难以显现，不容易被农户感知。因此，应当在综合考虑财政收支的情况下，不断拓展补偿资金渠道，尽量给予农户直接的货币补偿，通过增加农户手中持有的农业支出现金流，缓解农业收获的季节性带来的资金“青黄不接”现象。另外，在补偿资金的发放流程中，应精简发放程序，确保将耕地保护受偿主体的利益损失降到最低，使受偿主体的利益得到充分实现。补偿资金中支付给农户的部分，可以淘汰中间环节，以“一卡通”的形式直接拨付给农户；对支付给集体的部分，应确保专款专用，做到公开透明，加强有效监督，避免滋生腐败。③Logistic 模型的回归结果显示，对农户耕地生态补偿需求意愿边际影响最大的是受教育程度，即受教育水平越高的农户，越能够认识到生态补偿的现实需要，相应地更能让生态补偿资金得到有效运用，在保证农民收入的基础上，加强对耕地的生态保护，使耕地生态补偿资金落到实处。为此，农户耕地生态补偿不能只靠资金单方面发力，应加大对农村地区的教育投入力度，从农村居民受教育规模和受教育水平两方面着手，并加强对耕地生态保护的宣传，逐步提升农户的文化素养。通过教育拉动政策的有效实施，使农户对耕地保护、耕地生态功能的内涵和重要性有更清晰的认识，化被动为主动，提高农户参与度，在深化耕地生态补偿激励效果的基础上，有效增强农民的耕地保护意愿。④根据 Logistic 模型的回归结果，耕地生态补偿机制的设计应体现“阶梯性”和“差别化”。“差别化”主要是由于各个地区自然、经济等条件均不同，应制定符合区域实际的差别化补偿政策，以确保补偿效率的不断提高；“阶梯性”是在“差别化”的基础上，对粮食生产核心区与非核心产区以及经济发达地区与经济欠发达地区所采取的阶梯式耕地生态补偿机制。具体来说，家庭农业人口越多、耕地种植面积越大或农业收入占比越高的农户，其对农业的依赖程度越高。进一步分析，这些农户更可能分布在从事非农产业就业机会少的粮食生产核心区和经济欠发达地区，他们对耕地生态补偿的需求更加强烈，得到补偿后耕地保护积极性被激发的可能性也更大，使得资金补偿可以实现效用最大化。因此，在补偿资金有限的情况下，应重点关注相关地区农户的利益诉求，考虑优先补偿这些地区的农户，或者对这些地区制定较高的补偿标准。总的来说，作为连接自然生态系统和人类社会粮食安全的重要纽带，耕地生态保护机制能实现耕地数量、质量、生态三位一体的保护，在有效满足农户耕地生态补偿需求意愿的基础上，充分调动农民生产积极性和生态保护参与度，主动做好“麦田的守护者”，促进农业产业健康良性发展，营造产业兴旺、生态宜居和生活富裕的农村新格局，助力乡村振兴战略得到更好实施。

9.6 本章小结

本章以 549 份实地调查问卷数据为基础，对农户生态补偿需求意愿、耕地保护意愿、补偿接受主体等方面进行了分析，并采用 logistic 模型，对农户生态补偿需求意愿影响因素进行了分析，为下文差别化补偿机制的设计提供借鉴和参考。

第 10 章　国内生态补偿实践中存在的问题及国外经验借鉴

国内经济相对发达、人地矛盾突出的地区已尝试对耕地生态保护主体给予一定数量的经济补偿，以协调吃饭与建设之间的矛盾，总结国内先行试点区生态补偿中存在的问题，并借鉴国内外生态补偿的成熟经验和做法，可为生态补偿机制的构建提供借鉴和参考。

10.1　国内生态补偿实践

10.1.1　杭州市

杭州市地处长江三角洲南沿和钱塘江流域，河网密布，湖泊纵横，物产丰富，风景秀丽。全市丘陵山地占总面积的 65.6%，平原占 26.4%，江、河、湖、水库占 8%，以大潮涌而闻名的钱塘江、“淡妆浓抹总相宜”的杭州西湖、有“天下第一秀水”之称的千岛湖汇集于此，共同勾勒出“上有天堂下有苏杭”中杭州地段的绝美景观。根据 2017 年数据，杭州一二三产业结构占比为 2.5 : 34.9 : 62.6，以金融、贸易和旅游为中心的第三产业对推动当地经济发展具有不可替代的作用。而第三产业发展离不开优质生态环境的保障，杭州市政府致力于高水平推进杭州城市治理现代化，森林生态效益补偿机制运转成效显著。杭州市实行森林生态效益补偿机制已有约 15 年时间，当前全市森林面积 1635.27 万亩，森林覆盖率达 64.77%，在水源涵养、土壤保持、固碳释氧、空气净化、水质净化、气候调节等方面起到了积极的作用。2014 年以来，浙皖两省共同开展了三轮新安江跨流域生态补偿机制试点。前两轮取得显著成效，使得新安江流域总体水质为优，并稳定向好，跨省界断面水质达到地表水环境质量二类标准，每年向千岛湖输送60多亿米^{3}干净水。目前开展的第三轮新安江跨流域生态补偿机制试点实现全面升级，两省致力于共建新安江—千岛湖生态补偿机制试验区，并纳入《长江三角洲区域一体化发展规划纲要》。与新安江模式相比，在千岛湖生态补偿机制实施过程中，双方的合作方式由单一的资金补偿向产业共建、多元合作转型，实现绿色产业化、产业绿色化。同时深化新安江流域上下游横向生态补偿机制，鼓励其他受益对象明确、双方补偿意愿强烈的相邻县（市、区）开展生态补偿工作；补偿范围从原来的“水质对赌”向山水林田湖草全要素扩展，推进大气污染协同防治和森林资源保护协同发展，探索建立湿地生态效益补偿制度。

10.1.2 苏州市

苏州市地处长江三角洲中部，与江苏省、上海市、浙江省接壤，境内河流纵横，湖泊众多，太湖水面绝大部分在苏州境内，河流、湖泊、滩涂面积占全市土地面积的36.6%，是著名的江南水乡。城镇化的加速推进一方面带来了苏州经济的快速发展，同时也给资源环境产生了负面影响，主要表现在：对建设用地的大量需求导致耕地面积急剧减少，特别是城市周边耕地减损严重，但这一趋势并未得到有效遏制；苏州市存在大量湿地资源，这些湿地不仅维持了当地多样的生物种群，还对维持当地生态系统平衡具有重要作用，然而，湿地面积大量减少导致原生态植物和生物群落遭到严重破坏，制约了经济社会的健康可持续发展。

自2014年以来，苏州市政府出台了全国首部生态补偿地方性法规《苏州市生态补偿条例》（以下简称《条例》）。据统计，截至2018年全市累计投入生态补偿金84.7亿元。在苏州市生态补偿机制中，主要是政府以资金补偿的方式对水稻田、生态公益林、重要湿地、集中式饮用水水源保护区、风景名胜区等生态功能区域进行补偿。根据《条例》规定，苏州市统筹考虑地区国民生产总值、财政收支、物价指数、生态服务功能等因素，依据机会成本原则制定该市生态补偿标准，一般三年进行一次调整，在实践中使方案不断得到优化。据统计，2010年到2015年底，苏州市累计补偿水稻田$69.25\times10^3hm^2$、湿地村落165个、生态保护林$19.49\times10^3hm^2$、风景名胜区 5.98×$10^3$$hm^2$、水源地村 64 个，使得保护区居民生态保护意识得以不断强化、居民收入稳步提高、保护区内组织服务能力得以显著增强、生态环境得以有效改善。2019 年 12 月底，该市第四轮生态补偿工作全面启动，补偿范围进一步扩大、补偿标准进一步提高，以确保经济发展与生态保护齐头并进，促进经济社会可持续发展。

10.1.3 佛山市

佛山市位于中国广东省中南部，地处珠江三角洲腹地，珠江水系中的西江、北江及其支流贯穿佛山全境，自古以来就是富饶的鱼米之乡，“南国陶都”“佛山制造”成为推动经济发展强大的驱动因素。自改革开放以来，佛山大力发展制造业，有效推动当地经济发展，可是传统制造业不可避免造成水污染、大气污染，给生态环境造成一定的负面影响。随着市场经济的发展，佛山制造业升级、产业结构转型，经济发展质量得到显著提高。然而，经济的进一步发展对土地数量和质量的双向要求，迫使佛山市节约和保护自然资源、合理规划耕地利用、恢复生态环境。

在生态公益林补偿方面，佛山市人民政府分区域补偿因禁止采伐对生态公益林经营者造成的经济损失，补偿标准按一般区域和省级以上生态公益林的特殊区域分为两级，资金主要由地方财政提供。佛山市于 2019 年底制定并公布了《佛山市河涌水污染防治条例（草案)》，该条例明确指出，各地政府应根据实际，逐步建立相对完善的水生态保护制度，对于圆满完成任务的水源保护地政府，给予一定数量的经济补偿；对因修复和改善河涌生态系统而受到直接利益损失的单位和个人给予适当补偿。值得一提的是，佛山在全国首创河心岛岛长制，对全市 48 个河心岛开展生态修复工作，通过建立信息化管理系统，提出生态修复技术路线、分类整治标准，指引各区制订“一岛一策”实施计划，以河心岛生态修复为试点，探索和设计符合佛山实际、实时检查、动态评估、有效管理的生态补偿机制。

10.1.4 成都市

成都位于长江流域上游、四川盆地西部，成都平原是中国西南地区最大的平原、地势平坦、水域遍布，河网纵横。成都境内水资源丰富，驰名中外的都江堰水利工程，库、塘、堰、渠星罗棋布；更有岷江、沱江等 12

条干流及几十条支流，沟渠交错，河网密度高达1.22公里/平方公里，是一座“依水而生、因水而兴”的城市。成都市土地资源丰富，平原、丘陵、山地，高低起伏，纵横交错；水稻土、潮土、紫色土、黄壤、黄棕壤等11类土壤丰富了成都地貌景观。还有国家级保护动物大熊猫等，使得自然、人文与社会风俗多种景观在这座城市相生相依，情景交融，造就了得天独厚、品位极高的天府之国。自2006年成都被国家旅游局和世界旅游组织联合命名为首批“中国最佳旅游城市”以来，以自然资源和生态环境拉动经济增长，成为该市新的增长热点，并得以不断延续。可是，在经济发展过程中，水资源受到污染、土地资源被过度商业化、大熊猫生活环境岌岌可危，都成为成都实现经济与环境高质量发展面临的阻碍。

成都市人民政府高度重视环境保护工作，将生态补偿机制建设当作一项长期坚持的工作。截至目前，其已经在耕地、森林、水、垃圾处理等领域出台多项生态补偿政策文件。在水资源保护与管理方面，成都市实施源头保护激励与末端超标扣缴、“激励与约束”并重的全链条补偿模式。通过夯实理论支撑，积极开展水生态补偿标准测算研究，为引导设立合理的补偿标准、推进建立市域水生态补偿机制提供了有力支撑。成都在2011年率先设立每年6000万元市级饮用水水源保护激励资金，2019年正式印发《成都市饮用水水源保护工作考核激励办法》并合理上调了激励补偿标准；同时，强化末端约束，率先实施断面水质超标扣缴制度，2019年1~9月，全市优良水体率达86%，同比上升13.1个百分点，劣V类水质断面同比下降4.7个百分点，市域内水质明显提升。另外，成都从川西林盘、龙泉山城市森林公园等市域特色生态资源切入，积极探索实践生态价值核算的技术方法。率先形成川西林盘生态价值核算标准，对区域内林地、水源和土地资源生态价值进行了核算，为确保生态资源和生态价值的稳定持续供给，提出绿色金融、森林生态银行、生态移民和市场化机制等4条生态价值转化路径。

10.2 国内生态补偿实践存在的问题

10.2.1 相关法律法规不够健全，不能有效发挥制度统领作用

当前我国经济发展与生态环境保护之间的矛盾现状，需要生态环境保

护领域相关法律法规的有效支持，特别是随着国际生态领域生态管理模式和经营理念的不断更新，对我国生态环境保护和建设的内容与发展方向提出了更高的要求。而我国生态补偿的相关立法却极大地落后于实践要求，在实际操作中，国家相关政策文件仅在宏观层面给予补偿工作一定的指导，对于补偿范围、补偿主体、补偿原则等补偿核心内容，并未做出明确的规定，不少地区也缺乏权威的解释性文件，使得补偿工作落实中弹性过大而刚性约束不足；缺乏明确的与补偿相关的法律制度，与之相关的一些规定分散在多个指导性文件中，使得补偿缺乏法律的监督和约束。

10.2.2 生态补偿中市场主体缺位，社会参与度低

当前，国内生态补偿主体以政府为主。政府的强制性和统一性虽可保证补偿工作顺利启动运行，但随着补偿工作的全面系统展开，政府主体在应对经济的高速发展方面表现乏力，导致政府承担过多的责任，且工作开展的效率较低。在市场经济条件下，“参与—竞争—遴选”机制较为健全，而当前生态补偿工作并没有充分发挥市场主体的作用，在生态补偿的客体选择、资金的有效提供以及补偿方案的有效制定等方面均没有市场的有效参与。另外，公众对生态补偿工作了解也较少、参与度较低，甚至主观意识上认为这只是政府的工作，导致生态补偿工作后劲不足。

10.2.3 生态补偿标准不甚合理，与受偿主体需求存在差距

当前我国不少地方的生态补偿模式均为政府主导型，即政府通过测算生态价值供给方的直接经济损失来确定补偿标准。这种方法并非基于供给方的需求意愿及市场供需要求，更多考虑政府财政的支持力，且由于缺乏得到各方认可的权威生态补偿核算体系，采用直接经济损失方法作为补偿标准是否科学尚需验证。补偿中未考虑各地的资源禀赋、成本等问题，“一刀切”现象真实存在，如2019年国家规定生态林补偿标准为200元/亩，但各地的经济发展水平存在巨大差异，这种统一的补偿标准很难达到预期的激励效果，同时造成了补偿资金使用效率损失。

10.2.4 生态补偿方式以“输血”为主，“造血”效果不明显

当前的生态补偿多为“输血”式的资金补偿，即由政府定期将补偿资

金转移给生态价值供给方，不可否认，此种补偿方式如果运用得当，会是最简单也是最有效的方法，具有相当的灵活性。可是在实践中，出现了资金不足和补偿资金被滥用的情况，导致生态补偿“造血”效果不明显。当补偿资金助力生态补偿项目基础设施建设完工后，如果得不到必要技术和相关政策的扶持，只用资金进行不间断的补偿，生态补偿工作难免会跑偏，相关补偿资金也难以落实到项目上，后期需要更多的资金填补缺口，导致补偿资金使用上的恶性循环，难以实现良性持续发展。

10.2.5 对生态补偿工作的考核和监管不力

生态补偿工作涉及面较广，需要进行考核和监管的方面较多，可是当前国内缺乏社会化力量的参与。另外，各地区生态补偿考核缺乏统一标准，不少地区对复杂难办的要求存在蒙混应付心理，对一些违反政策的行为，处罚措施力度不足，多数采用收回资金等行政处罚手段。同时，生态补偿管理体系有待完善，信息化程度较低，考核和监管不能有效落实到位，未能将与补偿相关的多种手段，如法律、行政、舆论、教育等进行有效整合并综合运用，确保生态补偿机制的顺利运行。

10.3 国外生态补偿实践经验借鉴

20 世纪 50 年代，世界经济发展面临新的挑战，国外开始探索“经济效益、生态效益”整合发展的新模式，由此，生态补偿模式应运而生。早期该模式以命令和控制手段为主，到了 80 年代，生态补偿开始以“双重手段”推进，即强制执行手段与经济手段并用，如采取税收、补贴、押金等方式；到了 90 年代，补偿制度更加完善，如补偿立法工作持续推进、补偿主体多元化、补偿标准测算方式趋于科学、补偿程序更加健全等都给生态补偿制度的发展提供了可资借鉴的经验。

10.3.1 欧盟

20 世纪 70 年代中期以来的农业生产过剩、农民贫困化及低就业率问题，使得促进生态保护与经济协调统一发展成为欧盟面临的现实选择，而农业生态补偿作为一种以生态系统服务理论为指导、以发展多功能农业为导向的农业政策激励机制，成为传统农业补贴的有效补充。在实施过程中，欧盟及其成员国，通过制定相关环境政策、指令、协定以及立法，实现了区域内经济与生态环境的协调发展。迄今为止，欧盟已经形成一套完整的生态补偿体系。首先，在相对成熟的市场环境下，以公开透明的方式进行生态补偿项目遴选，采取“项目申请—公开竞争—权威评选”的方式选出需要进行补偿的对象；其次，确立了非常广泛的生态补偿范围，如苏格兰将生态补偿分为9个大类共计33个小类，对每一小类的信息及补偿标准均在网上予以公布，不仅使得补偿能够涵盖生态环境的各个方面，促进生态结构协调统一发展，还可确保补偿的公平公开公正；再次，确立了科学的补偿标准，即根据所处地区、所需采取措施因地制宜确定补偿标准。在生态补偿价值评估方面，对每项工程都设定有具体的监测指标，要求实施项目每年递交评估报告，以财政指标和非财政指标共同衡量项目实施效果，以便做出实时评价。最后，制定严苛的惩罚机制来保障生态补偿机制的顺利实施，对于违反合同规定者，将会给予罚款，严重者将终止合同，同时在一定时间内禁止其再次申请补偿项目。

10.3.2 纽约

纽约是美国人口最多的城市，同时也是美国最大的港口城市，因此对水资源的开发和保护成为构建纽约生态系统最为重要的一环。在早期的发展过程中，饮用水污染问题长期困扰着纽约市政府和人民，该市历史上曾发生过饮用水污染引发大规模霍乱事件，导致经济发展与构建良好的生态系统之间出现了不可调和的矛盾。为了保障城市居民生产、生活用水质量达标，美国环保局曾要求纽约市建造一个城市用水过滤系统。该系统的建造费用为60亿~80亿美元，后期还需支付巨额设备维护费用，这些支出将使政府面临巨大的财政资金压力。为从根本上解决这一难题，市政府和联邦政府通过协商，决定制订流域生态水补偿计划，通过给上游城市一定数额资金补偿的方式，增强其水源地保护积极性。在具体实施方案中，主要由政府进行出资，购买大面积的土地作为缓冲带，与上游生态服务提供者签订协议对其保护活动进行经济补偿。实践证明，该生态补偿措施效果显著，约 $52\times10^4hm^2$ 的山地种满了各种绿色植物，通过水系组网的方式将流域内大小河流汇集至近20个水库中，通过构建这一完美的自然过滤系统，不仅能为纽约提供可满足数百万人口饮用的纯净水，从根本上解决了流域水质污染严重问题，还可为政府节约近 40 亿美元的财政支出。

10.3.3 哥斯达黎加

哥斯达黎加国土面积仅占世界陆地面积的 0.03%，但拥有全球近 4% 的物种，是世界上生物物种最丰富的国家之一。该国 26% 的国土面积为国家公园或自然保护区，有茂密的热带雨林和大片的原始海滩，热气腾腾的火山和数不胜数的红树林沼泽，全国森林覆盖率为 52%。历史上，哥斯达黎加森林面积占国土的 80%以上，然而随着经济发展，毁林现象严重，林地占比曾一度下降到 21%。其原因在于森林资源提供的生态服务价值具有显著的公共物品属性，生态价值提供方由于缺乏激励，使得其丧失主动保护林地的积极性和主动性。1979 年开始，哥斯达黎加通过引入外援项目和采取森林生态补偿等措施，逐步恢复森林。经过多年努力，哥斯达黎加从初期依靠外援资金和政府投入的模式，转向探索建立“政府+市场”的生态产品价值实现之路。以 1996 年新修订的《森林法》的颁布为标志，政府鼓励更新造林工作，正式建立了由生态服务提供方、支付方式和国家森林基金管理部门等组成的森林生态服务补偿机制（即 PES 机制）。森林基金管理部门负责管理国内生态补偿项目，并对基金的组成、职能，与职能活动相关的合同或采购工作，禁止行为等进行了规定。生态补偿的范围也由最初的造林项目，逐步扩展到再造林项目、森林保护项目、人工林栽植项目、可持续森林管理项目等，林地所有者或使用者可向国家森林基金提交申请，符合条件的将予以补偿。资金筹措方式主要包括政府和市场两种渠道，政府渠道主要包括税收、国内外组织的赠款或贷款、与私有企业签订的生态有偿服务协议、金融工具等；市场渠道主要是指与从事固碳业务的林业经营者签订碳汇买卖合同，获得碳汇产权后，政府将其集中起来，并在国际市场寻找买家，出售所得作为生态补偿资金，补偿机制的实施使得哥斯达黎加在森林资源保护和经济发展方面实现了双赢。

10.4 本章小结

通过对杭州市、苏州市、佛山市和成都市这些国内生态补偿先行先试地区补偿做法的总结，笔者发现了其中存在的一些问题，包括相关法律法规不够健全，不能有效发挥制度统领作用；生态补偿中市场主体缺位，社会参与度低；生态补偿标准不甚合理，与受偿主体需求存在差距；生态补偿方式以“输血”为主，“造血”效果不明显；对生态补偿工作的考核和监管不力等。并进一步通过对欧盟、纽约、哥斯达黎加等国家和地区生态补偿经验的总结为差别化耕地生态补偿机制的总体设计提供参考。

第11章　基于均质区划分的差别化耕地生态补偿机制的构建及运行

完备的耕地生态补偿机制由补偿标准和补偿模式两个核心部分构成，依据不同均质区的特征，应因地制宜地构建差别化补偿模式，使补偿机制更具本土化特征，以提高补偿效率。在前文的基础上，本章分别构建政府主导型、市场主导型及混合型（政府与市场相结合）三类耕地生态补偿模式，探讨各类补偿模式的运行方式，并结合各均质区特点和实地调研结果，分析适合各均质区的补偿模式，系统构建起更具针对性和指向性的差别化生态补偿机制，以期能够形成耕地生态文明建设与农民持续稳定增收并行的长效协调机制。

11.1　差别化耕地生态补偿机制的补偿原则

11.1.1　"谁受益、谁补偿"原则

耕地除了具有使用价值外，由于其特殊的公共产品属性，还具有涵养水源、调节气候、美化环境等生态价值及保障粮食供给安全等社会价值。但在耕地所有者或使用者同他人进行土地产品或权属的市场交易中，往往只能得到其经济价值，耕地生态价值和社会价值难以体现，而其他社会成员则可以免费享受耕地保护所带来的正外部效应。作为理性的经济人，如果其收益少于成本，耕地所有者或使用者便没有动力继续对耕地资源进行保护与投入。生态补偿是国际通用的一种保护环境的财政激励手段，补偿由外部性导致的环境保护者的收益损失。"谁受益、谁补偿"，反过来，谁

利益受损，谁接受补偿，体现了耕地保护行为产生的各种“益”在提供者和受益者之间的交换过程。“益”即为补偿客体，也是连接供益者与受益者的纽带。分析耕地保护行为产生的各种“益”，探索不同“益”对应的相关主体，可为差别化耕地生态补偿机制的补偿主体、客体和对象的确定提供依据。相较于“谁开发、谁治理”“谁破坏、谁保护”“谁污染、谁付费”，“谁受益、谁补偿”更好地实现了利益相关者之间的利益均衡。

11.1.2 “差别化、多元化”原则

中国地域辽阔，不同地区自然资源禀赋和经济发展状况存在较大的差异，耕地生态补偿机制的构建和实施应充分考虑区域的差异化，因地制宜地选择耕地资源生态价值测算方法、设计差别化补偿机制，以保证补偿机制的顺利运行。多元化原则包括耕地生态产品价值实现方式的多元化、参与主体的多元化和资金来源的多元化。生态产品价值实现方式多元化是促进补偿机制多元化的核心，后两者由前者衍生而来。基于实施主体和运作机制，生态产品价值实现方式可划分为四种类型（黎元生，2018）。第一，公共支付补偿。它是指以各级政府为实施主体，向耕地生态供益者提供的补偿方式，具有准政府或准市场的性质。未来政府逐渐退居幕后，由市场在台前发挥作用的市场化生态补偿机制是一种趋势。第二，生态产权市场交易。基于耕地所具有的涵养水源、固碳释氧、维护生物多样性、景观游憩等多种生态功能，政府可创设多层次的生态产权交易体系，通过法律赋予生态产权主体自由交易的市场性权利。另外，通过“虚拟”市场，可实现区域之间、企业之间生态产权的公平分配与交易。第三，贸易计划与保护银行。推行由许可证、配额或其他产权形式构成的交易市场，拓宽耕地生态保护资金来源。借鉴国外保护银行、栖息地银行和物种银行创设和运行经验，探索新的耕地生态产权交易机制。第四，捆绑物质性产品销售。积极发展农业新业态和旅游新经济，开展生态产业化经营，推进传统产业的改造升级；加强特色农产品“三品一标”认证工作，提升物质性产品的品质和附加值，充分释放耕地生态环境价值。

11.1.3 帕累托最优原则

帕累托最优是资源分配的理想状态，是福利经济学重要的经济理论基

础之一。帕累托最优是指没有任何一种分配状态的变化，可以使得不降低其他人的福利的情况下，让至少其中一人的福利增加。帕累托改进是实现帕累托最优的过程，帕累托最优是帕累托改进的最终目的，被作为经济效率和社会福利的重要评价标准。耕地资源的公共产品属性及其生态价值、社会价值的正外部性，导致了耕地使用者或所有者的个人最优决策与社会最优决策不一致，难以实现土地资源配置的社会福利最大化。耕地生态补偿机制的设计与实施，能激发农民耕地生态保护的主动性和积极性；满足了未尽到义务地区、建设用地所在地区的生态需求和用地需求及中央政府全局性社会福利考量，是完成帕累托改进，实现各方利益主体共赢，达到帕累托最优的管理手段和管理策略。

11.1.4 公平优先，效率跟进原则

保持耕地数量和质量事关国家粮食安全和农业的可持续发展，但目前我国耕地保护情况不容乐观。一方面，农用地收益普遍低于非农用地，耕地使用者或所有者转换耕地用途后将获得更多的收益。另一方面，农产品市场和权属市场交易难以体现耕地的生态价值和社会价值。因此市场机制对耕地保护主体无法进行有效激励，耕地所有者或使用者缺乏耕地保护的主动性和积极性，即耕地资源配置的市场失灵。同时，以前政府采取的耕地保护目标责任制强调通过目标责任考核和相应的惩罚措施对耕地所有者或使用者进行约束，而忽视其利益损失，这在一定程度上有可能引发社会矛盾，造成社会不稳定。为了纠正当前市场失灵和政策手段过于单一的现状，本书设计了耕地生态补偿机制，意图通过财政转移支付和市场交易等途径，协调不同需求主体——耕地保护者和其他社会成员，协调不同区域——未尽到义务地区与超额承担义务地区之间的利益关系，实现个体和区域间的公平。不同于经济领域“效率优先，兼顾公平”的思路，公平优先是构建公共政策的基本原则，因此，应在社会发展和自然资源保护与开发领域强调“公平优先，效率跟进”（周小平等，2010）。

11.1.5 可持续发展原则

可持续发展对耕地生态补偿机制的指导作用主要体现在两个方面，一是耕地资源的高效持续利用。耕地是人类生存之本，是保障国家粮食

安全、维护社会稳定的重要自然资源，同时也承担着涵养水源、调节气候等生态环境功能。保有一定数量和质量的耕地资源是实现社会安全稳定和可持续发展的必然选择。因此，通过耕地生态补偿机制的构建和实施激励耕地所用者或使用者保护耕地生态环境、实现耕地资源的高效持续利用是本书的研究目的之一。二是平衡耕地资源保护与经济建设用地需求之间的矛盾，实现经济社会可持续发展。土地是人类生产活动的重要载体。人口增长引至的口粮需求增长对耕地提出了更高的要求，而城市化进程和经济发展必然导致建设用地的需求量日益增加，并对生态环境产生一定的负面影响。要实现经济的可持续发展，需要协调好耕地资源、建设用地与环境保护之间的关系。耕地生态补偿机制可通过财政转移支付和市场交易等手段协调利益相关方的利益，满足建设用地的需求，同时增强耕地保护区耕地保护的积极性，实现社会稳定和经济的可持续发展。

11.2 政府主导型耕地生态补偿模式

11.2.1 政府主导型耕地生态补偿模式的内涵

政府主导型耕地生态补偿模式，即整个耕地生态补偿模式的构建始终围绕政府这个核心，从资金来源到资金监管，从补偿方式到补偿模式运行都遵循政府路径，带有较强的行政色彩和计划性特点。换句话说，政府主导型耕地生态补偿模式主要通过财政转移支付或政府购买服务等途径实现对耕地生态产品提供者的补偿。此类补偿模式的设计思路更倾向于“过程化”，即与补偿机制运行过程相伴而来的是补偿资金从耕地生态产品受益者向提供者的流动，同时与补偿资金流动过程相伴而来的是耕地生态产品的持续提供和高质量提供。英国福利经济学家庇古指出面对外部性时，可靠的纠正方案包括由政府补贴或征税，从而使经济参与主体的私人成本得到控制，当私人成本或私人利益等于与其相对照的社会成本或社会利益时，资源配置效率就能够实现帕累托最优。政府主导型耕地生态补偿模式正是基于庇古理论进行设计的，由于政府的先天优势，该补偿模式在推行、推广、实施及监管等方面都具有一些得天独厚的条件。

11.2.2 政府主导型耕地生态补偿模式的优势

一方面，随着经济的发展、城市化进程的加快和第二产业的扩张，农村地区不可避免地被城市污染、工业污染所波及，耕地生态环境遭受到较大的威胁。另一方面，由于耕地经营长期偏低的比较效益，耕地经营者为了获得更高的经济产出，不得不以牺牲耕地生态环境为代价，实施了大量不利于耕地生态环境的行为，例如掠夺式开发、过量使用化肥和农药、大水漫灌等，造成了较为严重的农业面源污染问题以及土壤盐碱化、土壤板结、水源或地下水污染、农作物病虫害频发、耕地生态系统生物多样性遭到破坏等一系列耕地生态问题。这些问题从表面上看是生态环境问题，但无一不与人类的生活息息相关，所谓土生万物，农作物在受到污染的土地上生长，经过食物链的传播，各种污染物质最终进入处在食物链顶端的人类身体中，人体健康必将受到威胁。对大自然的掠夺式经营势必造成“杀敌一千，自损八百”的不良局面。为了扭转这种局面，耕地生态补偿的探索在我国逐步开展起来，2004 年中央一号文件《关于促进农民增加收入若干政策的意见》发布以来，以“粮食直接补贴”为代表的一揽子种粮补贴政策可以看作对政府主导型耕地生态补偿模式的初步探索，历经十几年发展，这些政策在增强农民种粮积极性方面发挥了不可替代的作用。

总结我国现行的政府主导型耕地生态补偿模式，其优势主要体现在以下两个方面。第一，在耕地生态补偿初期，各类主体对耕地生态价值的认识都不够深刻，尤其是对正外部性的理解更需要一段时间的培养，地方政府基于政绩考虑大概率不会主动在生态治理方面下大力气。此时，政府主导型耕地生态补偿模式能够集中力量办大事的优势就鲜明地体现出来了，集中央政府的财力，借助从中央到地方的行政组织架构能够自上而下地推行补偿政策，使补偿机制迅速运转起来，有利于补偿机制的制度化和规范化。第二，依托于行政机构推行的耕地生态补偿模式，虽然发到每位农户手中的补偿金额并不多，但却保证了公平性，并且具有强烈的信号作用，代表着国家治理耕地生态环境的决心和对农民付出的认可。如此一来，政府的话语权和政策导向也会逐步引导社会大众关注耕地生态价值，了解它、接受它、认同它，并最终愿意为自身享用的耕地生态价值付费。因此，现行的政府主导型耕地生态补偿模式为耕地保护工作开拓了新思路，开辟了新局面，功绩不可磨灭。但其也存在一些问题，例如更多关注耕地的产粮能力，而对耕地生态环境的关注度有待进一步提升；资金来源过于依赖中央财政，未能充分动员其他耕地生态效益享用者的资金支持；各类参与主体未能充分吸纳等（郗永勤、王景群，2020）。为了进一步彰显优势，避免不足，本书对政府主导型耕地生态补偿模式进行了优化设计。

11.2.3 政府主导型耕地生态补偿模式的整体架构

11.2.3.1 补偿对象、主体及客体

基于耕地所有权生态效益补偿的政府主导型耕地生态补偿模式主要解决耕地所有权生态效益的正外部性内部化问题。补偿的主体即补偿提供者，补偿的对象即补偿接受者，而补偿客体则为使补偿对象与补偿主体之间的补偿关系得以确立的事物，即由正外部性催生的耕地生态效益。

补偿对象需要具备两个条件：其一，拥有耕地产权，我国超过95%的耕地属于村集体所有；其二，是耕地正外部性效益的供体，即土地的使用者。2019年8月通过审议的《土地管理法》修正案再次强调了土地公有制不动摇，提高土地征收补偿过程中农民的参与权和话语权，坚持最严格的耕地保护制度和最严格的节约集约用地制度。村集体通过与农民签订耕地承包合同的形式，使农民依法取得耕地承包经营权，在承包期限内农民是耕地的实际占有者和使用者，具有对耕地的部分处分权。为了应对由耕地生态价值的正外部性导致的农民收益受损、其他社会成员“搭便车”的现象，需要实施耕地生态补偿以弥补其损失，农民即为补偿的对象。同时，耕地保护是一项浩大的工程，村集体作为耕地的所有者，担负着对承包户耕地保护行为的监督、对耕地保护工作的统筹和大型耕地保护设施的修建等职责，因此，村集体也是耕地生态补偿机制的补偿对象之一。

补偿主体主要指未尽耕地保护义务但享受耕地生态效益的主体集合，主要包括中央政府、未尽到耕地保护义务的地方政府、非农企业和市民等。耕地生态效益属于公共物品，由整个社会成员共同享用，理应由政府提供。但当前，我国政府主要通过目标责任考核和相应的惩罚措施对耕地所有者或使用者进行约束，强制农民和村集体执行耕地保护义务，提供耕地生态效益，造成农民和村集体的外部性损失，因此，中央政府理应成为补偿主体。未尽到耕地保护义务地区指耕地赤字区。由于自然条件和耕地

利用方式等方面的差异，部分地区辖区内耕地保有量不足以满足辖区人员对耕地各种效益的需求，势必享受其他耕地盈余区的耕地生态效益，耕地赤字区地方政府应该为此对耕地盈余区进行补偿。因此未尽到耕地保护义务的地方政府也是补偿主体之一。耕地是人类生存之本，保护耕地人人有责，非农企业和市民也具有保护耕地的义务和责任。非农企业和市民共享了耕地外部性效益，但由于社会分工的不同，并不具备直接参与耕地保护的条件，因此非农企业和市民也是补偿主体（见图 11-1）。

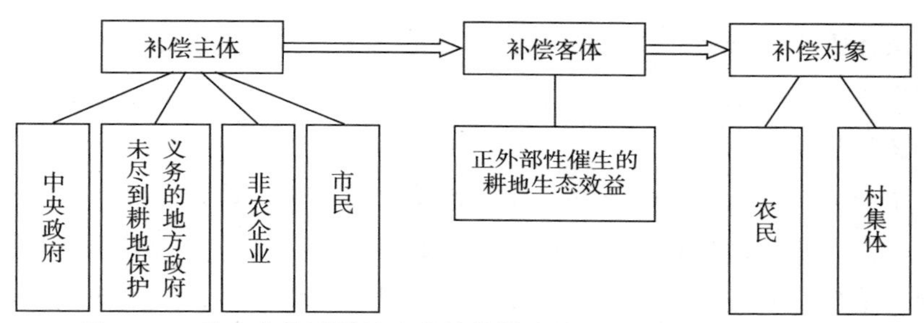

图 11-1　政府主导型耕地生态补偿模式的补偿主体、客体和对象

11.2.3.2　补偿标准

补偿标准的科学合理设定是决定耕地生态补偿实施效果的关键。对于耕地生态效益的供益者，也就是补偿对象来说，只有得到的经济补偿大于或等于耕地保护的机会成本时，其才有保护耕地的意愿；而对于受益者，也就是补偿主体来说，只有补偿支付的额度小于或等于其所获得的耕地资源生态效益时，补偿支付才成为可能。因此，补偿标准必须同时满足上述两个条件，补偿对象和补偿主体都能够接受的情况下，耕地生态补偿才能够得以实施。

耕地资源总价值主要包括经济价值、生态价值和社会价值。由于我国对耕地资源流动性的严格限制，耕地资源的经济价值只能部分体现在市场交易中，且普遍低于社会平均利润，国家通过对农业生产和农产品的各种补贴进行适当弥补，该部分不属于耕地生态补偿标准的考虑范围。耕地资源的社会价值虽然也具有外部性，但根据耕地生态补偿的内涵，故也不在此补偿范围之内。耕地资源的生态价值完全不能体现在市场交易中，是耕地资源非市场价值的重要部分。耕地所有权具有正外部性的生态效益是政府主导型耕地生态补偿模式的补偿课题，因此，理论上来说，耕地生态补偿机制补偿标准即耕地资源生态价值的价值量，选择实验法（CE）、条件价值评估法（CVM）是当前两种主要的测算方法。

11.2.3.3　补偿方式

耕地生态补偿方式主要包括依据、手段、支付方式、途径几个方面。其中补偿依据和补偿支付方式受到补偿主体和补偿对象双方的共同关注，要以公平性、可操作性和可接受性为原则。补偿手段对补偿对象而言更受其关注，是激发补偿对象耕地保护积极性的重要环节，补偿手段的确定应以广泛的需求调查结果为依据，充分考虑补偿主体的意愿选择。补偿途径往往更多被补偿主体所关注，补偿主体的经济承受能力是补偿途径确定中不可忽视的方面。

第一，补偿依据。公平性是补偿依据选择的基本原则。相对于依据人口，依据田块，即将具备生态功能的耕地的面积和质量作为补偿依据更能体现公平性，调查结果也印证了补偿主体对该补偿依据认可度更高。以田块为补偿依据建立耕地生态补偿机制时，耕地生态价值的价值量由耕地面积和耕地质量综合决定。而由于我国地域辽阔，耕地自然条件千差万别，耕地质量差异显著，同时，由于耕地保护的差异，耕地质量也不是一成不变的，因此基于对耕地保护的过程管理和监督原则，需要对耕地面积和质量进行动态监测。在每一个补偿周期末对耕地面积和质量进行重新测算和评价，对未达到质量指标的耕地，下一个补偿周期将不给予补偿；对达到质量指标的耕地，根据张效军、欧名豪和望晓东（2008）的研究，综合耕地面积和耕地质量进行耕地面积标准化的转换，以此作为下一个补偿周期的补偿依据。该标准化方法“以农用地分等成果为基础，首先根据全国平均耕地自然质量等级指数、近5年现实标准粮平均产量和全国指定作物最大产量确定全国标准耕地自然质量指数；然后基于区域农用地自然质量等级指数、区域现实标准粮产量和全国指定作物最大产量得到区域耕地平均综合自然质量指数；最后用区域耕地平均综合自然质量指数与全国标准耕地自然质量指数的比值作为折算系数对区域耕地面积进行标准化”。

第二，补偿手段。由于可操作性、激励性强，货币补偿是最常见，也是最受认可的补偿手段。通过农资综合直补、农作物良种补贴和农具购置补贴等可以降低耕地经营成本；同时，从长远利益来看，构建农村社会保障体系也是一种行之有效的补偿手段。不同于城镇社会保障由国家资助，通过国民收入的再分配等手段为城市居民提供最低生活保障，中国农村社会保障功能长期以来主要通过耕地承担，是一种非规范、过渡性和缺乏稳定性的社会保障体系（李全峰、杜国明、胡守庚，2015），势必逐步被规范、持久和稳定的社会保障体系替代。我国从 2009 年开始进行新农保试点，但由于农民收入普遍较低，试点工作进展缓慢。因此，我们可尝试将耕地资源生态价值中的一部分投入到农村社会保障体系的构建，探索初期以货币补偿与农村养老保险相结合、中后期逐步完善农村社会保障体系的耕地生态基本补偿手段。同时，除上述“输血”型的基本补偿手段外，还可附以“造血”型的技术、人才等补偿手段。

第三，补偿支付方式。考虑到补偿主体的资金承受能力，按年支付比一次性支付补偿普适性更高。同时，按年支付的方式可以通过在补偿期末对补偿对象耕地保护情况进行测算和评价，以此为依据调整下一周期经济补偿额度，对补偿对象起到了一定的监督作用，最大限度地激发补偿对象耕地保护的积极性。但当发生耕地发展权购买或转移交易时，一次性支付是主要的补偿支付方式。因此，在耕地保护经济补偿机制中，将按年支付确定为一般支付方式，将一次性支付确定为有条件的支付方式。

第四，补偿途径。补偿客体不同，补偿途径也不同。如果补偿客体是公共物品，一般采用公共财政的补偿途径；如果补偿客体是私人物品，一般采用市场补偿途径。耕地生态补偿的补偿客体为具有正外部性的耕地生态效益，属于纯公共物品。因此，基于耕地所有权生态效益补偿的政府主导型耕地生态补偿模式应选择公共财政补偿途径，通过国家财政转移支付补偿耕地保护者生态效益价值损失。

11.2.3.4 补偿资金的来源

稳定、充足的资金来源是耕地生态补偿机制成功运行的前提，是保障其实施效果的关键。在基于耕地所有权生态效益补偿的政府主导型耕地生态补偿模式中，补偿资金来源主要有三个，一为中央和各级地方政府财政，二为未尽到耕地保护义务的地方政府财政，三为针对耕地资源生态效益的税收收入（见图 11-2）。这些资金由各级耕地生态补偿基金统一管理，实行专款专用。

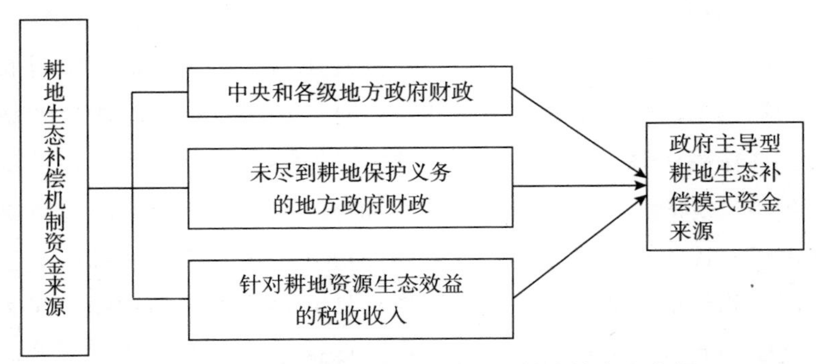

图 11-2　政府主导型耕地生态补偿模式的资金来源

第一，中央和各级地方政府财政。《新增建设用地土地有偿使用费收缴使用管理办法》明确指出该使用费专项用于耕地开发，以实现耕地总量的动态平衡。耕地生态补偿作为保护耕地的重要方式，中央财政和各级地方政府财政将部分土地有偿使用费划拨至生态补偿基金。同时，缴入地方国库的国有土地使用权出让总价款也肩负着促进农业土地开发的重任，因此，市县级地方财政划拨的部分土地使用权出让总价款是耕地生态补偿基金的另一资金来源。另外，耕地占用税、城镇土地使用税也是补偿资金的重要来源。

第二，未尽到耕地保护义务的地方政府财政。未尽到耕地保护义务的耕地赤字区，享受其他耕地盈余区的耕地生态效益外溢，耕地赤字区地方政府应该为此进行补偿。依据耕地赤字量，赤字区政府缴纳相应补偿资金至国家耕地生态补偿基金，国家耕地生态补偿基金依据全国耕地盈余地区的盈余量，统筹分配上述补偿款至各盈余区耕地生态补偿基金中。补偿资金额度与耕地赤字量或盈余量直接相关，测算方法主要基于张效军等（2006）的研究，“依据各区域耕地生产力、粮食消费量及自给率等因素确定各区域最低耕地保有量；由最低耕地保有量和实际存量之差确定耕地赤字或盈余，并将其标准化为可比较的标准面积”。

第三，针对耕地资源生态效益的税收收入。耕地生态效益属于纯公共产品，全社会公民共同享有，同时也应共同分担耕地保护的义务和责任。但由于社会分工不同，非农企业和市民不具备耕地保护的条件。鉴于此，应根据耕地资源的生态效益依法设置税种，实现国民收入由城市向农村的再分配，促进社会公平，也拓宽了补偿资金来源。该部分税收所得全部划入各级补偿基金，专款用于耕地生态补偿。税收的强制性和固定性为耕地生态补偿提供了稳定、持续的资金来源。同时，税务部门作为征收和监督机构，应降低征收成本，提高征收效率，并在一定程度上提高资金透明度。值得注意的是，税率的设置应充分考虑征税对象的承受能力，针对非农企业和市民制定不同的税率。此外，税率设置也应随着征收对象接受度的变化而变化。征收初期税率设置相对较低，而随着宣传力度的加大和征税对象对耕地资源生态效益认知度的提高，可以适当提高税率。

11.2.4 政府主导型耕地生态补偿模式的运行方式

耕地生态补偿运作形式分为基本运行方式和具体运行方式两种。其中，各级耕地生态补偿基金委（需设立）是推动补偿机制运行的主要组织机构，下面将在对这两种运行方式的介绍中对其职能进行具体阐述。

11.2.4.1 基本运行方式

基本运行方式是耕地生态补偿机制运行的基础，主要包括以下三个方面。

首先，依托全国土地调查情况，全面掌握国家、省、市、县、乡、村六级耕地保有数量和质量，并在各级国土部门登记造册，是耕地补偿实施的依据。对标土地利用总体规划，做好耕地利用的动态监测和监督。

其次，明晰耕地承包合同和耕地承包经营权证，这是确定耕地生态补偿对象的两项必备法律凭证。

最后，组建国家、省、市、县四级耕地生态补偿基金委，下设对应级别的生态补偿基金，负责资金的筹措、管理及补偿款的发放等工作。主要包括：与下级政府或农民、村集体定期签署耕地保护合约，作为补偿的法律凭证之一，按照合约规定兑现补偿承诺，并承担相应的监督职责；国家补偿基金委给定全国标准耕地自然质量指数，制定全国统一的区域耕地平均综合自然质量指数的核算方法，县、市、省三级补偿基金委给定的统一核算方法测算本级辖区耕地平均综合自然质量指数，将区域指数与全国标准指数的比值作为折算系数对耕地面积进行标准化并汇总，自下而上地呈报给上级补偿基金委备案。逐级核算耕地的盈余和赤字情况，明确超额承担耕地保护义务的地区和未尽到耕地保护义务的地区，国家补偿基金委核算各省情况，并统筹补偿资金的流向。

11.2.4.2 具体运行方式

在基本运行方式的基础上，各级补偿基金委和补偿资金的具体运行方式如下。

首先，国家补偿基金委基于对标准化耕地总面积和耕地资源生态价值的核算，确定单位面积全国标准耕地的补偿标准，并根据各辖区标准化耕地面积逐级确定补偿资金额度。

其次，基于各级补偿资金从上到下的差额补足制度，实现未尽到耕地保护义务地区与超额承担耕地保护义务地区之间的补偿转移。国家耕地生态补偿资金主要来源于中央财政和未尽到耕地保护义务地区的地方政府财政，省、市、县三级补偿资金则来源于各级地方政府财政和针对耕地资源生态效益的税收收入，各级耕地生态补偿资金委所需补偿金额与其资金储备的差额由上一级补偿基金委逐级补足。

最后，县级补偿基金委负责补偿资金的发放工作。补偿资金的发放以村集体为单位，补偿额度以该村集体所有的标准化耕地面积和国家补偿基金委给定的单位面积补偿标准为依据。补偿资金流向有三个：第一，对农民的直接货币补偿，该部分占比较大，由县级补偿基金委直接划入每个农民的一卡通账户；第二，为农民缴纳养老保险中个人应缴的份额；第三，补偿村集体，鼓励其对耕地加强管理和监督。需要注意的是，补偿对象的认定以耕地承包经营权和耕地所有权为法律凭证，也就是说，耕地承包经营者依法享有耕地所带来的货币补偿及社会保障。当耕地权属发生转移时，由当事人双方协商解决补偿的归属问题。在现实操作中，货币补偿一般仍以发放给原耕地承包者居多。

通过上述生态补偿机制的运作实施，能够有效实现耕地资源生态价值外部性的内部化，实现耕地保护者与非耕地保护者之间的利益平衡。

11.3 市场主导型耕地生态补偿模式

11.3.1 市场主导型耕地生态补偿模式的内涵

“生态补偿”的概念和实践由来已久，广泛存在于国际和国内有关生态保护的相关领域。国际上对“生态补偿”的一般叫法是生态/环境系统服务付费（Payments for Ecosystem/Environmental Service，PES）。基于科斯理论，学者 Wunder 指出，从本质上来讲生态补偿即为市场交易，也就是说只要能够构建起完备的市场条件，包括供求双方、明确的交易意愿、可接受的交易条件和较好的交易环境，供给者和需求者就能够针对生态/环境系统服务这一商品展开交易。这一观点也得到了国外学术界较为广泛的认可。基于此，本书所提出的市场主导型耕地生态补偿模式即通过耕地生态产品的生产、市场交易需求的培育、市场交易主体的培养、市场交易条件的培植和市场交易环境的搭建，完成耕地生态产品价值在经济上的实现。

市场主导型耕地生态补偿模式即由促成耕地生态补偿机制市场化的制度、供给与需求关系、参与主体、组织架构、价值规律、竞争行为等组合要素共同构成的完整体系。制度能够培育交易需求，促进供给与需求关系的产生，从而使参与主体得以明确；组织架构在制度的框架内限定着市场主导型耕地生态补偿模式的运行方式，以及各参与主体的参与方式；价值规律作为“一只看不见的手”在市场主导型耕地生态补偿模式的运行中对资源配置起着根本性的作用；竞争行为是市场主导型耕地生态补偿模式运行的重要推手，也是刺激供给与需求关系不断变化并实现动态平衡的重要力量。在以上各个组合要素的相互联结、共同发力和彼此影响下市场主导型耕地生态补偿模式也便产生了（邹学荣和江金英，2018）。市场主导型耕地生态补偿模式的构建不仅能够丰富补偿资金的来源，而且能够促使补偿参与主体的多元化，更好地调动社会力量参与到补偿活动中来，同时通过市场机制配置耕地生态资源，能够使资源配置和利用的效率得到提高，从而实现耕地生态价值实现和耕地保护性利用的双赢局面。

11.3.2 市场主导型耕地生态补偿模式的构建势在必行

社会主义市场经济是使市场在社会主义国家宏观调控下对资源配置起决定性作用的经济体制。随着我国社会主义市场经济的发展，通过市场交换实现商品价值的观念已日益深入人心，在我国也获得了令人欣慰的傲人成绩。因此，在耕地生态补偿方面也理应顺应时代潮流，探索如何通过运用市场机制实现耕地生态价值。市场主导型耕地生态补偿模式的构建是一项较为复杂、涉及面较广的系统工程，但在我国已然成为一种必然的趋势，具体来讲主要体现在以下三个方面。

11.3.2.1 资金压力呼唤市场主导型耕地生态补偿模式

随着经济的高速发展和人口的不断增加，人类对自然环境的影响日益凸显，环境承载力也在不断接受人类的挑战。近年来，大自然对人类的回击逐渐显现，沙尘暴、雾霾、异常气候、超级细菌病毒等纷至沓来，不断给人类社会带来威胁。根据环境库兹涅茨曲线，随着人均收入的不断增加，环境污染的程度表现出先逐渐加剧再逐渐减缓的总体趋势，人类可以通过技术进步、提高资源利用效率、循环利用资源、经济结构调整等，也就是通过规模、技术和结构三类效应对环境产生影响。近年来我国对生态环境的重视程度与日俱增，习近平总书记提出“要像保护眼睛一样保护生态环境，像对待生命一样对待生态环境”，我国出台了一系列保护环境的政策、措施，生态补偿就是其中之一。目前的生态补偿几乎是清一色的政府主导型，例如农业补贴、退耕还林还草补贴、轮作休耕补贴、流域生态补偿、森林生态效益补偿等，补偿资金主要来自中央财政。数据显示，2001 年至 2012 年，中央财政用于各类生态补偿的资金总额约 2500 亿元，用于森林约 549 亿元、草原约 286 亿元、矿山地质环境约 237 亿元、水土保持约 269 亿元、重点生态功能区约 1101 亿元等。然而，随着生态环境治理力度的加大、治理范围的扩大和治理向纵深的发展，补偿资金需求量也不断攀升。据统计，2017 年一个年度，中央财政拨付 25.6 亿元用于轮作休耕，187.6 亿元用于草原生态保护，211 亿元用于退耕还林还草，533 亿元用于森林生态补偿，仅此四项合计 957.2 亿元。从历年数字的对比中我们就能够感受到中央财政的压力，要想更好地推进生态补偿工作，就必须在资金筹措方面下功夫，不仅要节流，更重要的是开源。资金来源渠道集中于中央财政，进一步决定着资金使用监管方式带有浓重的行政色彩，监管手段、监管效率和监管效果都存在较大的提升和改进空间。耕地生态补偿作为我国生态补偿体系不可或缺的重要环节，自然也要思考这些问题，市场主导型耕地生态补偿模式的构建就是一个大胆尝试，也是顺应时代要求的必然尝试。

11.3.2.2 主体单一呼唤市场主导型耕地生态补偿模式

目前，承担着耕地生态补偿功能的农业三项补贴包括种粮农民直接补贴、农作物良种补贴和农资综合直接补贴，补贴资金由中央财政流向农民，地方政府作为中央政府政策的执行者辅助完成补贴资金的发放，整个补贴过程所涉及的主体较为单一，单一的参与主体在一定程度上限制了补偿资金来源渠道、补偿方式的多样化和补偿效果的充分释放。市场主导型耕地生态补偿模式能够在明确耕地生态价值提供者和受益者的基础上，通过交易机制的建立，最大限度地囊括各类参与主体，包括中央政府、耕地生态产品赤字区地方政府、非农企业、市民、耕地生态产品盈余区地方政府、农户、种植大户、家庭农场、农民合作社、农业产业化龙头企业等。扩大了的参与主体能够为补偿模式带来更加丰富的资金源头，同时各类主体“八仙过海各显神通”，能够在补偿过程中发挥各自优势和作用。

11.3.2.3 时代发展呼唤市场主导型耕地生态补偿模式

在党的十九大报告中，习近平总书记提出要“建立市场化、多元化生态补偿机制”。2019 年 1 月，《建立市场化、多元化生态保护补偿机制行动计划》出台，该计划指出要“合理界定和配置生态环境权利，健全交易平台，引导生态受益者对生态保护者的补偿”。“全面深化改革是我们党守初心、担使命的重要体现”，而经济体制改革又成为全面深化改革的重要领域，如何更好地安排政府与市场之间的关系，既能够充分发挥市场在资源配置过程中的决定性作用，又能够充分挖掘政府在制度设计、监督管理等方面的职能，是各个经济领域都需要深入研究和深化实践的一个问题，耕地生态补偿同样也面临着这个问题（刘薇，2014）。由于耕地生态产品的外部性和公共物品属性，我国现行耕地生态补偿模式属于政府主导型，其在制度设计的初期探索阶段充分发挥了财政转移支付自上而下的统筹性和效率性，但这并不影响我们继续探索其他补偿模式，尤其是在耕地资源生态价值具有空间异质性的情况下，更应该深入探索市场主导型耕地生态补偿模式，不断丰富差别化耕地生态补偿的理论体系，为补偿实践提供更广阔的思路。

11.3.3 市场主导型耕地生态补偿模式的整体架构

11.3.3.1 “耕地绿票”交易的内涵

市场主导型耕地生态补偿模式以“耕地绿票”交易平台的搭建为核心。“耕地绿票”交易是指，基于主体功能分区，根据各区域耕地自然禀赋差异，依据人口、粮食需求量和自给率等各种因素综合计算各区域至少要保有的耕地数量，并据此进一步计算其与耕地实际保有量之间的差距，从而划定耕地生态效益盈余区和赤字区（张效军、欧名豪、李景刚，2006）；在此基础上耕地生态效益盈余区内盈余部分的耕地达到规定的生态基准线的，可获得交易资格，成为“耕地绿票”，供耕地生态效益赤字区购买，该层次的“耕地绿票”交易具有跨行政区域的特点。另外，在某行政区域内部也可进行“耕地绿票”交易，所有新建、改建或扩建的非农建设项目都要进行环境影响评价，将评价结果作为购买“耕地绿票”的依据，从而形成行政区域内部的“耕地绿票”交易市场。跨行政区域的“耕地绿票”交易既可以是省级层面的，也可以是地市级层面的，还可以是区县级层面的；行政区域内部的“耕地绿票”交易一般发生在区县级内部。“耕地绿票”实际上就是生态达标的耕地生态产品，生态达标的单位耕地面积上所提供的耕地生态产品可以看作是同质的。

11.3.3.2 “耕地绿票”交易的特点

“耕地绿票”交易与目前较为常见的显化生态产品价值的做法相比较具有以下两个特点。第一，交易价格由市场机制形成。从学术界和实践中对生态产品的定价来看，要么基于生态产品价值测算，要么基于生产生态产品的机会成本测算。处于探索阶段的我国耕地生态补偿模式采取财政转移支付的形式，属于行政定价，虽然支出总额很大，但发放到每位农户手里就显得有些杯水车薪了，既没有体现出耕地生态产品价值的应有额度，更不能体现出耕地的发展权价值。但“耕地绿票”交易价格是在政府指导价的基础之上，引入竞争机制，通过交易双方的协商最终形成的，有望充分实现耕地生态价值。第二，设计理念推崇正向激励。“耕地绿票”交易通过“出力区”和“享受区”的划分，明确了两类区域的权利和义务，具有较强的引导作用，使“享受区”明白为何要购买“耕地绿票”，从而心甘情愿地购买，放心大胆地发展经济；同时使“出力区”明白保护好耕地、维护好耕地生态环境也可以增加收入，从而一心一意地种好粮、护好地。这种正向激励和引导作用跟排污权交易、用能权交易等的负向惩罚具有较大区别，机制设计理念的不同有望带来意想不到的效果，从而实现从末端治理到前端引导的转变（夏贤平、吴标理，2020）。

11.3.3.3 “耕地绿票”交易需求的培育

“耕地绿票”市场交易需求的培育立足于耕地生态产品的跨区域流动。

由于不同区域耕地资源禀赋的不同和主体功能分区的不同，对于一个国家来说不同区域所承担的社会责任重点理应相同，但现实是由于“经济理性人”的存在，各个区域都把实现经济发展作为最重要的目标。然而，第一产业、第二产业和第三产业具有各自的特点，农业比较优势长期处于低谷状态且带有较高风险，从而产生了各区域发展不平衡的现象，以及牺牲耕地生态环境换取更多经济产出的现象。我国当前的制度设计为了确保国家粮食安全、生态安全和社会稳定限制了耕地保护区的耕地发展权，同时非耕地保护区无偿享有耕地保护所带来的生态福利。因此，耕地生态补偿势在必行，而“耕地绿票”交易不失为一种大胆的尝试。“耕地绿票”交易需求的培育需要国家出台相应的法律法规，明确耕地生态产品的合法身份、耕地生态效益盈余区和赤字区的认定办法、非农建设项目涵盖的范围、“耕地绿票”交易规则等，从而引导所涉及的主体产生购买意愿或出售意愿，促使交易的达成。

11.3.3.4　各参与主体的权利和义务

“耕地绿票”交易市场可分为跨行政区域市场和行政区域内部市场两大类，因而参与主体也有所不同。首先，中央政府作为补偿机制的设计者，负责相关法律法规和政策措施的制定，“耕地绿票”交易政府指导价的确定，自上而下地推行“耕地绿票”交易市场，从整体层面把控和监管交易市场的运行。其次，跨行政区域的“耕地绿票”交易市场中所涉及的参与主体包括耕地生态效益盈余区地方政府，赤字区地方政府，盈余区的农民、农村集体经济组织和各种新型农业经营主体。盈余区地方政府负责整合区域内生态达标的耕地获得“耕地绿票”身份并进入交易市场，通过交易获得补偿资金，并用于区域内“耕地绿票”生态水平的维护保持和非“耕地绿票”生态水平的改良提升。赤字区地方政府按照赤字量在交易平台购买相应的“耕地绿票”，同时拥有要求所购买“耕地绿票”保持生态基准线以上的生态水平的权利。盈余区的农民、农村集体经济组织和各种新型农业经营主体作为区域内耕地生态水平维护保持和改良提升的实际执行者，有权利分享“耕地绿票”交易所得，并确保耕地生态水平达标。再次，行政区域内部的“耕地绿票”交易市场中所涉及的参与主体包括非农建设项目主体、农民、农村集体经济组织和各种新型农业经营主体。非农建设项目主体根据项目环境影响评价结果在交易市场购买本行政区域内部相应数量的“耕地绿票”，同时拥有要求所购买“耕地绿票”保持生态基准线以上的生态水平的权利。农民、农村集体经济组织和各种新型农业经营主体既可以来自盈余区，也可以来自赤字区，出售“耕地绿票”后获得补偿资金，并用于耕地生态水平的维护。值得一提的是，交易生效期内的“耕地绿票”不能够被重复出售。如此一来，既能够实现参与主体的多元化，又拓宽了资金来源渠道，并将中央政府从现行补偿唯一资金提供者的身份中解放出来，既调动了各类主体参与到补偿中的积极性，又通过竞争刺激了农民、农村集体经济组织和各种新型农业经营主体从事环境友好型生产、发展生态产业化经营、维护耕地生态环境的积极性。

11.3.3.5 “耕地绿票”的交易价格

“耕地绿票”的交易价格是关乎交易平台能否顺利运转的关键因素，交易价格只有得到买卖双方的共同认可才能促成交易的达成。若“耕地绿票”定价低廉，无法弥补供给方提供“耕地绿票”的成本，则无法激发供给方的积极性，也不利于耕地生态环境的好转；若“耕地绿票”定价过高，大大超过了需求方的支付能力，则交易也无法顺利完成。因此，“耕地绿票”的单位交易价格应在政府指导价的基础之上，由交易双方协商达成，总体上具有动态性和上升性。政府指导价应以修复单位面积耕地生态水平至生态基准线所需支付的成本为基础，包括直接成本和间接成本，为了尽量涵盖不同的初始耕地生态水平可在成本的基础上做适当上浮，或针对不同的初始耕地质量等级给出阶梯性政府指导价。在交易平台运行初期，鉴于各参与主体的认知有限，初次交易允许以政府指导价成交，并可约定其后年度的成交价有一定上浮。因此，政府指导价可以看作“耕地绿票”交易价格的下限，交易价格上限应以耕地生态价值测算结果为依据。

11.3.3.6 “耕地绿票”交易平台的设计

“耕地绿票”交易平台整体上由一级市场和二级市场两个层级构成（朱菊隐、贾卫国，2019），其中一级市场主要是以中央政府为核心的耕地生态效益盈余区和赤字区认定，相当于初始交易配额的确定；二级市场由跨行政区域交易市场和行政区域内部交易市场两部分组成，遵循市场原则达成交易，属于自由交易市场。“耕地绿票”交易平台的具体设计如图 11-3 所示。

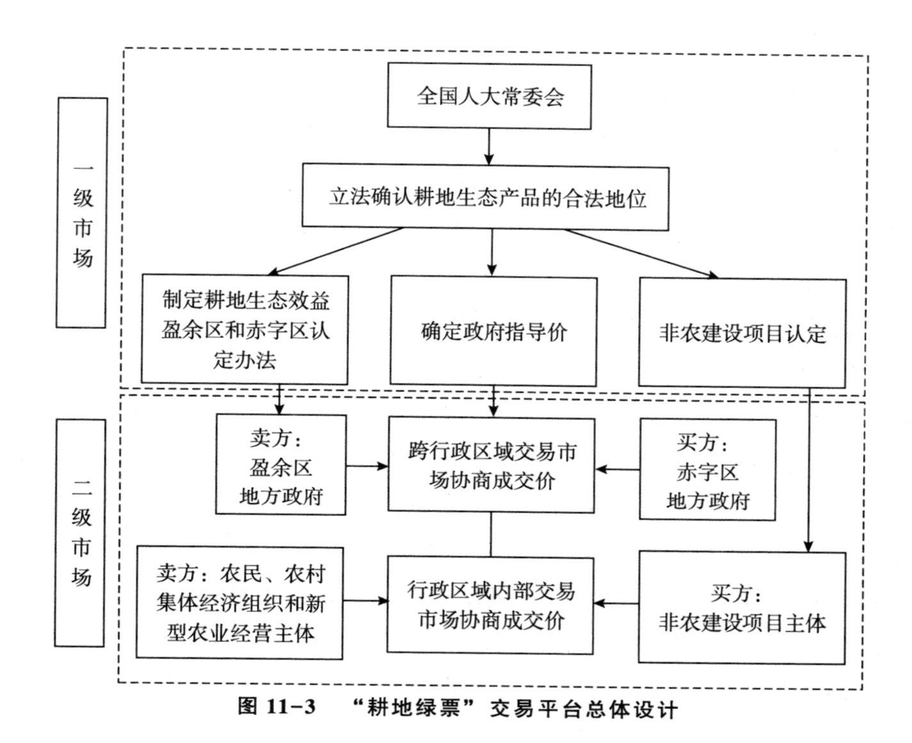

图 11-3 “耕地绿票”交易平台总体设计

11.3.4 市场主导型耕地生态补偿模式的运行方式

以“耕地绿票”交易市场为核心的市场主导型耕地生态补偿模式的运行方式如下。

首先，“耕地绿票”交易平台的搭建。中央政府通过立法确认耕地生态产品的合法地位，制定耕地生态效益盈余区和赤字区认定办法，明确非农建设项目认定范围，以及环境影响评价结果与“耕地绿票”的挂钩政策，从而使“耕地绿票”交易具备初始配额；进一步确定政府指导价，并从整体上对“耕地绿票”交易市场进行监管，从而搭建起“耕地绿票”交易一级市场；通过跨行政区域交易市场中耕地生态产品盈余区与赤字区之间的交易，以及行政区域内部交易市场中农民、农村集体经济组织和各种新型农业经营主体等耕地生态产品提供者与非农建设项目主体之间的交易，形成“耕地绿票”交易二级市场。

其次，“耕地绿票”的产生。初始“耕地绿票”的产生需要盈余区地方政府按照盈余量统筹安排，甚至通过耕地生态环境治理产生，农民、农村集体经济组织和各种新型农业经营主体也可自主采用环境友好型生产方式改善耕地生态环境，以获得进入“耕地绿票”市场进行交易的资格。“耕地绿票”资格的认定需要经过第三方专业机构对耕地生态环境各项指标的检测。经过一轮交易后，“耕地绿票”产生的资金压力就会大大减轻，因为耕地生态产品供给者已经获得补偿资金，可持续投入于耕地生态环境维护或治理，从而产生新的“耕地绿票”。

最后，“耕地绿票”的交易和使用。耕地生态产品买卖双方分别将“耕地绿票”供给情况和需求情况发布到“耕地绿票”交易二级市场，通过交易平台的信息发布和撮合，最终完成交易。随着“耕地绿票”交易的完成，从卖方角度考虑，不仅耕地生态水平逐步提升，而且盈余区地方政府、农民、农村集体经济组织和各种新型农业经营主体手头的资金也逐渐宽裕，一定程度上解决了发展生态产业的资金匮乏问题，而耕地生态产业化经营的蓬勃发展又能给经营者带来经济上的回报，从而形成良性循环。从买方角度考虑，通过交易，赤字区地方政府完成了政绩考核中“耕地绿票”相关指标，非农建设项目主体购得“耕地绿票”后就可以获得政策允许，并按计划实施项目建设。

11.4 政府与市场相结合的耕地生态补偿模式

11.4.1 政府与市场相结合的耕地生态补偿模式的内涵

政府与市场相结合的耕地生态补偿模式，也可被称为混合型耕地生态补偿模式，此模式主要是指依托政府行政手段、法律手段，培育市场参与者，促进耕地生态产品的市场化交易，进而提升耕地生态产品的市场价值。由此，建立起的市场化和行政化双驱动的补偿机制，既要发挥市场在资源配置效率提升中的重要价值，又要发挥政府的宏观调控作用。2016 年 5 月，《国务院办公厅关于健全生态保护补偿机制的意见》指出，“实施生态保护补偿是调动各方积极性、保护好生态环境的重要手段，是生态文明制度建设的重要内容”，要“探索建立多元化生态保护补偿机制，逐步扩大补偿范围，合理提高补偿标准，有效调动全社会参与生态环境保护的积极性，促进生态文明建设迈上新台阶”；在耕地方面，该意见指出要“完善耕地保护补偿制度"，"建立以绿色生态为导向的农业生态治理补贴制度"，"研究制定鼓励引导农民施用有机肥料和低毒生物农药的补助政策"。2019 年 1 月，《建立市场化、多元化生态保护补偿机制行动计划》指出，要"积极稳妥发展生态产业，建立健全绿色标识、绿色采购、绿色金融、绿色利益分享机制，引导社会投资者对生态保护者的补偿"。因此，混合型耕地生态补偿模式的建构是新形势下的必要探索。其中，"耕地生态银行"既能解决耕地流转问题，又能解决耕地绿色发展的资金问题，而耕地绿色产业的发展又能带来较高的经济回报，不失为一种较为先进的、具有可持续性的耕地生态补偿模式。本书所设计的政府与市场相结合的耕地生态补偿模式以"耕地生态银行+耕地绿色发展"为核心。

11.4.2 政府与市场相结合的耕地生态补偿模式的优越性

混合型耕地生态补偿模式由于给足了政府和市场二者协同发挥作用的空间，在实践中具有先天优势，具体表现在以下三个方面。

第一，资金协同。耕地生态补偿的规模大、占用资金多，在现阶段仅依靠地方政府的力量是难以承受的，必须引进市场主体共同参与。我国现行的"农业支持保护补贴"主要包括种粮农民直接补贴、农资综合直接补贴、农作物良种补贴，2018 年的补贴资金总额超过 2200 亿元，而且直接补贴到户。根据国家的相关政策，在 2019 年，种植大户、家庭农场和农民专业合作社不但可以拿到农业支持保护补贴，还可以申领适度规模经营补贴和土地承包补贴。国家给予的总量补贴较多，且逐年增加，发挥了积极作用。但是如果按照人均或户均进行计算，给予的补偿力度又相对较弱，对于农户的引导作用仍然需要增强。由于生态经济项目普遍存在投资时间长、回报率偏低、经营风险高等问题，仅依靠市场来满足供给，往往存在公共投入难题。此类项目在融资时，由于存在较大的不确定性，很多金融机构不愿意发放贷款（郭丽芳，2019）。此时，借助政府的力量与金融机构对接，能够有效解决企业的实际困难。

第二，主体协同。市场化生态补偿机制，需要由政府主导，建立市场化参与秩序，进行市场化改革。同时，又需要培育市场交易主体，明晰生态资源的产权归属，完善生态基础设施，建立生态资源交易场所。市场化主体的激活，不能单凭市场来推进，更要由政府负责，在行业准入、市场参与、培优培强方面有所作为。

第三，利益协同。生态补偿的社会参与者，更加关心项目的经济回报问题，难免会出现市场乱象，为了获得经济效益而忽略社会效益，造成生态环境破坏和生态资源浪费，这与生态项目建设的预期目标相背离（刘云来，2018）。生态补偿关系到公共福利，此时社会效益与生态效益的矛盾显而易见。对此，必须加强政府与市场的多方协作，在政府监督和引导下，各自凸显生态保护的优势，保障耕地生态保护机制的持续运行。

11.4.3 政府与市场相结合的耕地生态补偿模式的整体架构

11.4.3.1 “耕地生态银行”的总体设计

目前，我国居民生活迈向新阶段，绿色消费意愿和能力显著增强，对农业生产的要求日益提高。农业绿色生产是未来发展的必然趋势，也是我国农业适应国际农产品竞争的迫切需要。但是，我国小农户在农业经营中占比高，一家一户分散经营情况较普遍，户均耕地面积有限，绿色生产采纳成本较高。尤其是山区、丘陵等偏远地区，土地流转比例更低，一些农户仍然保留原始经营方式。在分散经营的情况下，农户从事农业的动机较为多元化，且多数为被迫经营，主动投资绿色农业的积极性较低，造成绿色农业技术推广困难。

土地银行最早在欧美兴起，且实施模式较多、较为成熟，成为服务农业和农村生态保护的金融机构。在我国，土地银行仍然处于探索阶段，缺乏现成经验和案例借鉴。由于我国耕地利用的特殊性，金融机构对其了解不多，未来需要设计符合各地区实际的具体土地银行运行模式。从土地银行的实施价值看，其加快了耕地的流转速度，又妥善解决了绿色农业用地资金缺口问题，同时能够带来较高投资报酬，是实现多方目标的一种耕地利用新模式。

（1）“耕地生态银行”的基本界定和指导思想

耕地生态银行是一项实践创新、路径创新和制度创新，为解决耕地问题提供了新的思路，能加速土地流转和连片经营，为绿色发展提供实践路径，促进农民分享耕地价值及产业收益，实现城乡公平。

此处所提及的耕地生态银行，主要是指服务于耕地流转的专业金融企业，具有政策性银行的性质。首先，农户结合自身意愿，考虑是否将耕地

（即土地经营权，此处简称耕地）存入耕地生态银行。其次，耕地生态银行对农户存入的耕地进行评估，考察耕地位置、土地肥力、连片可能性等因素，与农户签订“存入”合同。最后，在此基础上，耕地生态银行对流转的分散耕地进行整理、改造和提升，在确保耕地用途不变的前提下，将土地贷给合作社、家庭农场、农业专业户、龙头企业等对象，并负责后期关系协调、耕地使用监督、流转费用支付等事项。

耕地使用者向耕地生态银行支付耕地流转费，主要包括耕地租赁费、耕地整理费、耕地管理费、耕地利息等。耕地生态银行扣除自身的运营成本后，将耕地收益付给农户。除了常规业务外，耕地生态银行还可以提供耕地抵押贷款，满足农户的资金需求，且要求资金流向也必须为绿色农业生产。耕地生态银行的资金筹措来源相对较为复杂，由当地财政、金融机构、社会资金、企业资金等构成，也可以发行商业票据、土地债券或实施农户入股等。

此处设计的耕地生态银行，要实现正常运行必须满足以下条件：一是耕地生态银行应对流入耕地具有明确的评估标准，根据评估结果，不同的耕地生态质量等级给付相应级别的利息，且根据存入年限的不同给付逐年递增的利息，以使普通农户能够分享到耕地绿色发展带来的红利；二是对流出耕地要求从事绿色农业，确保制度设计的初衷能够实现；三是以耕地为抵押申请贷款的方式，在一个地区能获得广泛认可、推广效果显著；四是耕地生态银行应兼具市场化和政策性双重职能，政府给予必要的政策支持；五是耕地生态银行的主业为耕地流转，其他附属业务占比较低。

耕地生态银行发展的基本指引：设立耕地生态银行，为农户和耕地使用者提供耕地流转、耕地抵押、耕地整理等金融及农业服务，实现耕地资源的市场化供需匹配；通过耕地的集中流转，推动农业产业化规模化经营，加快农业的生态化及绿色化技术应用；通过耕地流转，解决农户从事其他绿色相关产业的资金来源问题，将农户从土地中解放出来，提高综合收入水平。

（2）“耕地生态银行”运行的基本原则

第一，以保护农户利益为根本。本着自愿原则，农户自主决定加入耕地生态银行；耕地生态银行的运行必须遵循金融服务的法律规定，为耕地流转提供专业服务；耕地生态银行的运行情况需要向农户、耕地使用者、主管机构和社会公布，做到基本信息公开；耕地生态银行有偿使用农户流转的耕地，并提供多种形式的耕地存入服务，不得损害农户的正常存入收益；坚持耕地使用方向不改变，以耕地的绿色生态利用为重点，支持生态农业发展，确保耕地的数量稳定和质量提高。

第二，以服务“三农”发展为导向。通过耕地存贷，将闲置耕地流转集并，提高耕地使用效率；将存入耕地用于发展高效农业和生态农业，有利于推广先进农业生产技术，壮大农业生产性服务业；农户将耕地抵押，可以获得贷款，缓解自身资金压力，而耕地生态银行通过提供农业金融新服务，助力农村产业兴旺。

第三，以农村金融改革为重点。耕地生态银行作为新生事物，需要深化农村金融体系改革，将耕地生态银行视为农村金融服务的新生力量（朱珠，2014）；明晰耕地的物权性质，增强耕地资源的流转特性；政策支持耕地生态银行发展，为耕地生态银行提供本金、贴息、担保、税费减免等优惠。

第四，以耕地绿色发展为目标。严格限定耕地流转用途，推动耕地绿色利用，规范耕地使用合同，保障农户和耕地使用者双方利益；严格限定抵押贷款的流向，确保用于绿色生产技术、绿色生产设施设备购置、农产品品牌及标准认证等范围；以绿色发展理念为引领，坚持耕地生态价值挖掘，创新耕地流转方式和利益补偿机制。

（3）“耕地生态银行”的功能定位和资金来源

从耕地生态银行的功能看，其主要具备 4 种功能，即耕地储备功能、金融服务功能、公共服务功能、宏观调控功能。一是耕地储备功能。将耕地储备与农业产业兴旺、农村金融供给三者融合，能够盘活农村闲置耕地资源，对现有耕地进行优化配置。二是金融服务功能。乡村振兴背景下农村未来应发展生态循环农业，但此类项目投资风险较高、投资不确定因素多，社会化企业和金融机构进入意愿不强，而耕地生态银行能够成为参与其中的中坚力量。三是公共服务功能。推广绿色农业技术、建设农业基础设施、制定绿色农产品标准等服务，具有典型的公共服务特征，耕地生态银行此时承担了政策性银行的部分职能，对此需要政府在法律法规、资金上给予必要的支持。四是宏观调控功能。在农村生态产业引导上，耕地生态银行发挥着重要作用，以市场化手段推动农村产业结构调整。同时，耕地生态银行在农村基层树立了耕地流转的示范样本，能帮助政府建立土地交易市场正常秩序，是对政策调控的有益补充。

从耕地生态银行的资金来源看，美国、印度、菲律宾等国家在早期均是政府进行投资。随着金融系统的功能日趋完善，金融产品类型逐渐丰富，融资渠道越来越广。一些国家耕地生态银行发行了土地债券，吸纳社会资金，满足银行可持续发展资金需求。通过上述社会化融资渠道，耕地生态银行对政府资金的依赖性逐步降低，向市场化进行转型，且需要自负盈亏、承担银行商业风险。与国外耕地生态银行现阶段发展特征类似，我国耕地生态银行的资金也应以市场来源为主。对于发展生态农业基础较为薄弱的地区，其耕地生态利用的经济效益偏低，政策性资金来源对它们来说可能仍然重要。短期来看，我国耕地生态银行以市场资金为主、财政资金为辅，但今后财政资金将视情况退出，耕地生态银行也将回归金融服务行业。

（4）“耕地生态银行”的组织体系

参照中国农业发展银行等涉农金融机构的组织架构，耕地生态银行的组织体系也可以划分为国家级、省市级、县区级、乡镇级耕地生态银行。由于耕地生态银行的职能相对较少，其可以由中国农业发展银行统一进行管理，由中国农业发展银行统筹进行政策设计，以获得更多国家行政资源的支持。省市级耕地生态银行依据地方财政和金融系统，进行资金支持和过程监管。县区级耕地生态银行支行作为实际运营主体，主要负责对乡镇级银行的监管和业务指导，确保资金流向耕地绿色利用领域。乡镇级银行既可以是银行下属的独立金融机构，也可能是土地股份合作社、耕地流转服务中心等中介机构，主要负责与广大农户对接，负责办理耕地存入和贷出、抵押贷款发放、土地债券等日常业务。

（5）“耕地生态银行”的业务范围

第一，构建信用评价档案。向农户宣传信用意识，获取农户的生产、生活和家庭信息，收集各类农业经营主体的生产信息、规模情况、经营业务；依据农户和新型农业经营主体的信用记录，生成信用查询档案；建立守信经营的金融服务机制，对履约记录良好的农户采取减少审核流程、增加贷款额度等鼓励措施。

第二，耕地存贷服务。存贷业务是耕地生态银行的核心业务，主要由乡镇级银行提供。其中，耕地存入业务是农户将自己的耕地存入银行，约定存入的时间、利率等，确定预期可以获得的收益情况；贷出服务是耕地生态银行将整理改造后的土地出租给用地需求者，与对方约定耕地的使用时间、使用范围、违约责任等。

第三，耕地资产评估服务。在农户将耕地存入耕地生态银行时，耕地生态银行要对耕地所处位置、土地肥力、发展前景等做出全面评估，根据市场供求情况和自身经营水平，确定耕地流转价格，确保农户愿意将耕地流转，保障农户的基本收益权利。

第四，耕地使用监督服务。农户将耕地存入耕地生态银行，银行对耕地进行统一平整、治理，降低后期需求者的使用成本。支持农业企业采用订单农业，与农户结成多种利益联结形式，打通农业产业链条，树立绿色农产品品牌，提高土地资源的产出水平。同时，监督流转耕地的使用用途，确保耕地一定用于绿色农业经营，而不是非农经营，或者以生态农业的名义套取资金贷款。

第五，耕地金融衍生服务。以耕地为中心探索金融衍生产品，增加服务内容和服务方式，创新服务产品类型，推广供应链金融业务。以耕地抵押业务为依托，开展低息贷款业务，解决生态农业发展中的资金问题，向农户和新型农业经营主体提供短期的小额贷款。在资金来源中，可以充分争取政府财政资金和民间资金的注入，有的地区的耕地生态银行可以耕地经营权为抵押物发行债券。设立耕地生态银行的网上金融信息服务系统，耕地供需方可以在网络上进行信息发布、业务洽谈和实时沟通，并通过银行平台进行耕地流转交易。此外，通过网络平台，农户还可以获取耕地收益，监督耕地使用去向，以及申请小额网络贷款，与线下银行服务网络协同发挥服务作用。耕地生态银行对发放的低息贷款也要做好后续跟踪工作，复查资金使用情况，提醒和督促相关主体履约。

第六，农业综合生产服务。耕地生态银行可以提供农村耕地政策、农村金融服务、耕地流转等多种信息，对各项“三农”政策进行全面解读，成为服务农户的一个集成窗口。另外，耕地生态银行还可以搜集和整理土地信息，撮合耕地流转交易，提高流转效率，也可以将农业龙头企业与新型农业经营主体及农户进行对接，依托订单农业推广先进生产技术，建立优质生态农产品基地，共同塑造区域性农产品品牌。

11.4.3.2 “耕地绿色发展”的主要内容

(1) 绿色发展内涵

绿色发展是全世界发展的共识，是社会可持续发展的必然需求，是我国农业高质量发展的必经之路，具有重大的社会意义。从狭义概念来看，绿色发展是利用先进的科学技术、现代的经营理念，鼓励和支持各产业向绿色产业转型，降低生产中的能源消耗和资源浪费，保护人类赖以生存的自然环境，实现人与自然、人与社会的共生共存（夏博文，2018）。

从广义的概念来看，绿色发展包括以下内容。

第一，节能低碳。低碳发展是人类生产生活过程中，减少能源消耗，降低有害气体或固体物质排放，且实现收益均衡的一种发展模式。此种发展模式，以降低碳排放、增加碳汇为主要方式，能提高传统能源的使用效率，最大限度地使用太阳能等可再生资源。低碳发展是调整经济增长方式的一种路径，能达到保护自然、废弃物综合利用、资源循环使用的多重目的，并且能协调人、自然与社会的复杂关系。低碳发展的核心是改变能源消耗结构，改善外部环境条件，促进社会低碳消费观念转变，顺应自然发展规律，降低经济发展的环境成本。

第二，绿色可持续。经济的过快发展，必然造成对自然环境的过度破坏，远远超出了自然环境的承载能力。如果忽略环境承载力，追求经济利益最大化，只会导致资源消耗殆尽、生态环境恶化、自然灾害不断。在可持续发展导向下，不允许过度发展高耗能产业，尤其是自然资源消耗较大的产业。经济发展既要考虑当代人的利益问题，更要考虑对后代人的影响，确保资源能够存续利用。可持续发展还要求经济结构进行调整，鼓励发展绿色产业，降低一般工业产值比重，将绿色产业作为地方经济的支柱产业。

第三，资源循环利用。我国城镇化步伐加快，第二产业占比较高，传统经济面临的资源瓶颈日趋凸显。不可再生资源的短缺，自然环境遭到破坏，废弃物数量不断增加，生产和生活污染难以消解，这些均成为亟须解决的现实问题。在循环经济视角下，经济系统是一个整体，要求从经济生产开始到消费末期，均贯彻循环的理念。在农业生产领域，一是鼓励废弃物资源循环利用，提高农业综合效益；二是防治农业造成的污染，修复农业和农村环境；三是强化技术支撑作用，推广循环农业技术；四是开发清洁能源，减少不可再生能源消耗量。

（2）绿色发展基本原则

第一，生态导向与经济导向相协调。传统经济发展模式建立在单一的经济驱动上，而绿色发展追求的目标较为多元化，具有系统性、全局性的特征，应统筹思考经济、社会和自然三者之间的互动关系，而不是忽略或牺牲某个发展目标。人类技术不断更迭进步，对于外部环境的适应和改造能力趋于增强，带来的副作用就是对生态环境的破坏，各种自然灾害频繁发生，自然界已经不堪重负。绿色发展的首要出发点就是保护自然环境，自然环境也是人类生存和发展的基础，只有修复环境和维系环境才能确保人类正常的经济和社会活动开展。人类在从自然界中获得资源和能量的同时，也要对自然予以反馈，维持自然界的运行。

第二，绿色发展与和谐发展相统一。绿色发展是一种发展理念和方向指引，而和谐发展包括了人与人、人与自然的和谐共生。从二者的区别看，绿色更多的是从生态环境角度考虑，减少经济和社会活动对自然造成的破坏；和谐是考虑人与人、人与环境、人与其他物种之间的关系。如果将绿色与和谐二者进行统一，需要“生态、人态、心态”三者相协调。其中，生态和谐是后两者的前提，如果没有生态和谐，则发展无从谈起，且不可持续；人态和谐是外在行为表现，人与人之间的和谐关系，能够减少矛盾和冲突，达到价值观的高度统一，能够最大限度地保护生态环境；心态和谐是行为的内在决定因素，辩证看待经济发展的长期与短期目标，将生态和谐与人态和谐均纳入行为目标函数，是约束人类活动的主要动力。总之，唯有上述三种和谐都能够达成，才能够真正实现绿色发展，将经济和社会活动成果惠及民生。

第三，创新驱动与科技驱动相促进。绿色发展是总体目标，实践上需要不断探索新的发展模式、发展路径，创新驱动不可缺少。创新的重要来源就是科技，世界上很多经济发达国家将绿色经济置于首要地位，大力支持绿色产业、绿色技术。依靠创新和科技，实现绿色发展，是当前全球发展的共识。绿色发展通过运用先进科学技术、绿色理念、创新模式，以保护生态环境资源，尤其是非可再生的资源。一方面，绿色发展要保护生态资源的数量均衡，确保总量不减，对占用的生态资源要采取措施进行修复和回补；另一方面，还要保证生态资源的质量稳定，确保生态环境的自修复能力正常发挥，实现资源可循环利用。同时，建立生态资源的市场化调节机制，依据不同地区的资源禀赋进行配置，提高资源的利用效率。

（3）“耕地绿色发展”的主要做法

耕地绿色发展主要基于生态理论、系统理论、协同理论等原理，按照生态系统运行规律，规划设计现代农业生产体系。耕地绿色发展的设计以农业资源综合利用为目的，涉及种植、养殖、加工、储存、物流、销售、消费等所有环节，通过产业链一体化的开发设计，完成上下衔接的整体绿色生态布局。支持耕地绿色发展，从源头实现生态农业系统的顺畅运行，可以节约农业生产资源，提高产业链上的资源利用效率，维系农业生态环境。根据农业产业链条设计耕地生态系统，能够构建高产、增收、高效、节能、低碳的农业发展体系。实现耕地绿色发展，仅依靠小农户是不够的，更多需要大型农业企业以产业化形式带动，在区域内推广绿色种植技术，促进生态农业向专业化方向发展，最终实现现代农业生产体系构建。

在实践中，实现耕地绿色发展的主要做法可以总结如下（梁吉义，2019）。第一，农田立体种植。根据生态规律，将两种以上的农作物进行混合种植，常见的包括间作、套作和轮作等，既可以提高综合效益，又实现了生态保护和病虫害防治（樊凯编著，2009）。第二，农业资源循环利用。以节约生态资源、提高资源使用效率、促进生态资源综合利用为重点，达到节电、节地、节水的效果。农业资源循环利用的基础是科技支撑，研发和推广适合农业生产实际的绿色技术是关键。第三，休闲农业。拓展农业的多功能性，将农业生产与休闲观光进行结合，以农村景观、乡土风情、生产生活方式、生态资源吸引客流，提高农业产出附加值。第四，农业产业园。通过农业产业化的总体科学规划，打通各类生产资源产业链，实现生态资源的集约减量化利用。

11.4.4 政府与市场相结合的耕地生态补偿模式运行方式

11.4.4.1 “耕地生态银行”的运行方式

耕地生态银行各级单位上下衔接，可以借鉴一般金融机构的管理形式，建立完善的内部规章制度，划分上下级银行的权利与义务、业务归属等。基层乡镇耕地生态银行主要面向农户，宣传银行经营范围与主营业务，鼓励农户将耕地存入银行。银行对农户耕地质量做出评估后，与农户商议，明确存入时间、利率支付方式、风险承担等事项。对于申请耕地抵押办理贷款的农户，基层耕地生态银行负责将申请信息汇集，统一向上一级机构申请。

县区级耕地生态银行主要办理集体业务和贷款业务，并不直接面向农户。在对耕地价格进行评估后，制定耕地流转价格，然后整理耕地以保证连片种植。将信息汇总后，对外发布流转信息，把信息推送给龙头企业、家庭农场、农业种植户、合作社等农业经营主体。为耕地需求者制定灵活的用地方案，如租赁、股份制、订单农业等，并收取相应的管理费、服务费、土地整理费、耕地租金等。县区级耕地生态银行把相关费用转付给基层乡镇银行，基层乡镇银行再转给农户。县区级耕地生态银行负责对耕地流转项目进行持续跟踪，对于违反合同约定，造成耕地闲置、破坏，变更用途，无法按时偿还贷款的对象，及时追回耕地使用权或贷款，防范违规行为和银行金融风险。

省市级耕地生态银行并不直接参与金融业务，更多的是负责拓宽资金来源渠道、制定发展规划、制定和落实政策法规。一是落实财政扶持资金。依据下级耕地生态银行的资金计划，分配贷款额度。对于享受政策优惠的贷款，负责动态督查，规范资金使用行为。二是金融拆借。与一般商业银行类似，金融机构之间可以相互拆借资金，以补充流动资金，提高资金配置效率。不同的是，耕地生态银行还可以将耕地作为担保物，间接进行资金融通。三是社会化融资。耕地生态银行的资金来源较为多样化，仅财政资金是难以满足资金需求的，未来将更多地依靠社会资金的注入。财政资金因其性质特殊，过高的财政资金比例不仅增加了政府负担，也不利于银行培养竞争意识、提高市场竞争力。随着财政资金的占比降低，耕地生态银行向商业银行过渡，需要不断地丰富融资渠道，提高社会资金参与的积极性。省市级耕地生态银行可以利用行政资源和社会资源，对接联系大型龙头企业流转耕地，以及进行生态农业投资，提高耕地的生态价值。

国家级耕地生态银行是最高管理机构，主要负责对各级耕地生态银行进行全面监督，制定相关的管理制度，规划银行的总体发展方向，完善组织结构体系。国家级耕地生态银行具有更多的行政管理职能，可以牵头向国家相关部委提供政策建议，配合推进“三农”专项项目。申请国家财政资金，并下拨给省级银行，支持试点地区开展耕地生态利用示范。

11.4.4.2 “耕地绿色发展”的运行方式

耕地绿色发展实际的运行方式主要包括农田立体种植、农业资源循环利用、休闲农业、农业产业园等。

第一，农田立体种植。其在实践中主要有两种形式。①粮菜立体种植。此种种植方式适合在自然条件较好、土地较为肥沃的粮食主产区或城乡接合地区进行推广。主要是在粮食作物地块中套种蔬菜、不同粮食作物相互套种、主粮与杂粮相互套种等，且以一年两熟的作物较为常见。在保持粮食产量稳定的前提下，套种经济效益高的蔬菜、瓜果等经济作物，能够有效提高单位耕地产出，增强农户种粮和从事农业经营的积极性。按此模式，原有粮食产量不减产，又能多产出一或两季农产品，实现高效、增产、增收。②种养立体农业。此种生态农业不仅涉及种植，还包括养殖、产后加工、流通销售、生态保护、资源综合利用等环节。由龙头企业牵头，实行“种—养—储—加—销”全产业链式开发，是企业应对市场竞争和生态保护双重压力下的一种现实选择，能够实现种植、养殖、加工、消费的全链条资源循环。种养结合的立体农业之所以在实践中较受推崇，在于资源的高效利用。在耕地中种植粮食或瓜果蔬菜，产出的农产品能够为发展畜牧业提供饲料，而农作物的秸秆、畜牧产品的排泄物能够处理为能源或种植肥料。种养结合产出的农产品，可以作为原料生产主食产品，如生产米粉、包子、水饺、营养保健品等。此外，生产中残留的副产品也可以进行二次开发，如麦麸、米糠等可以加工成为动物饲料。如此循环，形成了一个资源循环利用的闭环生态农业体系，兼顾了农民增收、农业高效、资源节约的多重目标。

第二，农业资源循环利用。实践中主要有两种形式。①秸秆综合开发。据不完全统计，我国每年秸秆产出接近 10 亿吨，其中近半数秸秆没有被有效利用或者直接被焚烧，不仅浪费了秸秆资源，而且造成极大的空气污染。秸秆综合开发利用的主要方向，包括制作饲料、肥料、燃料等。其中，重点要解决的就是秸秆还田，促进农地系统的物质和能量循环，以减少化肥农药的投入量。支持营养成分较高的秸秆加工成为动物饲料、食用菌生长原料、固体燃料原料等；支持营养成分较低的秸秆成为生物技能发电原料，或者经化学处理后转化为沼气。②绿色农业产业化。以龙头企业为核心，以农业产业化为手段，立足各地农业产业基础，确定农业产业化的主导产业和产品特色，尽量统筹考虑上下游环节资源的高效利用，做到资源共享、资源循环、资源节约。通过延长产业链、提高价值链、打造供应链，其以生态农业为新动能，在农业产业化过程中减少对生态环境的损害程度，实现经济效益与生态效益协同推进。

第三，休闲农业。休闲农业的出现由来已久，其以生态农业为中心，叠加观光旅游、风情文化、农耕体验、休闲娱乐等功能，引入体现地方特色的农产品、手工艺品，推广应用先进的农业耕作技术，带动农产品销量和利润水平提升。休闲农业强调通过开发适宜品鉴欣赏的自然景点，让客户在休闲中体验回归自然的乐趣，使城市消费者逐步了解农业、感受农业，建立生产者与消费者互动的新渠道（郑玉兰，2019）。

第四，农业产业园。产业园的运营形式多样，包括贸易型产业园、加工型产业园、科技型产业园等。以贸易型产业园为例，其通过发展仓储物流与贸易集散业，可为当地农产品提供对外输出通道，乃至成为全国或区域性的批发交易市场，以物流带动商流、资金流和信息流。在产业园区内，相关主体将农产品集散、商品展示、会展会议、农产品加工等功能进行集成，成为顾客采购农产品、农产品批发交易、农业企业产品推广的统一平台。

11.4.4.3 混合式耕地生态补偿模式运行中政府与市场的协同

混合式耕地生态补偿模式以“耕地生态银行+耕地绿色发展”为核心，运行中充分发挥行政与市场两种手段的效能，从以下四个方面体现政府与市场的协同。

第一，全力推进耕地流转，让农户共享现代农业红利。传统农户拥有的土地较为分散，难以实现规模化、集约化经营，这制约了生态农业的推广应用。借助耕地生态银行，能够为农户提供便利的流转方式，对现有耕地进行整理、修复和生态治理。此时，不仅实现了耕地的集中连片经营，而且流转后的耕地用于绿色耕种，也为发展生态农业奠定了基础。为了提高生态农业中的农户参与度和参与积极性，政府应鼓励企业雇用农户，创新利益联结形式，为农户提供多种产业融入渠道，实现农村就地城镇化，让农户真正分享生态农业发展成果。一个有效的带动方式，就是促使农民转变成生态农业的产业工人。农户参与生态农业不仅能获得耕地租金，还可以接受企业培训和提高就业技能。同时，随着农户在生态农业项目中的利益补偿方式增加，农户从追求短期的资金补偿向实现长期就业转变，能够有效降低耕地补偿资金的压力，项目开发企业也有能力将更多资金投入生态开发。

第二，依托耕地生态银行，增强耕地绿色发展动力。为解决生态农业投资周期长、投资额度大、风险成本高的问题，政府可以牵头成立耕地生态银行，为生态农业长远发展补充资金。耕地生态银行资金来源较为广泛，包括财政资金、国有资金、社会资金、金融机构资金、龙头企业资金等，还涉及耕地流转利益相关主体。耕地生态银行既是政策性银行，肩负支持“三农”的使命，又兼具一般商业性银行的角色，向社会提供金融服务，且确保资金安全、防范业务风险。作为政策性银行，耕地生态银行能够根据项目需要，对贷款对象提供低息或无息贷款，为中小规模生态农业经营提供资金援助。同时，其也要贯彻落实国家支持“三农”的普惠金融政策，做大做强生态产业，对面临资金约束的小农户发放无抵押贷款。从消费角度，为拉动和刺激生态消费需求，耕地生态银行可以根据市场推出消费贷款业务，支持购买特色生态农产品，或者体验休闲观光服务等。生态产业的生产和消费具有一定的正外部性，耕地生态银行贷款利率应适当降低，减少生态农业经营者和生态产品消费者的还款压力。

第三，建立利益均衡机制，化解政府与市场的导向冲突。耕地生态的社会参与者与政府在生态补偿上的总体利益目标相同，但仍然存在较多不协调之处。政府作为社会环境治理的主体，较为关注生态环境，而企业作为利润追求者，更多期望在生态改善的同时，能够从生态农业中获得高额经济回报。这种利益导向的不一致，必然形成不同的约束条件和行为规律，在生态资源开发利用方式、生态补偿模式、生态补偿费用标准等方面产生矛盾。一些地区的生态农业项目违反合同约定，违规开发非农业务或忽视生态资源保护，造成了较坏的环境和社会影响，需要政府及时制止。可见，以协商为基础，定期开展对话活动，及时了解企业诉求，对分歧问题寻求化解方案，建立政府与企业的利益均衡机制尤为必要。因此，双方可以通过协商对话，确定适宜的耕地补偿方式，以及政策引导方式。此外，可以建立专家建言制度，着力研究耕地生态补偿的机制、手段、模式与效果，明确政府的行政作用与企业的市场定位，为减少生态补偿的矛盾冲突提供理论依据。

第四，发挥科技创新支撑能力，保障补偿机制正常运行。混合式耕地生态补偿需要畅通政府与企业的沟通渠道，降低双方沟通成本，提高沟通效率。政府与企业之间需要共享的内容，主要包括耕地生态银行基本业务、信用状况、耕地资源评估方式、失信人名单等。建议建设耕地生态补偿大数据系统，对于资金借贷方的需求量进行审核，对资金使用方向进行动态监督，降低资金违规违法使用概率，降低银行的金融风险。除了信息技术创新应用外，科技创新还体现在生态农业生产技术上，如化肥农药减量化技术、节水灌溉技术、土壤质量提升技术、资源循环开发利用技术等。总之，这些关键核心技术的突破，一方面需要政府与市场进行合作攻关，加大研发经费和人员投入力度，不断提高技术研发能力；另一方面，需要与现代物联网、自动化、人工智能等高科技交叉融合，总结农业生产性服务的先进模式和推广方式，才能全面推动生态农业变革（马文奇等，2020）。

11.5 各均质区差别化耕地生态补偿模式的选择

根据第五章河南省均质区划分结果，结合各均质区的典型特点，本书认为均质区 1 和均质区 2 适合市场主导型耕地生态补偿模式，均质区 3 适合政府主导型耕地生态补偿模式，均质区 4 和均质区 5 适合政府与市场相结合的耕地生态补偿模式。

究其原因，首先，郑州和洛阳两个城市一个是河南省省会，另一个是河南省副中心城市，经济基础雄厚、发展势头显著，市域内中心城区和远郊区农业发展差距明显，形成了较为鲜明的耕地生态效益供给凸出区和凹陷区；加之，城市文明程度越高居民对生活品质的追求会相应提高，对生态环境重要性的认知会越深刻，对耕地生态效益付费的意愿也会越强烈。因此，适宜在市域内建立市场主导型耕地生态补偿模式。

其次，商丘、周口、南阳、驻马店和信阳 5 市耕地面积占全省 18 个城市耕地总面积的 53.95%，且贡献了全省 55.41%的粮食总产量，属于河南省打造全国重要粮食生产核心区的重要地区；同时，前面两个数字与 5 个城市对全省 GDP 的贡献率 27.88%相比，进一步体现出该均质区经济发展水平的相对落后。因此，均质区 3 是政府需要下大力气进行财政转移支付的区域，唯有对该区域的耕地保护工作格外重视才能确保河南省打造全国重要粮食生产核心区建设的顺利推进，真正彰显河南省“天下粮仓”的名与实。

最后，漯河市、鹤壁市、三门峡市、济源市和焦作市 5 个城市，以及安阳市、新乡市、平顶山市、濮阳市、许昌市和开封市 6 个城市作为紧密环绕在郑州和洛阳周围的城市，具有一些共同的特点，那就是既有较好的经济发展基础、条件和机会，又具有较好的农业发展条件，尤其是特色农业、休闲农业、采摘农业等，例如焦作的怀山药、三门峡的苹果、安阳滑县的强筋小麦、新乡原阳的大米、新乡封丘县的金银花、许昌鄢陵的花卉、开封杞县的大蒜、开封的菊花等；同时，这些地区还具有较好的农产品加工业基础，利于延长绿色农业产业链，促进农村一二三产业融合发展。因此，均质区 4 和均质区 5 适合混合型耕地生态补偿模式，在政府的引导和协调下，充分激发市场的活力发展耕地绿色产业，实现耕地生态价值，巩固河南省“国人厨房”“世人餐桌”的美誉。

总之，在差别化耕地生态补偿机制的大框架下，各均质区可以根据自身特点对具体的补偿模式、补偿标准、运行方式等做适当微调，以使机制设计实现本土化、落地化。

11.6 本章小结

本章在均质区划分、补偿机制需求意愿分析、差别化补偿标准测算的基础上，综合设计了政府主导型、市场主导型和混合型三类耕地生态补偿模式，具体探讨了各类补偿模式的内涵、特色、整体架构和运行方式，并进一步分析了河南省 5 个均质区分别适合的补偿模式，构建起案例区域差别化耕地生态补偿机制的整体框架。

第12章　差别化耕地生态补偿机制的配套保障措施

差别化耕地生态补偿机制的建立和运行是一项复杂的系统工程，相关的配套保障措施不可或缺。本章从多个角度入手系统设计配套保障措施，为差别化耕地生态补偿机制的顺畅运行提供体制和政策上的保障。

12.1　耕地所有权生态效益国家法律的认可

根据《中华人民共和国宪法》，我国绝大部分耕地归农民集体所有，少部分归国家所有[①]。换句话说，耕地所有权的产权主体绝大部分是农民集体。耕地所有权派生出了一系列权利束，包括耕地使用权、耕地租赁权、耕地承包经营权和耕地发展权。耕地的资产特性给耕地产权带来了私益性，也就是通过经营耕地获得经济收益的性质；同时，耕地的资源特性又给耕地产权标记了公益性，即通过保护耕地为社会大众提供生态效益、社会效益等公共物品的性质。那么从法律上明确耕地产权权利束中耕地生态价值的归属就成为确定耕地生态补偿受偿主体的重要依据，也是相关主体依据法律主张自身权利的基本保障。根据产权理论，我国耕地资产价值体系（见图12-1），理应以耕地所有权价值为核心，并包括耕地使用权价值、耕地租赁权价值、耕地承包经营权价值和耕地发展权价值，而前三者又都应该包含耕地资源生态价值。因此，拥有耕地所有权的村集体、取得耕地承包经营权的农民，以及通过各种方式取得耕地使用权的新型农业经

① 本书所探讨的耕地产权不包括国家所有的耕地产权，例如国营农场中的耕地属于全民所有。

营主体等，只要在使用耕地过程中产生了耕地生态产品都有权利主张生态补偿，这一点亟须相关立法予以确认，从而使耕地生态补偿不再是“无源之水，无本之木”。

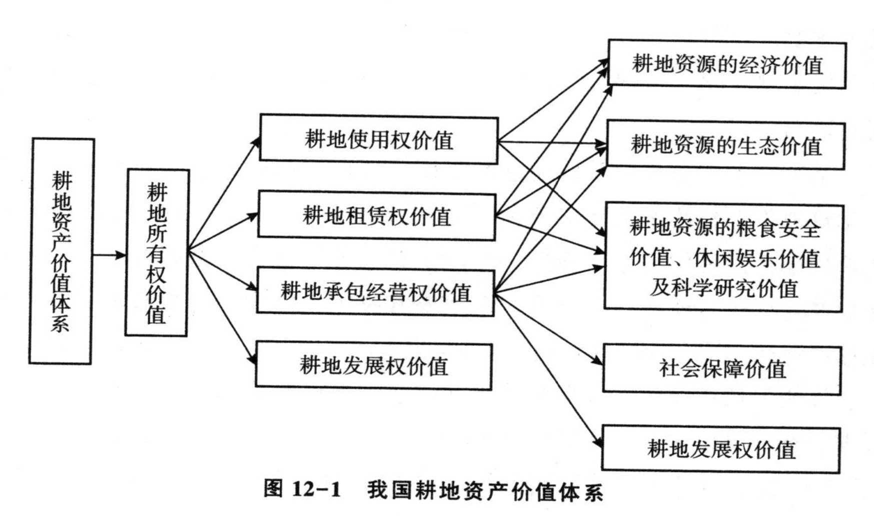

图 12-1　我国耕地资产价值体系

12.2　差别化耕地生态补偿制度环境的优化

差别化耕地生态补偿制度环境应从以下三个方面优化。

第一，国家目前对于耕地生态环境保护的关注体现在一系列法律和制度设计中，例如《土地管理法》《农业法》《基本农田保护条例》《全国国土规划纲要（2016—2030 年）》等，这些法律和制度设计充分展示了国家对耕地生态环境保护的重视程度，但对耕地生态环境保护主体的确认应进一步细化。举例来讲，《土地管理法》规定各级人民政府是防止土地污染的责任主体，乡（镇）人民政府应组织农村集体经济组织开展农业生产条件和生态环境的改善工作，但是却并未体现出耕地生态环境保护一线实施者农民的权利和义务，对于具有强烈正外部性的耕地生态效益来说，这一点是制度设计中应该尽快弥补的，将有利于耕地生态补偿的全面铺开。

第二，无论是政府主导型、市场主导型还是政府与市场相结合的耕地生态补偿模式，都离不开制度的顶层设计。耕地生态效益的公共物品性质决定了其消费的非排他性和非竞争性，如果没有法律和制度的强力约束，享受者大概率不会主动付费，出力者大概率是被动保护。因此，只有通过法律和制度设计明确地向社会大众宣布耕地生态效益确实存在，出力者为何人，享受者又为何人，各类补偿模式的基本运行规则如何，才能促成多元主体的广泛参与、多渠道补偿资金的充分流动，并进一步形成耕地生态补偿机制制度化、合理化、长期化的良好局面，走出当前耕地生态补偿机制建设的困局。

第三，下大力气为耕地绿色产业化经营提供制度便利。行稳致远的差别化耕地生态补偿机制势必要从“输血型补偿”向“造血型补偿”转变，随着耕地生态补偿的逐步推进，耕地生态环境质量会逐渐提高，那么耕地绿色产业化经营就具备了合格的土地要素投入，制度设计如果能够为耕地绿色产业化经营开各种绿灯，例如简化绿色认证程序、降低绿色认证成本、加快绿色农业科研成果的转化和推广、加强绿色农产品市场的监督和管理、推动绿色农业产业链的延长和融合等，就能够真正践行古人所说的“授人以鱼不如授人以渔”，激励广大农民“临渊羡鱼，不如退而结网”，实现耕地生态产品的市场转化，进一步丰富耕地生态补偿的形式。

12.3 差别化耕地生态补偿技术支撑的强化

差别化耕地生态补偿技术支撑应从以下三个方面强化。

第一，不断探索耕地生态价值评估技术手段。目前耕地生态价值评估方法大致可划分为两大类型，一类是以耕地生态系统提供的各种服务为基础进行评估，较具代表性的是基于中国土地生态系统服务当量因子修正的价值评估；另一类是基于假想市场构建的价值评估，较具代表性的是意愿调查法、选择实验法等的运用。总之，学术界对两类评估方法开展了大量理论研究和评估实践，对两类评估方法优缺点的探讨可谓百家争鸣，但是到底哪种评估方法更科学、更具权威性，学术界尚未达成一致看法。因此，需要继续推动耕地生态价值评估技术手段的研究和实践，尽早确定被大多数人认可的评估方法，从而为补偿标准的广泛推行打下坚实基础。

第二，不断研发和充分利用各种先进科技成果，丰富耕地生态补偿监督的技术手段。耕地生态补偿的核心思想是通过对耕地生态产品的价值实现，使耕地生态环境维护者的腰包鼓起来，用更多的投入换来更好的耕地生态环境，因此在补偿实施的过程中对耕地生态环境质量的持续检测是重要工作之一。另外，对补偿资金的划拨、流动、匹配和使用的监督也至关重要，关系着补偿机制的实施效率和效果。要针对补偿实施过程的重点环节不断加大科技研发力度，充分利用3S、大数据、物联网、区块链等先进技术助力补偿监督工作。

第三，普及耕地生态环境维护和治理技术，大力推广绿色农业技术。农民的日常耕作对耕地生态环境的影响至关重要，“不积跬步，无以至千里；不积小流，无以成江海”，环境友好型耕作方式如果能够日复一日、年复一年地普遍采用，那么对耕地生态环境来说就是一种持续的正向积累，从量变到质变，最终实现耕地生态环境的好转。但是，普通农民往往在先进技术获取和使用方面存在较大障碍，因此需要政府下大力气普及环境友好型耕作方式和绿色农业技术，通过构建基层农业科技推广体系或借助新型农业经营主体的力量，以宣传、讲座、田间指导、模范带动等方式，使先进技术走进千家万户，培养适应新时代要求的职业农民，巩固耕地生态补偿的果实。

12.4 差别化耕地生态补偿组织体系的构建

差别化耕地生态补偿组织体系的构建要重点关注以下三个方面。

第一，耕地生态补偿组织、督导机构的设立。2013 年《国务院关于生态补偿机制建设工作情况的报告》指出，要“建立由发展改革委、财政部等部门组成的部际协调机制，加强对生态补偿工作的指导、协调和监督”，但并未做出更加详细的规定。结合差别化耕地生态补偿机制的特点，建议设立由国家发展改革委牵头，财政部、生态环境部、自然资源部、农业农村部、商务部共同组成的耕地生态补偿办公室，由于不同补偿模式的基本运行规则不同，分别设立针对政府主导型、市场主导型和混合型补偿模式的管理处，对补偿机制构建和运行的各项事宜实施专项管理和协调监督，提高补偿机制运作效率。

第二，耕地生态价值评估第三方机构培育。补偿标准牢牢地扼住补偿机制成功运行的咽喉，耕地生态价值又是确定补偿标准的基本依据，加之耕地生态价值的空间异质性，使得原本专业性很强的耕地生态价值评估工作变得更加复杂，因此必须培育耕地生态价值评估的专业机构。建议从高校和科研机构积极引进相关专业人才组建评估机构，设置资质门槛以确保其专业性和权威性，日常运营中要密切关注耕地生态价值评估的国内外最新研究进展，不断优化评估方法，使之既具有科学性又便于付诸实践。同时，评估机构要独立于补偿参与双方，这样才能够确保评估的公平性。

第三，基层农业科技推广体系的构建。基层农业科技推广体系在农民和科技之间起到了关键的桥梁作用，政府应加强与科研院所、农技服务机构的联系，充分动员农业科研人员、农技服务人员，建立起线上线下相结合的基层农业科技推广体系。线下建立起以乡镇为基本单位的现代农业科技专家数据库，由各类专家定期为农民开展面对面的培训和田间地头的指导工作；线上借助移动互联网构建现代农业科技推广平台，实现农民的线上提问和专家的线上答疑，使农民的科技需求随时随地得到满足。在指导和答疑的过程中，专家一方面承担了科技传播的责任，另一方面也起到了监管矫正的作用，对农业科技普及率、渗透率和转化率的提升大有裨益。

12.5 差别化耕地生态补偿文化氛围的营造

差别化耕地生态补偿几乎涉及每一位社会成员，因此文化氛围的营造也要从不同参与主体的角度着手综合考虑。

第一，从受偿主体的角度来说，培养农民的耕地绿色经营理念至关重要。农民作为差别化耕地生态补偿的受偿主体，其是否愿意采取保护耕地生态环境的行动，关乎制度设计的成败，只有使耕地绿色经营的理念深深扎根于农民心中，才能够使他们具备保护耕地生态环境的内在动力。对于农民绿色经营理念的培养要特别注重宣传内容的表达方式，根据农民整体文化水平，宣传语言的组织应尽量贴近农民的语言习惯，站在农民的立场陈述利弊，重点明确，让农民听得懂、易接受。另外要借助多种媒介传播政策理念，除了新闻、广播等较为权威的官方媒介外，也可借助乡村中的人际传播力量，加强对乡贤达人的宣传教育，再通过他们的影响力达到宣传的目的，尽量避免“编码”和“再编码”过程中的政策含义曲解。同时，充分挖掘微信、公众号等新媒体和自媒体的传播功能，提高耕地绿色经营理念的达到率（赵建英，2019）。

第二，从补偿主体的角度来说，激发地方政府的大局意识和普通市民的环保理念尤为重要。当耕地生态效益赤字区地方政府充分理解补偿政策的必要性和紧迫性时，才有更大的积极性协助推动补偿机制的构建，也才能心甘情愿地对盈余区地方政府做出适当“反哺”，可通过耕地生态补偿相关理论和政策文件的深入学习激发地方政府的大局意识。普通市民的环保理念是耕地生态补偿机制顺利推行的重要保障之一，尤其是在耕地绿色产业化经营方面，市民以消费者的身份出现，通过购买有绿色标识的农产品实现对耕地生态产品的补偿，因此对普通市民的环保理念培育势在必行。首先，提高环保农产品认证的规范性，目前的认证出现了无公害、有机、绿色农产品等并存的局面，普通消费者很难搞清楚个中差别，所以应统一认证标准和称谓，并向社会大众做广泛宣传，只有充分理解其内涵社会大众才愿意为之付费。其次，注重品牌的培育和地理标志口碑的树立，通过这两个方面的努力，充分挖掘和扩散品牌与地理标志的影响力，易于得到消费者的认可。最后，充分利用农产品追溯技术，使环保农产品的整个生长过程透明、可追溯，从而打消消费者的疑虑，激发购买欲望。

12.6 本章小结

基于前文差别化耕地生态补偿机制的整体架构，本章从法律认可、制度环境优化、技术支撑强化、组织体系构建和文化氛围营造五个方面对各项配套保障措施进行了深入分析，以期为差别化耕地生态补偿机制的顺利运行筑起牢固的基础。

结束语

本书主要通过对耕地资源生态价值空间异质性的理论阐释，研究区域空间异质性评价和均质区划分，耕地资源生态价值综合测算，差别化补偿模式及运行方式的整体设计，以及配套保障措施的全面规划，主要得出以下结论。

（1）深入分析我国耕地资源总体状况，指出当前我国耕地资源在利用中存在数量相对稳定但质量整体下降、经济建设导致非农建设用地数量不断增加、缺乏耕地休耕制度致使耕地地力衰竭等问题。将种粮农民直接补贴等视为耕地生态补偿的一种模式，采用数据包络分析法，测算我国耕地生态补偿制度运行效率，结果显示除个别年份外，生态补偿效率整体有待提升，这一结果也说明构建差别化耕地生态补偿机制的重要性。现有的种粮农民直接补贴、农资综合直接补贴和农作物良种补贴等，经过多年的运行，已相对成熟和稳定，有其存在的法律基础，是差别化耕地生态补偿模式和运行机制构建的制度基础与重要依据，而差别化耕地生态补偿模式则是现行生态补偿制度改进和创新的方向。

（2）耕地资源生态价值空间异质性主要包括数量异质性、质量异质性、时间异质性、区位异质性、结构异质性和组合异质性等。数量异质性是指同一区域内部，耕地资源的数量是固定的，但各类型耕地资源的数量各有差异；质量异质性是指耕地资源的肥力、地形地貌等因素各有不同；时间异质性是指不同时期耕地资源的结构、数量和质量均有不同；区位异质性是指不同位置耕地资源所在区域的交通便捷度、经济发展水平等方面各有不同；结构异质性是指耕地利用方式和利用类型多样且各具特点；组合异质性是指与耕地资源密切联系和相互作用的社会、经济及人口等因素绝对差异或相对差异造成资源生态价值的差异。耕地资源生态价值空间异质是由耕地资源“第一自然”和“第二自然”空间异质引发的。其中“第一自然”的空间异质性是耕地资源生态价值空间异质性产生的直接原因，而人类对耕地资源“第一自然”改造程度的差异，是耕地资源“第二自然”空间异质性的形成基础。

（3）以河南省 18 个城市为研究对象，基于科学性、全面性、代表性和可操作性原则，从自然、经济、社会三个维度，构建由 11 个指标组成的耕地资源生态价值空间异质性评价指标体系，通过变异系数法等多种方法的综合运用，衡量河南省 18 个城市耕地资源生态价值的空间异质性。最终将 18 个城市可分为 5 个均质区，均质区 1 由郑州市组成，均质区 2 由洛阳市组成，均质区 3 由商丘市、周口市、南阳市、驻马店市和信阳市组成，均质区 4 由漯河市、鹤壁市、三门峡市、济源市和焦作市组成，均质区 5 由安阳市、新乡市、平顶山市、濮阳市、许昌市和开封市组成。各均质区的耕地质量、经济发展程度等各有特点，为适应各地区经济社会形势变化及其对耕地保护的新要求，需构建符合各均质区特征的差别化生态补偿模式和运行机制。

（4）在均质区划分基础上，以 651 份城镇类调查问卷和 465 份农村类调查问卷数据为基础，运用意愿调查法与选择实验法，测算各均质区耕地生态补偿标准。意愿调查法结果表明无论是正效益还是负效益，市民支付意愿均大于农民支付意愿，如均质区 1 的 1701 元/公顷（城镇）和 986 元/公顷（农村），均质区 2 的 1570 元/公顷（城镇）和 876 元/公顷（农村），均质区 3 的 1304 元/公顷（城镇）和 825 元/公顷（农村）；各均质区耕地资源生态负效益补偿标准均略高于耕地资源生态正效益补偿标准，如均质区 1 的 8767 元/公顷（负生态效益）和 7919 元/公顷（正生态效益），均质区 2 的 5397 元/公顷（负生态效益）和 4637 元/公顷（正生态效益），均质区 3 的 3144 元/公顷（负生态效益）和 2514 元/公顷（正生态效益）。采用选择实验法，将耕地资源生态价值属性分为耕地面积、耕地质量、耕地保护成本、耕地景观与生态环境属性，最终测算各均质区补偿标准区间，如均质区 1 的 8546 元/公顷（上限）和 6018 元/公顷（下限），均质区 2 的 6148 元/公顷（上限）和 3907 元/公顷（下限），均质区 3 的 4107 元/公顷（上限）和 3498 元/公顷（下限）。综合考虑两种方法的优势和不足，以两者测算结果相交区间为最终补偿标准上下限，可建立具有弹性的生态补偿标准，均质区 1 为 8546 元/公顷（上限）和 7919 元/公顷（下限），均质区 2 为 5397 元/公顷（上限）和 4637 元/公顷（下限），均质区 3 为 3498 元/公顷（上限）和 3144 元/公顷（下限），均质区 4 为 4033 元/公顷（上限）和 3853 元/公顷（下限），均质区 5 为 3984 元/公顷（上限）和 3717 元/公顷（下限）。

（5）以河南省 18 个城市的问卷调查数据为基础，利用探索性空间数据分析（ESDA）考察耕地生态补偿支付意愿的空间分布态势，并且运用地理加权回归模型（GWR）深入剖析影响耕地生态补偿支付意愿空间异质性的驱动机制，结果显示：从空间维度看，城镇耕地生态补偿支付意愿的空间分布格局存在一定“中心—外围”的规律性分布态势，而农村则呈现出一种不规则的“马赛克”式分布格局，虽然城镇和农村的耕地生态补偿支付意愿在空间格局上存在差异，但二者之间依旧存在相似之处，不论在城镇还是在农村，郑州和洛阳始终是具有强烈支付意愿的地区，濮阳和开封则一直属于支付意愿较为微弱的地区；城镇居民和农村居民耕地生态补偿支付意愿的全局 Moran's I 指数，其值分别为 0.2068 和 0.2896，均在 90% 置信度水平下通过检验，在空间格局上具有正向空间自相关性。城镇居民耕地生态补偿支付意愿形成了以郑州和洛阳为主的热点区域以及以安阳、濮阳、商丘、开封为主的冷点区域，而农村居民耕地生态补偿支付意愿形成了以郑州为主的热点区域以及河南省东北部和东南部城市的冷点区域，并且部分城市的城镇居民与农村居民耕地生态补偿支付意愿在冷热点分布上有较大差别；各驱动因子对耕地生态补偿支付意愿的影响存在显著的地区差异。从城镇来看，各驱动力对耕地生态补偿支付意愿的影响程度由大到小依次为：对耕地数量变化是否会影响生态效益的认知>对耕地变化趋势的了解程度>受教育程度>年龄>家庭月收入>家庭工作人数，其中，除受教育程度和家庭月收入外，其余因子均呈现出负向影响；从农村来看，各驱动力的排序依次为：家庭月收入>年龄>农业收入比重>对耕地数量变化是否会影响生态效益的认知>受教育程度>未成年子女个数，其中，家庭月收入、年龄和对耕地数量变化是否会影响生态效益的认知都呈现出显著正向影响，而农业收入比重、受教育程度和未成年子女个数均呈现出负向影响。因此应考虑居民个体特征异质性，建立有差异的环境教育模式；构建以政府为主导，全社会共同参与的宣传格局；积极拓宽就业渠道，多渠道促进居民增收；切实提升人口素质，降低家庭教育压力。

（6）以河南南阳549份问卷调查数据为基础，在补偿需求、耕地保护意愿、耕地保护主体认知、对种粮系列补贴政策的满意程度、受偿主体、补偿方式、补偿依据、支付方式的选择等方面，分析了农户对耕地生态补偿的具体需求情况。并将农户对耕地生态补偿的需求意愿作为因变量，以农户的4个个体特征变量和7个家庭特征变量作为自变量，建立Logistic模型，对需求意愿影响因素进行了定量分析。结果表明，耕地生态补偿机制的构建，可在一定程度上唤起农户对耕地的保护和从事农业生产经营的热情；为提高农户对于补偿机制的接受程度，应特别重视补偿接受主体、补偿标准、补偿方式、补偿依据和支付方式等内容。农民受教育程度、家庭农业人口数、耕地种植面积、农业收入占比等因素对需求意愿影响显著。耕地生态补偿机制的设计，应从补偿标准、补偿模型、运行方式等方面体现“阶梯性”和“差别化”。其中“差别化”主要是指各个地区自然、经济等各有差异，应制定符合区域实际的差别化补偿政策，以确保补偿效率的不断提高；“阶梯性”则是在“差别化”的基础上，对粮食生产核心区与非核心产区以及经济发达地区与经济欠发达地区所采取的阶梯式耕地生态补偿机制。

（7）依据“谁受益、谁补偿”原则、“差别化、多元化”原则、帕累托最优原则、公平优先效率跟进原则和可持续发展原则，分别构建了政府主导型、市场主导型以及混合型（政府与市场相结合）三类耕地生态补偿模式。其中，政府主导型耕地生态补偿模式以财政转移支付网络建设为主要特点，市场主导型耕地生态补偿模式以“耕地绿票”交易平台的搭建为核心特征，混合型耕地生态补偿模式以“耕地生态银行+耕地绿色发展”为重要特质。另外，本书为不同类型耕地生态补偿模式设计了与之相适应的运行方式。结合河南省各均质区的典型特点，均质区1和均质区2适合市场主导型耕地生态补偿模式，均质区3适合政府主导型耕地生态补偿模式，均质区4和均质区5适合政府与市场相结合的耕地生态补偿模式。差别化耕地生态补偿机制的建立和运行是一项复杂的系统工程，相关的配套保障措施不可或缺，包括国家法律的认可、制度环境的优化、技术支撑的强化、组织体系的构建和文化氛围的营造五大方面。

差别化耕地生态补偿机制未来尚需研究的问题主要包括以下两方面。

（1）差别化耕地生态补偿模式的丰富性问题。本书提出了政府主导型、市场主导型和混合型（政府与市场相结合）三类耕地生态补偿模式，详细设计了每类模式的具体内涵、补偿依据、补偿标准、运行方式，以及与河南省各均质区的匹配等。但随着耕地生态补偿研究的进一步深入，结合全国各均质区的特点，每类补偿模式应该有更加丰富的实践形式，通过理论、实践的完美结合，促进差别化耕地生态补偿机制的不断丰富和升级。这一点是未来需要继续深入研究的一个方向。

（2）耕地生态负外部性价值的测算。本书使用意愿调查法测算了河南省各均质区耕地生态负外部性价值，为补偿标准的合理确定提供了一定的理论指导。但目前学术界对于耕地生态负外部性价值测算的研究相对较少，本书也未能通过选择实验法测算负外部性价值。耕地生态负外部性价值是耕地生态总价值的有机构成部分，决定着补偿标准的科学性，影响着补偿机制的认可度，同时能够较好体现负外部性价值的补偿标准将有利于规避耕地利用过程中负外部性行为的产生。因此，耕地生态负外部性价值测算方法也是未来需要继续深入研究的一个方向。

参考文献

[1] 敖长林、袁伟、王锦茜、高琴，2019，《零支付对条件价值法评估结果的影响——以三江平原湿地生态保护价值为例》，《干旱区资源与环境》第8期。

[2] 包贵萍、梁小亮、梁颖、耿槟、徐保根，2019，《南方红壤丘陵耕地生态修复补偿标准研究》，《资源科学》第2期。

[3] 陈海江、司伟、王新刚，2019，《粮豆轮作补贴：标准测算及差异化补偿——基于不同积温带下农户受偿意愿的视角》，《农业技术经济》第6期。

[4] 陈海江、司伟、刘泽琦，2020，《粮豆轮作生态服务价值估算——基于农户支付意愿的分析》，《干旱区资源与环境》第3期。

[5] 陈炜，2019《基于TCM和CVM方法的生态科普旅游资源价值评估——以桂林喀斯特世界自然遗产地为例》，《社会科学家》第1期。

[6] 蔡军、李晓燕，2016，《以主体权益为导向完善我国生态补偿机制》，《经济体制改革》第5期。

[7] 曹瑞芬，2016，《土地非均衡发展与跨区域财政转移制度研究》，博士学位论文，华中农业大学。

[8] 崔艳智、高阳、赵桂慎，2017，《农田面源污染差别化生态补偿研究进展》，《农业环境科学学报》第7期。

[9] 陈昱、马子涵、古洁灵、田伟腾，2019，《环境成本研究：合作、演进、热点及展望—基于CitespaceV的可视化分析》，《干旱区资源与环境》第6期。

[10] 陈昱、田伟腾、马文博，2020，《国外城市群研究：轨迹、热点及趋

势——基于 CiteSpace V 的文献可视化分析》,《预测》第 1 期。
[11] 陈伟、余兴厚、熊兴,2018,《政府主导型流域生态补偿效率测度研究*——以长江经济带主要沿岸城市为例》,《江淮论坛》第 3 期。
[12] 陈仲新、张新时,2000,《中国生态系统效益的价值》,《科学通报》第 1 期。
[13] 杜林远、高红贵,2018,《我国流域水资源生态补偿标准量化研究——以湖南湘江流域为例》,《中南财经政法大学学报》第 2 期。
[14] 杜群,2005,《生态补偿的法律关系及其发展现状和问题》,《现代法学》第 3 期。
[15] 史普博,丹尼尔·F.,1999,《管制与市场》,余晖等译,上海三联书店。
[16] 邓晓红、宋晓谕、祁元、王宏伟、徐中民,2019,《区域高环境风险行业生态补偿对象及补偿标准分析》,《中国人口·资源与环境》第 2 期。
[17] 丁振民、姚顺波,2019,《小尺度区域生态补偿标准的理论模型设计及测度》,《资源科学》第 12 期。
[18] 邓飞、柯文进,2020,《异质型人力资本与经济发展——基于空间异质性的实证研究》,《统计研究》第 2 期。
[19] 樊凯编著,2009,《生态农业——农业发展的绿色之路》,中国社会出版社。
[20] 葛丽婷,2018,《城镇化进程中我国耕地利用现状及其保护对策——基于对 2011—2016 年国土资源公报的分析》,《经济研究导刊》第 7 期。
[21] 高杨、赵端阳、于丽丽,2019,《家庭农场绿色防控技术政策偏好与补偿意愿》,《资源科学》第 10 期。
[22] 葛颜祥、梁丽娟、接玉梅,2006,《水源地生态补偿机制的构建与运作研究》,《农业经济问题》第 9 期。
[23] 葛颜祥、梁丽娟、王蓓蓓、吴菲菲,2009,《黄河流域居民生态补偿意愿及支付水平分析——以山东省为例》,《中国农村经济》第 10 期。
[24] 郭丽芳,2019,《政府与市场协同共建生态补偿机制路径探究》,《长

春工程学院学报》(社会科学版) 第3期。
[25] 环境保护部、国土资源部,2014,《环境保护部和国土资源部发布全国土壤污染状况调查公报》,生态环境部网站,4月17日,http://www.mee.gov.cn/gkml/sthjbgw/qt/201404/t20140417_270670.htm。
[26] 何可、张俊飚、田云,2013,《农业废弃物资源化生态补偿支付意愿的影响因素及其差异性分析——基于湖北省农户调查的实证研究》,《资源科学》第3期。
[27] 韩丽荣、王朋薇,2019,《条件价值法中不确定性影响因素及处理方法研究——以呼伦贝尔草原为例》,《干旱区资源与环境》第5期。
[28] 洪尚群、马丕京、郭慧光,2001,《生态补偿制度的探索》,《环境科学与技术》第5期。
[29] 韩喜艳、刘伟、高志峰,2020,《小农户参与农业全产业链的选择偏好及其异质性来源——基于选择实验法的分析》,《中国农村观察》第2期。
[30] 胡振华、刘景月、钟美瑞、洪开荣,2016,《基于演化博弈的跨界流域生态补偿利益均衡分析——以漓江流域为例》,《经济地理》第6期。
[31] 姜珂、游达明,2019,《基于区域生态补偿的跨界污染治理微分对策研究》,《中国人口·资源与环境》第1期。
[32] 姜晗、杨皓然、吴群,2020,《东部沿海经济区耕地利用效率的时空格局分异及影响因素研究》,《农业现代化研究》第2期。
[33] 金建君、江冲,2011,《选择试验模型法在耕地资源保护中的应用——以浙江省温岭市为例》,《自然资源学报》第10期。
[34] 林爱华、沈利生,2020,《长三角地区生态补偿机制效果评估》,《中国人口·资源与环境》第4期。
[35] 李博、石培基、金淑婷、魏伟、周俊菊,2013,《石羊河流域生态系统服务价值的空间异质性及其计量》,《中国沙漠》第3期。
[36] 李昌峰、张娈英、赵广川、莫李娟,2014,《基于演化博弈理论的流域生态补偿研究——以太湖流域为例》,《中国人口·资源与环境》第1期。
[37] 刘绿怡、丁圣彦、任嘉衍、卞子亓,2019,《景观空间异质性对地表

水质服务的影响研究——以河南省伊河流域为例》,《地理研究》第6期。
[38] 李国平、石涵予,2015,《退耕还林生态补偿标准、农户行为选择及损益》,《中国人口·资源与环境》第5期。
[39] 李国平、张文彬,2014,《退耕还林生态补偿契约设计及效率问题研究》,《资源科学》第8期。
[40] 李京梅、丁中贤、许婉婷、许志华、单菁竹,2020,《基于双边界二分式CVM的国家公园门票定价研究——以胶州湾国家海洋公园为例》,《资源科学》第2期。
[41] 刘琦,2018,《少数民族农业生态补偿制度优化与完善》,《贵州民族研究》第9期。
[42] 梁吉义,2019,《生态农业发展资源化利用、一体化开发和产业化经营模式及范例剖析》,《科学种养》第10期。
[43] 罗蓉、韩琳子,2019,《河南省农村居民消费结构与收入的研究》,《经济研究导刊》第10期。
[44] 李世平、马文博、陈昱,2012,《制度创新:国内外耕地保护经济补偿研究综述》,《电子科技大学学报》(社科版)第5期。
[45] 罗天骐,2016,《国土资源空间异质性与空间优化模型构建——以示范乡镇天津市太平镇为例》,硕士学位论文,华中农业大学。
[46] 李晓光、苗鸿、郑华、欧阳志云,2009,《生态补偿标准确定的主要方法及其应用》,《生态学报》第8期。
[47] 李效顺、蒋冬梅、卞正富,2014,《基于粮食安全视角的中国耕地资源盈亏测算》,《资源科学》第10期。
[48] 李潇,2018,《基于农户意愿的国家重点生态功能区生态补偿标准核算及其影响因素——以陕西省柞水县、镇安县为例》,《管理学刊》第6期。
[49] 粟晓玲、康绍忠、佟玲,2006,《内陆河流域生态系统服务价值的动态估算方法与应用——以甘肃河西走廊石羊河流域为例》,《生态学报》第6期。
[50] 刘云来,2018,《绿色农业产业发展面临的难题与出路》,《农业开发与装备》第9期。

[51] 黎元生，2018，《生态产业化经营与生态产品价值实现》，《中国特色社会主义研究》第4期。

[52] 李玉新、魏同洋、靳乐山，2014，《牧民对草原生态补偿政策评价及其影响因素研究——以内蒙古四子王旗为例》，《资源科学》第11期。

[53] 刘薇，2014，《市场化生态补偿机制的基本框架与运行模式》，《经济纵横》第12期。

[54] 马爱慧、蔡银莺、张安录，2012，《基于选择实验法的耕地生态补偿额度测算》，《自然资源学报》第7期。

[55] 毛显强、钟瑜、张胜，2002，《生态补偿的理论探讨》，《中国人口·资源与环境》第4期。

[56] 倪庆琳、侯湖平、丁忠义、李艺博、李金融，2020，《基于生态安全格局识别的国土空间生态修复分区——以徐州市贾汪区为例》，《自然资源学报》第1期。

[57] 马文博、陈昱，2019，《农户耕地生态补偿需求意愿及影响因素——基于河南南阳农户调研数据的实证分析》，《河南工业大学学报》（社会科学版）第5期。

[58] 马文博、李世平，2020，《基于CE模型的河南省耕地生态补偿额度研究》，《中国农业资源与区划》第3期。

[59] 马文博，2015，《粮食主产区农户耕地保护利益补偿需求意愿及影响因素分析——基于357份调查问卷的实证研究》，《生态经济》第5期。

[60] 马文奇、马林、张建杰、张福锁，2020，《农业绿色发展理论框架和实现路径的思考》，《中国生态农业学报》（中英文）第8期。

[61] 孟召宜、朱传耿、渠爱雪、杜艳，2008，《我国主体功能区生态补偿思路研究》，《中国人口·资源与环境》第2期。

[62] 彭文静、姚顺波、李晟，2014，《华山风景名胜区旅游价值评估的研究——联立方程模型在TCM中的应用》，《经济管理》第12期。

[63] 彭文静、姚顺波、冯颖，2014，《基于TCIA与CVM的游憩资源价值评估——以太白山国家森林公园为例》，《经济地理》第9期。

[64] 李灵慧，2020，《包头市资源环境承载力时空分异及驱动机制研究》，

硕士学位论文，内蒙古师范大学。
[65] 秦艳红、康慕谊，2007，《国内外生态补偿现状及其完善措施》，《自然资源学报》第4期。
[66] 邵雅静、员学锋、杨悦、马瑞芳，2020，《黄土丘陵区农户生计资本对农业生产效率的影响研究——基于1314份农户调查样本数据》，《干旱区资源与环境》第7期。
[67] 史恒通、赵敏娟，2015，《基于选择试验模型的生态系统服务支付意愿差异及全价值评估——以渭河流域为例》，《资源科学》第2期。
[68] 沈孝辉，1996，《共存才能共荣——建议尽快建立长江流域生态补偿机制》，《森林与人类》第4期。
[69] 徐旭、钟昌标、李冲，2018，《区域差异视角下森林生态补偿效果与影响因素研究》，《软科学》第7期。
[70] 汤怀志、桑玲玲、郧文聚，2020，《我国耕地占补平衡政策实施困境及科技创新方向》，《中国科学院院刊》第5期。
[71] 魏楚、沈满洪，2011，《基于污染权角度的流域生态补偿模型及应用》，《中国人口·资源与环境》第6期。
[72] 王德凡，2017，《内在需求、典型方式与主体功能区生态补偿机制创新》，《改革》第12期。
[73] 吴冬林、何伟、李政、刘晋希，2020，《基于DEA-ESDA的四川省耕地利用效率时空分异及影响因素研究》，《四川师范大学学报》（自然科学版）第2期。
[74] 韦惠兰、周夏伟，2018，《基于CVM视角的沙化土地封禁保护补偿标准研究》，《干旱区资源与环境》第8期。
[75] 韦惠兰、祁应军，2017，《基于CVM的牧户对减畜政策的受偿意愿分析》，《干旱区资源与环境》第3期。
[76] 王海春、高博、祁晓慧、乔光华，2017，《草原生态保护补助奖励机制对牧户减畜行为影响的实证分析——基于内蒙古260户牧户的调查》，《农业经济问题》第12期。
[77] 王金南、万军、张惠远，2006，《关于我国生态补偿机制与政策的几点认识》，《环境保护》第19期。
[78] 王军锋、侯超波，2013，《中国流域生态补偿机制实施框架与补偿模

式研究——基于补偿资金来源的视角》，《中国人口·资源与环境》第2期。

[79] 王朋薇、钟林生、梅荣、艾凤巍，2016，《审议货币评估与意愿调查法的比较和应用：以达赉湖自然保护区为例》，《旅游科学》第6期。

[80] 王少剑、高爽、陈静，2020，《基于GWR模型的中国城市雾霾污染影响因素的空间异质性研究》，《地理研究》第3期。

[81] 魏雅慧、刘雪立、刘睿远，2018，《不同身份作者的科研产出力与学术影响力分析——以情报学CSSCI期刊为例》，《中国科技期刊研究》第2期。

[82] 王誉茜、姜卫兵、魏家星，2015，《基于TCM的体育公园游憩价值评估——以无锡体育公园为例》，《江苏经贸职业技术学院学报》第4期。

[83] 王作全、王佐龙、张立、苏永生，2006，《关于生态补偿机制基本法律问题研究——以三江源国家级自然保护区生物多样性保护为例》，《中国人口·资源与环境》第1期。

[84] 夏博文，2018，《我国农业现代化的绿色发展路径探究》，硕士学位论文，合肥工业大学。

[85] 谢高地、鲁春霞、冷允法、郑度、李双成，2003，《青藏高原生态资产的价值评估》，《自然资源学报》第2期。

[86] 徐琳瑜、杨志峰、帅磊、鱼京善、刘世梁，2006，《基于生态服务功能价值的水库工程生态补偿研究》，《中国人口·资源与环境》第4期。

[87] 夏贤平、吴标理，2020，《生态产品价值实现机制中“绿票”制度研究》，《开发性金融研究》第6期。

[88] 郗永勤、王景群，2020，《市场化、多元化视角下我国流域生态补偿机制研究》，《电子科技大学学报》（社科版）第1期。

[89] 袁凯华、张苗、甘臣林、陈银蓉、朱庆莹、杨慧琳，2019，《基于碳减排目标的省域碳生态补偿研究》，《长江流域资源与环境》第1期。

[90] 杨美玲、朱志玲，2017，《西北民族地区农户户均受偿意愿及其影响因素分析——以宁夏回族自治区盐池县为例》，《北方民族大学学报》（哲学社会科学版）第6期。

[91] 于璇，2019，《我国中西部贫困地区普通高中教育发展困境与治理路径研究》，博士学位论文，华东师范大学。

[92] 叶文虎、魏斌、仝川，1998，《城市生态补偿能力衡量和应用》，《中国环境科学》第4期。

[93] 张浩，2015，《草原生态保护补助奖励机制的贫困影响评价——以内蒙古阿拉善盟左旗为例》，《学海》第6期。

[94] 朱菊隐、贾卫国，2019，《我国排污许可权交易市场理想模型构建研究》，《中国林业经济》第5期。

[95] 张方圆、赵雪雁，2014，《基于农户感知的生态补偿效应分析——以黑河中游张掖市为例》，《中国生态农业学报》第3期。

[96] 赵其国，2007，《土壤污染与安全健康——以经济快速发展地区为例》，第四次全国土壤生物和生物化学学术研讨会论文集，广州，12月。

[97] 赵景柱、罗祺姗、严岩、段靖、丁丁，2006，《完善我国生态补偿机制的思考》，《宏观经济管理》第8期。

[98] 李全峰、杜国明、胡守庚，2015，《不同土地产权制度下耕地利用综合效益对比分析——以黑龙江省富锦市垦区与农区为例》，《资源科学》第8期。

[99] 赵建英，2019，《耕地生态保护激励政策对农户行为的影响研究——基于农户施肥施药行为的分析》，博士学位论文，中国地质大学（北京）。

[100] 邹学荣、江金英，2018，《建立市场化生态补偿机制的现实路径探析》，《乐山师范学院学报》第4期。

[101] 朱红根、黄贤金，2018，《环境教育对农户湿地生态补偿接受意愿的影响效应分析——来自鄱阳湖区的证据》，《财贸研究》第10期。

[102] 甄霖、闵庆文、李文华、金羽、杨光梅，2006，《海南省自然保护区生态补偿机制初探》，《资源科学》第6期。

[103] 张俊峰、张安录、何雄，2016，《土地资源空间异质性及差别化政策研究》，《西北农林科技大学学报》（社会科学版）第6期。

[104] 周小平、柴铎、卢艳霞、宋丽洁，2010，《耕地保护补偿的经济学解释》，《中国土地科学》第10期。

[105] 张效军、欧名豪、望晓东，2008，《耕地保护区域补偿机制之面积标准探讨》，《安徽农业科学》第23期。

[106] 张效军、欧名豪、李景刚、刘志坚，2006，《对构建耕地保护区域补偿机制的设想》，《农业现代化研究》第2期。

[107] 郑云辰、葛颜祥、接玉梅、张化楠，2019，《流域多元化生态补偿分析框架：补偿主体视角》，《中国人口·资源与环境》第7期。

[108] 朱炜、王乐锦、王斌、谈立群，2017，《海洋生态补偿的制度建设与治理实践——基于国际比较视角》，《管理世界》第12期。

[109] 张蔚文、李学文，2011，《外部性作用下的耕地非农化权配置——"浙江模式"的可转让土地发展权真的有效率吗?》，《管理世界》第6期。

[110] 赵旭、池辰、何伟军，2020，《基于选择实验法的三峡屏障区居民生态补偿支付意愿研究》，《长江流域资源与环境》第1期。

[111] 张宇、岑云峰、张鹏岩、闫宇航、刘欣、李仓宇、李颜颜、杨肖杰、耿文亮，2019，《河南省耕地多功能时空演变及耦合分析》，《河南大学学报》(自然科学版) 第5期。

[112] 张殷波、牛杨杨、王文智、李俊生，2020，《基于选择试验法的受威胁物种保护偏好及价值评估》，《环境科学研究》第10期。

[113] 张玉龙，2019，《我国耕地生态补偿机制研究》，硕士学位论文，河南大学。

[114] 郑玉兰，2019，《湖北省秭归县农民合作社绿色发展路径探究》硕士学位论文，武汉轻工大学。

[115] 朱珠，2014，《基于农地流转视角的农村土地银行研究》，硕士学位论文，河北大学。

[116] Adamowicz, W., Louviere, J., Williams, M. 1994. "Combining Revealed and Stated Preference Methods for Valuing Environmental Amenities," *Journal of Environmental Economics and Management*, 26 (3): 271-292.

[117] Adelaja, A. O., Keith, F. 1999. "Political Economy of Right-to-Farm," *Journal of Agricultural and Applied Economics*, 31 (3): 565-579.

[118] Alexandrod, J. S. 2005. "Stated Preferences for Two Cretan Heritage Attractions," *Annals of Tourism Research*, 32 (4): 985–1005.

[119] Andre, B. L., Jack, A. 2002. "Applying Landscape Ecological Concepts and Metrics in Sustainable Landscape Planning," *Landscape and Urban Planning*, 59 (2): 65–93.

[120] Anselin, L. 1988. *Spatial Econometrics, Methods and Model*, Boston: Kluwer Academic.

[121] Anslin, L. 2000. "Geographical Spillovers and University Research: A Spatial Econometric Perspective, Growth and Change," Gatton College of Business and Economics, University of Kentuchy.

[122] Banerjee, S., Cason, T. N., Vries, F. P. D., Hanley, N. 2017. "Transaction Costs, Communication, and Spatial Coordination in Payment for Ecosystem Services Schemes," *Journal of Environmental Economics and Management*, 83.

[123] Baylis, K., Peplow, S., Rausser, G., Simon, L. 2008. "Agri-environmental Policies in the EU and United States: A Comparison," *Ecological Economics*, 65 (4): 753–764.

[124] Cambardella, C. A., Moorman, T. B., Novak, J. M., Parkin, T. B., Konopka, A. E. 1994. "Field-scale Variability of Soil Properties in Central Low as Oils," *Soil Science Society of America Journal*, (58): 1501–1511.

[125] Campbell, D., Hutchinson, W. G. 2009. "Using Choice Experiments to Explore the Spatial Distribution of Willingness to Pay for Rural Landscape Improvements," *Environment and Planning A*, 41: 97–111.

[126] Clot, S., Grolleau, G., Méral, P. 2017. "Payment vs. Compensation for Ecosystem Services: Do Words have a Voice in the Design of Environmental Conservation Programs?" *Ecological Economics*, 135: 299–303.

[127] Costanza, R. et al. 1997. "The Value of the World's Ecosystem Services and Natural Capital," *Nature*, 387 (15): 253–260.

[128] Cuperus, R., Canters, K. J., Udo de Haes, H. A., Friedman,

D. S. et al. 1999. "Guidelines for Ecological Compensation Associated with Highways," *Biological Conservation*, (90): 41-51.

[129] Drake, L. 1992. "The Non-market Value of Swedish Agricultural Landscape," *European Review of Agricultural Economics*, 19 (3): 351-364.

[130] Duke, J. M., Thomas, W. A. 2004. "Conjoint Analysis of Public Preferences for Agricultural Land Preservation," *Agricultural and Resource Economics Review*, 33 (2): 209-219.

[131] Ekin, B., Katia, K., Phoebe, K. 2006. "Using a Choice Experiment to Account for Preference Heterogeneity in Wetland Attributes: The Case of Cheimaditida Wetland in Greece," Ecological *Economics*, 60 (1): 145-156.

[132] Engel, S., Pagiola, S., Wunder, S. 2008. "Designing Payment for Environmental Services in Theory and Practical Overview of the Issues," *Ecological Economics*, 65 (4): 663-674.

[133] Farley, R. A., Fitter, A. H. 1999. "Temporal and Cpatial Variation in Soil Resources in a Deciduous Woodland," *Journal of Ecology*, 87 (4): 688-696.

[134] Garciaa-Amado, L. R., Pérez, M. R., Iniesta-Arandia, I., Dahringer, G., Reyes, F., Barrasa, S. 2012. "Buildingties: Social Capital Network Analysis of a Forest Community in a Biosphere Reserve in Chiapas, Mexico," *Ecology and Society*, 17 (3): 23-38.

[135] Hackl, F., Halla, M., Pruckner, G. J. 2007. "Local Compensation Payments for Agri-environmental Externalities: A Panel Data Analysis of Bargaining Outcomes," *European Review of Agricultural Economics*, 34 (3): 295-320.

[136] Harrison, G. W. 2006. "Experimental Evidence on Alternative Environmental Valuation Methods," *Environment Resources Economics*, 34 (1): 125-162.

[137] Heimlich, R. E, Claassen, R. 1998. "Agricultural Conservation Policy at a Crossroads," *Agricultural and Resource Economics*, 27 (1): 95-107.

[138] Jenkins, M. 2004. "Markets for Biodiversity Services: Potential Roles and Challenges," *Environment*, 46 (6): 32-42.

[139] Jiang, Y., Swallow, S. K. 2017. "Impact Fees Coupled with Conservation Payments to Sustain Ecosystem Structure: A Conceptual and Numerical Application at the Urban-Rural Fringe," *Ecological Economics*, (136): 136-147

[140] Bergstrom, J. 2001. "Post Productivism and Rural Land Values," *Faculty Series*, (12): 1-20.

[141] Lesage, J. P. 1999. "The Theory and Practice of Spatial Econometrics-the Theory and Practice of Spatial Econometrics," Toledo: Department of Economics, University of Toledo.

[142] Lancaster, K. 1966. "A New Approach to Consumer Theory," *Journal of Political Eonomy*, 77: 132-157.

[143] Lee, Y. C., Ahern, J., Yeh, C. T. 2015. "Ecosystem Services in Peri-urban Landscapes: The Effects of Agricultural Landscape Change on Ecosystem Services in Taiwan's Western Coastal Plain," *Landscape and Urban Planning*, (139): 137-148.

[144] Lesage, J. P., Pace, R. K. 2004. "Models for Spatially Dependent Missing Data," *Journal of Real Estate Finance and Economics*, (2): 233-254.

[145] Li, H., Reynolds, J. F. 1995. "On Definition and Quantification of Heterogeneity," *Oikos*, (73): 280-284.

[146] Locatelli, B., Rojas, V., Salinas, Z. 2008. "Impacts of Payments for Environmental Services on Local Development in Northern Costa Rica: A fuzzy Multi-criteria Analysis," *Forest Policy and Economics*, 10 (5): 275-285.

[147] Lizin, S., Passel, S. V., Schreurs, E. 2015. "Farmers'Perceived Cost of Land Use Restrictions: A Simulated Purchasing Decision Using Discrete Choice Experiments," *Land Use Policy*, (46): 115-124

[148] Mahan, B. L., Polasky, S., Adams, R. M. 2000. "Valuing Urban Wetlands: A Property Price Approach," *Land Economics*, 76 (1):

100-113.

[149] Marshall, A. 1920. *Principles of Economics*, London: Natura.

[150] Kim, M. C., Chen, C. 2015. "A Scientometric Review of Emerging Trends and New Developments in Recommendation Systems," *Scientometrics*, 104 (01): 239-263.

[151] Mensah, S., Veldtman, R., Assogbadjo, A. E., Ham, C., Kakaï, R. G., Seifert, T. 2017. "Ecosystem Service Importance and Use Vary with Socio-environmental Factors: A Study from Household-surveys in Local Communities of South Africa," *Ecosystem Services*, (23): 1-8.

[152] Paredes, D. J. C. 2011. "A Methodology to Compute Regional Housing Price Index Using Matching Estimator Methods," T*he Annals of Regional Science*, 46 (1): 139-157.

[153] Pagiola, S., Platais, G. 2007. *Payments for Environmental Services: From Theory to Practice*, Washington: World Bank.

[154] Riitters, K. H., O'Neill, R. V., Hunsaker, C. T. 1995. "A Factor Analysis of Landscape Pattern and Structure Metrics," *Landscape Ecology*, 10: 23-39.

[155] Rosenberger, R. S., Walsh, R. G. 1997. "Nonmarket Value of Western Valley Ranchland Using Contingent Valuation," *Journal of Agricultural and Resource Economics*, 22 (2): 296-309.

[156] Saefoddin, A., Yekti, W. 2012. "Land Price Model Considering Spatial Factors," *Asian Journal of Mathematics and Statistics*, 5 (4): 132-141.

[157] Sinare, H., Gordon, L. J., Kautsky, E. E. 2016. "Assessment of Ecosystem Services and Benefits in Village Landscapes-A Case Study from Burkina Faso," *Ecosystem Services*, (21): 141-152.

[158] Sparrow, A. D. 1999. "A Heterogeneity of Heterogeneities," *Trends in Ecology & Evolution*, (14): 422-423.

[159] Tweeten, L. G. 1998. "Competing for Scarce Land: Food Security and Farmland Preservation," Anderson Chair Occasional Paper.

[160] Venkatachalam, L. 2004. "The Contingent Valuation Method: A Re-

view," *Environmental Impact Assessment Review*, 24 (1): 89-124.

[161] VonHedemann, N., Osborne, T. 2016. "State Forestry Incentives and Community Stewardship: A Political Ecology of Payments and Compensation for Ecosystem Services in Guatemala's Highlands," *Journal of Latin American Geography*, 15 (1): 83-110.

[162] Wells, G. J., Stuart, N., Furley, P. A., Ryan, C. M. 2018. "Ecosystem Service Analysis in Marginal Agricultural Lands: A Case Study in Belize," *Ecosystem Services*, 32: 70-77.

[163] Wu, J., Jelinski, D. E., Luck, M., Tueller, P. T. 2000. "Muhiscale Analysis of Landscape Bet Erogeneity: Scale Variance and Pattern Metrics," *Geographic Information Sciences*, (6): 6-19.

[164] Wu, J., Loucks, O. 1995. "From Balance of Nature to Hierarchical Patch Dynamics: A Paradigm Shift in Ecology," *The Quarterly Review of Biology*, (70): 439-466.

[165] Wu, J. G. 1996. "Paradigm Shift in Ecology: An Overview," *Acta Ecological Sinica*, (16): 449-460.

[166] Wunscher, T., Engel, S. 2012. "International Payments for Biodiversity Services: Review and Evaluation of Conservation Targeting Approaches," *Biological Conservation*, 152: 222-230.

图书在版编目(CIP)数据

差别化耕地生态补偿机制研究 / 马文博著 . --北京:
社会科学文献出版社，2024. 12. --ISBN 978-7-5228
-4257-8

Ⅰ. S181

中国国家版本馆 CIP 数据核字第 20241K76E7 号

差别化耕地生态补偿机制研究

著　　者 / 马文博

出 版 人 / 冀祥德
责任编辑 / 王玉山
文稿编辑 / 陈　冲
责任印制 / 王京美

出　　版 / 社会科学文献出版社 · 生态文明分社（010）59367143
　　　　　地址：北京市北三环中路甲 29 号院华龙大厦　邮编：100029
　　　　　网址：www. ssap. com. cn
发　　行 / 社会科学文献出版社（010）59367028
印　　装 / 三河市东方印刷有限公司

规　　格 / 开　本：787mm × 1092mm　1/16
　　　　　印　张：15. 5　字　数：250 千字
版　　次 / 2024 年 12 月第 1 版　2024 年 12 月第 1 次印刷
书　　号 / ISBN 978-7-5228-4257-8
定　　价 / 98. 00 元

读者服务电话：4008918866

保护耕地就是保护我们的生命线。差别化耕地生态补偿机制的构建是维护耕地生态系统良好运转的重要抓手。本书在系统梳理国内外相关研究和广泛收集宏、微观数据的基础上，运用文献研究法、意愿调查法、选择实验法和空间计量等方法，深入研究了差别化耕地生态补偿机制的必要性、依据、构建、运行及保障措施等，得到了一些关于中国差别化耕地生态补偿机制的重要结果和结论，为进一步推进和完善耕地生态补偿机制提供借鉴和依据。

差别化耕地生态补偿机制研究

RESEARCH ON THE MECHANISM OF DIFFERENTIATED ECOLOGICAL COMPENSATION FOR CULTIVATED LAND

出版社官方微信

ISBN 978-7-5228-4257-8

www.ssap.com.cn

定价：98.00 元